日本图解机械工学入门系列

从零开始学
机构学

（原著第2版）

（日）宇津木谕 住野和男 林俊一◎著
王明贤◎译

化学工业出版社
·北京·

内容简介

本书通过图解形式讲解机构学的基础理论知识，描述了连杆机构、凸轮机构、摩擦传动机构、齿轮传动机构、挠性传动机构，解说了各种常见机构类型及其工作原理和应用。本书侧重于常用的机构学知识，为了简明易懂地说明相关知识内容，使用了大量的插图和简图。此外，在每章的最后都附有习题，读者可以通过习题的练习来巩固对每章内容的学习。

本书适合普通本科非机械类、高职机械类学生阅读，也适合对相关知识感兴趣的自学者阅读。

图书在版编目（CIP）数据

从零开始学机构学/（日）宇津木谕，（日）住野和男，（日）林俊一著；王明贤译. —北京：化学工业出版社，2022.2（2024.4 重印）
（日本图解机械工学入门系列）
ISBN 978-7-122-40533-3

Ⅰ.①从… Ⅱ.①宇… ②住… ③林… ④王… Ⅲ.①机构学-图解 Ⅳ.①TH112-64

中国版本图书馆CIP数据核字（2022）第000256号

责任编辑：王　烨　金林茹　　　装帧设计：王晓宇
责任校对：赵懿桐

出版发行：化学工业出版社（北京市东城区青年湖南街13号　邮政编码100011）
印　　刷：北京云浩印刷有限责任公司
装　　订：三河市振勇印装有限公司
710mm×1000mm　1/16　印张13　字数252千字　　2024年4月北京第1版第3次印刷

购书咨询：010-64518888　　　售后服务：010-64518899
网　　址：http://www.cip.com.cn
凡购买本书，如有缺损质量问题，本社销售中心负责调换。

定　　价：59.80元

原著第2版前言

以前，汽车和机器人等基本上都是利用机械结构和机械装置来进行控制，但现在大多采用计算机控制，维护和管理人员也由机械技术人员转变为电子技术人员，汽车的发动机也因为空气污染问题逐步由内燃机换成电动机。

但是，汽车在除发动机以外的结构中，仍需要使轮胎进行转动、进行前进或倒退的切换、悬挂车轮（车轴）、进行方向控制等方面的机构。

另外，机器人也是同样的，它不仅需要电子基板，在腕部和脚以及其他的可动部位还需要齿轮、连杆、凸轮、传动带等机构。

因此，为了使机械、器具等完成规定的动作，无论它们电子化程度多高，各种部件的组合和机构也都是需要的。如此一来，对于从事机械设计的机械技术人员来说，学习各种机构和运动原理是重要的。它能提升设计技能，增加机械设计构思的灵感。

本次修订中，在综合考虑各位读者的希望、意见以及评论的基础上，进行了内容的新设、追加和删除，以简明易懂为目标，再次探讨了各页的内容。作为其中的一环，按照现有的JIS标准和日本机械协会推荐的术语对本书涉及的专业术语进行了统一。在其他书籍或资料中，因出版时间的不同多少会有采用不同术语的问题，这些读者可以通过说明或者公式进行内容的对比，这样就应该能够理解了。在各章的末尾也都布置了练习题，希望读者通过自行解题，来检验对章节内容的理解程度。

希望对机构学有兴趣的读者能够阅读本书。

最后，在本书的出版过程中，欧姆社的书籍编辑部的诸位做了很多艰苦的工作。在此，我向他们表示衷心的感谢。

作者

2018年6月

原著第1版前言

机械由各种零部件组装而成，并能够实现一系列的预定动作。为了使机械能够实现要求的动作，设计和制造机械装置的机械工程师们首先需要考虑的问题是采用什么样的机构和结构更好。同时，为了制造出具体的结构，要进行尺寸、规格和材料的选择，还要进行成品零部件的采购以及加工等。我相信大家都听说过“自动装置”这一用语，传统的“自动装置”就是指能够完成一系列动作的机构。

最近，以机器人为代表的机构，都是通过计算机来进行控制的。但是，在手臂和脚的结构中，除了有提供动力的电动机外，还有组合齿轮、连杆、凸轮、传动带等机构。只有采用这些机构，才能够实现手腕运动以及行走等动作。

为了使机械能够实现要求的动作，需要机构；也可认为机构是机械工程师构思的具体体现。因此，机构的知识是机械工程师必备的基础知识，设计机械时的基础知识就是“机构学”。

本书以初学机构学的学生和从事实际工作的初级技术人员为读者对象，主要侧重于常用的机构学知识，数学公式和计算只保留到必要的精度。另外，为了使知识内容简单易懂，使用了大量的插图和简图。

此外，在每章的最后都附有练习题，读者可以通过习题来检验对每章内容的理解程度。希望读者能够自行进行章后习题的练习，并对照本书后面的参考答案，确认内容的掌握程度，以便深入学习。

我希望本书能成为一本打开机构学之门的钥匙。同时，期盼本书能够对从现在开始学习机构学的读者有所帮助。

最后，在编写本书的过程中，参考了各种文献，在此对这些文献的作者表示由衷的感谢。

作者

2006年10月

目　录

第1章

机构学概述

机器是指具有确定相对运动（一个零件相对另一个零件进行的运动）的各种零部件的组合体，它能够将外部提供的能量转换为有效的功。为了使机器实现所需的运动，需要用凸轮、连杆、齿轮以及皮带等多种零件，组成各种各样的机构。

机构学主要研究这些零部件之间的相对运动，机构能够改变运动的形态以及可以使运动增大或者减小。当然，工程师在进行机器设计时应充分发挥自己的智慧。

本章介绍机器结构和机构所能起到的作用等基本知识，这是学习机构学的起点。

1.1 机构的作用

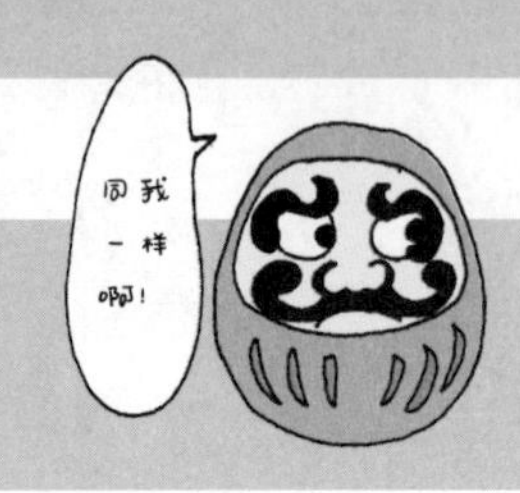

机器人如果没有机构，也成了不倒翁

❶ 组合在一起的机械零件之间能够产生相对运动，这样的组合称为机构。
❷ 机构不能随意运动，只能进行确定的相对运动。

随着电子设备的发展，机器的定义也得到了扩展，但是其最基本的定义如下。

① 机器是由能够抵御外力作用并保持自身形态的零部件所构成的。

② 各零部件所进行的是确定的相对运动。

③ 能够将外部提供的能量转换为有效的功。

不符合上述定义的物品称为器具、工具或者夹具。

机器和器具是由能够承受外力的多个构件或零部件组装而成的，可以进行确定的运动，助力我们完成工作或提供有用的信息。工具和夹具则被用来完成机器、器具及工具的制作、组装及维护管理等。

例如，汽车或者机床等是机器，发条驱动的钟表或老式的感光（胶卷）相机等是器具，千斤顶以及放大器或缩小器等是工具。

尽管机器的内部运动看上去十分复杂，但它们通常都是由几种做简单运动的机械结构组合而成的，这种具有简单运动的机械结构称为机构。换句话说，机构就是“用于将必要的运动传递给机器或者器具的基本机构”。因此，在制造新的机器和器具时，需要更深入地掌握有关机构的知识。在下文中，我们将从各种具体示例中学习有关机构的知识。

（1） 机器和机构

机器由多个零部件组成，机构是具有确定的相对运动的各部件的组合体，而组成机器的各个构件称为零件。

车站安装的“自动检票机”是一台由复杂机构组成的机器（图1.1）。为了在短时间内完成所有的运动，需要有出色的计算处理能力和迅速传送车票的传输机构以及运动速度。

实现这一系列运动的机构必须能迅速、可靠地进行相对运动，满足指定的动作要求。可以说这是一种机构和计算机完美融合的机电一体化装置。

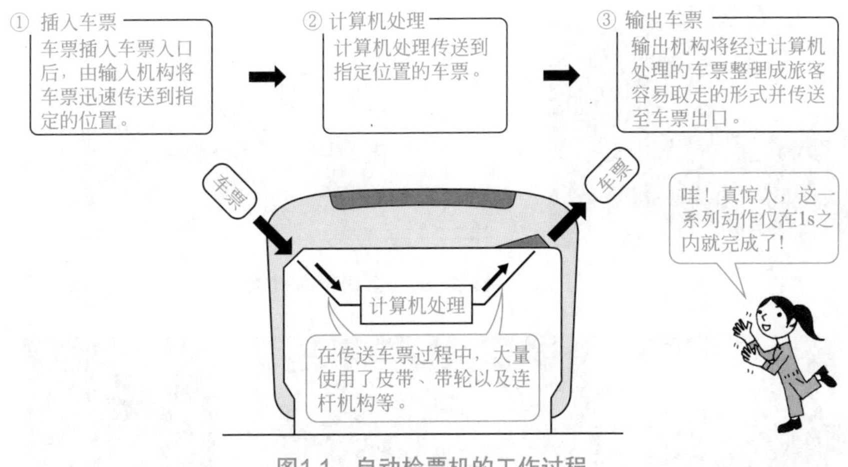

图1.1 自动检票机的工作过程

我们观察一下汽车的悬架装置。汽车的悬架装置（悬架）不仅具有保持车轮在车轴上固定的作用，还具有缓冲装置（减振器）的功能，使路面的起伏（不平整）不传递到车身，并推压车轮使其与路面保持接触，起到改善乘坐舒适性和操纵稳定性的作用。图1.2所示的悬架装置就是由具有相对运动的连杆机构（参见第1.3节）组成的。

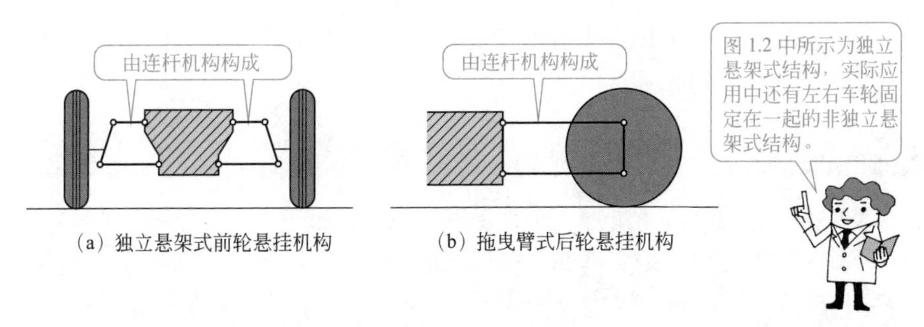

图1.2 汽车的悬架装置

蒸汽机车曾经在铁路运输中起着重要的作用，但由于它在铁路高速化和烟雾排放方面存在问题，导致目前在交通线上几乎看不到蒸汽机车。但是，蒸汽机车除了汽笛声和蒸汽声外，其机械运动甚至可称为机构运用的典范，至今仍然引人关注。图1.3是蒸汽机车的运动传递（主动轮）机构。它的运动原理是：通过蒸汽机的活塞驱动车轮旋转推动机车运行。

机器为了实现所规定的动作，有时会使用齿轮、凸轮、连杆机构、带和带轮以及链条等。在图1.4（a）和（c）所示的压力机中，利用连杆机构和螺栓等获得所需的压力，采用链条和带传递旋转力矩。在图1.4（b）所示的钻床中，由于需要按照钻头的直径改变旋转速度，所以采用速度可调的V带结构。

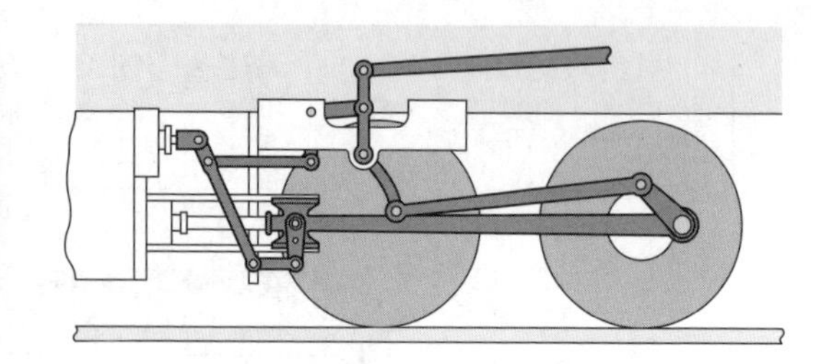

图1.3　蒸汽机车的运动传递机构

（a）连杆构成的机构
（手动压力机）

（b）V带构成的动力传递装置
（钻床）

（c）链条构成的动力传递装置
（辊压机）

图1.4　各种机械零部件所构成的装置

为了满足机器所要求的技术指标，将各种机构和机械零件以不同的方式组合，使机器获得所需的动作。

专栏　机构学·机械零件·机械设计

本书对于那些想更深入地学习机构学的人来说是一本参考书。值得注意的是，本书研究的内容可能与机构学、机械零件以及机械设计等书籍有相似的内容。因此，下面概要讲述这些书籍的基本差异和重叠内容。

机构学主要用于学习构成机器的部件的运动机理（机构），从本书的内容就可以看出，它不是以进行构件强度计算为主，而是以几何运动为主。机械零件的内容主要是与机械制造有关的通用零件，如螺钉、轴及轴承等为主，齿轮、带和链条等也包括在内。就计算而言，机械零件的设计和选择主要就是进行所需的强度计算。

机械设计类的书籍往往都是从设计机器的角度出发，进行机械零件的选择，但也有涉及齿轮减速器、齿轮泵、卷扬机以及工具等具体设计示例。

（2）运动传递的类型

图1.5表示的是一种四连杆机构（参见1.3节），这是四个构件通过销钉连接并能自由转动的机构。在该图中，最下面的构件固定到基座（设备主体）上，左端的构件被来自原动机或其他机构的动力（或力）驱动而运动，右端的构件随左

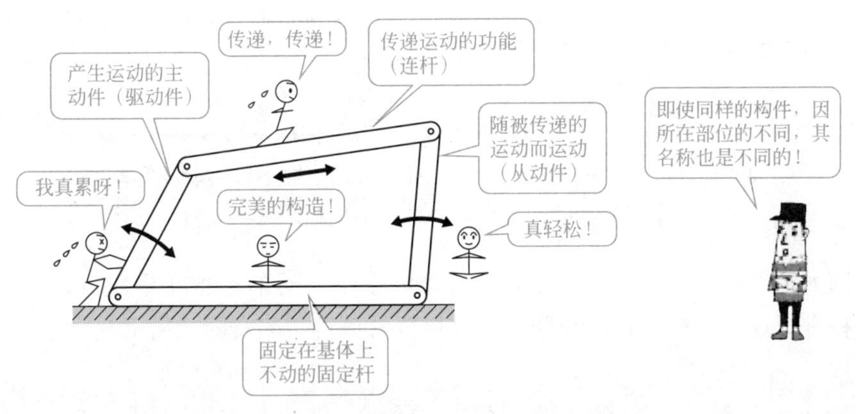

图1.5　连杆机构的各构件名称

端构件的运动而运动并对外做功。

在这种机构中，受到外部施加的力而运动的构件称为驱动件（主动件），随主动件运动并向外部做功的构件称为从动件。

在机构中，主动件与从动件的连接方法有两种：直接连接（接触）进行运动传递和通过中间环节连接进行运动传递。由主动件向从动件传递运动的中间环节称为传递环节（连接环节），而固定不动的环节称为固定环节（静止环节）。

① 运动通过直接接触进行传递

图1.6（a）所示结构通过滚动的接触方式来传递运动，图1.6（b）所示结构通过滑动的接触方式来传递运动，图1.6（c）所示结构通过边滚动边滑动的接触方式来传递运动。

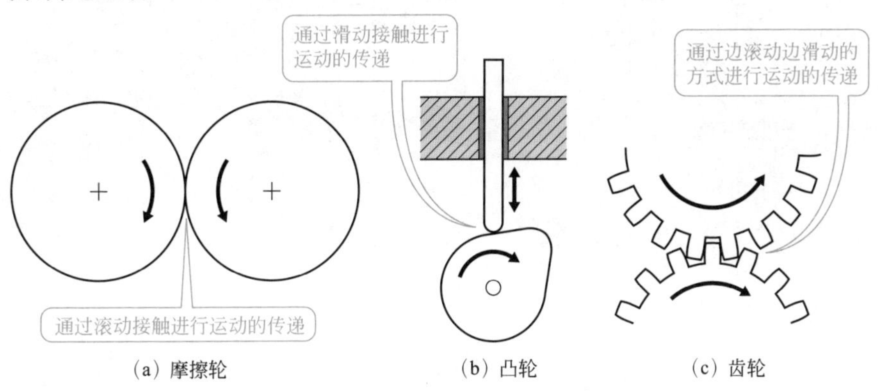

图1.6　直接连接进行运动传递

② 运动通过中间环节进行传递

图1.7（a）所示结构利用刚性杆（称为铰接杆）进行刚性连接，图1.7（b）所示结构利用带或链条进行能自由弯曲的柔性连接。

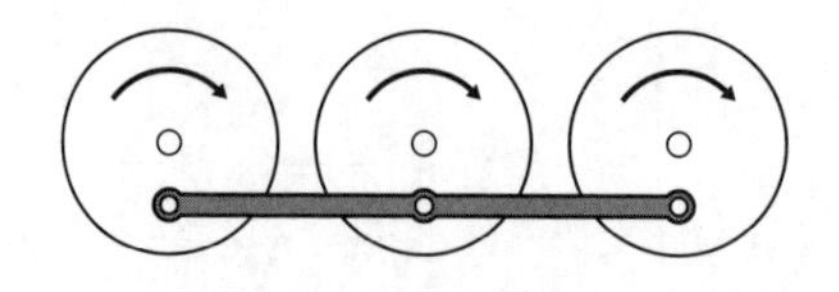

（a）采用铰接杆传递运动

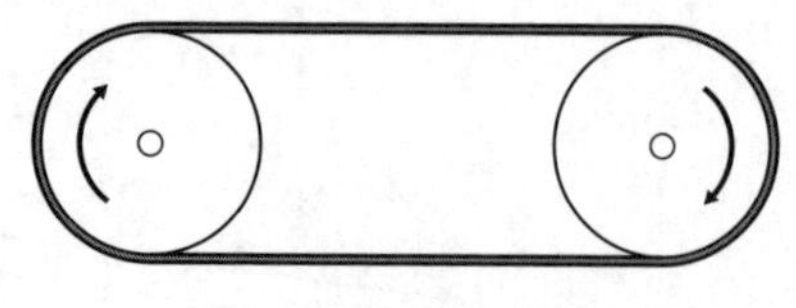

（b）采用带或链条传递运动

图1.7　通过中间环节进行运动传递

例如，在C57型和D51型蒸汽机车中，多个主动车轮通过图1.7（a）所示的铰接杆进行连接；在自行车和摩托车上可以看到链条的实际应用示例。

专栏　发动机驱动车辆行驶

机器的功能之一是将外部提供的能源转换为有效功。例如，在汽车的内燃机中，通过燃烧汽油或者柴油等燃料来获得高压和高温的能量，并使其转换成机械能，驱使轮胎旋转，最终成为运动的机构。

汽车的发动机按其工作原理分为活塞式发动机（活塞进行往复运动）、旋转式发动机，按使用燃料分为汽油发动机、柴油发动机以及氢气发动机，当然还有配备电动机的电动汽车。无论是哪种情况，动力源提供的都是旋转动力。

开始学习机构学时，请尝试考虑汽车行驶（图1.8）的相关机构：①动力由发动机到轮胎的传递机构；②方向盘到轮胎的转向机构；③有关轮胎旋转的机构；④发动机本身的运动机构（活塞式发动机、旋转式发动机）及其气门机构，这是汽车机构的主要部件。

图1.8　燃料能驱动汽车行驶得益于机构

1.2 构件和运动副

首先考虑机构中的接触部位

❶ 当两构件之间以点、线或面相互接触并进行相对运动时，这种组合称为运动副。
❷ 运动副分为面接触副、线接触副以及点接触副。

（1）运动副的类型

当分析承担复杂机器动作的构件的运动时，就会发现有平面运动、球形运动及螺旋运动这三种类型的运动。换句话说，机器的各种运动都是由相对简单的机构运动组合而成。

在机构中，根据每个零件上参与接触的元素不同，分为面运动副、线运动副和点运动副。另外，只能进行一种运动的运动副称为约束运动副，约束运动副是实现准确运动传递的重要的运动副。

（2）面接触运动副

面接触运动副是指零件与零件之间相互接触的是面，其运动是相对滑动。面接触运动副的接触状态如图1.9所示，图1.9（a）是滑动运动副，图1.9（b）是转动运动副，图1.9（c）是螺旋运动副，图1.9（d）是球面运动副。

① 滑动运动副（图1.10）

我们来观察一下日式房间的滑动拉门（隔扇或者拉门），隔扇或拉门沿着门框上的沟槽进行滑动。隔扇或拉门所做的平行于沟槽的移动称为平移运动，这种运动副称为滑动运动副。切削加工中使用的车床的车刀进给架也属于这种滑动运动副。

② 转动运动副（图1.11）

开关玻璃窗或重型推拉门时，要使用滑轨或门轱辘。如门轱辘的轴和轮（或者轴和轴承）这类进行旋转运动的运动副称为转动运动副。

③ 螺旋运动副（图1.12）

同时进行旋转和平移的运动副称为螺旋运动副，如螺栓和螺母以及螺旋千斤顶等的运动。这种运动是围绕轴线旋转（旋转运动）的同时，以恒定速率沿轴向进行移动（平移运动），称为螺旋运动。

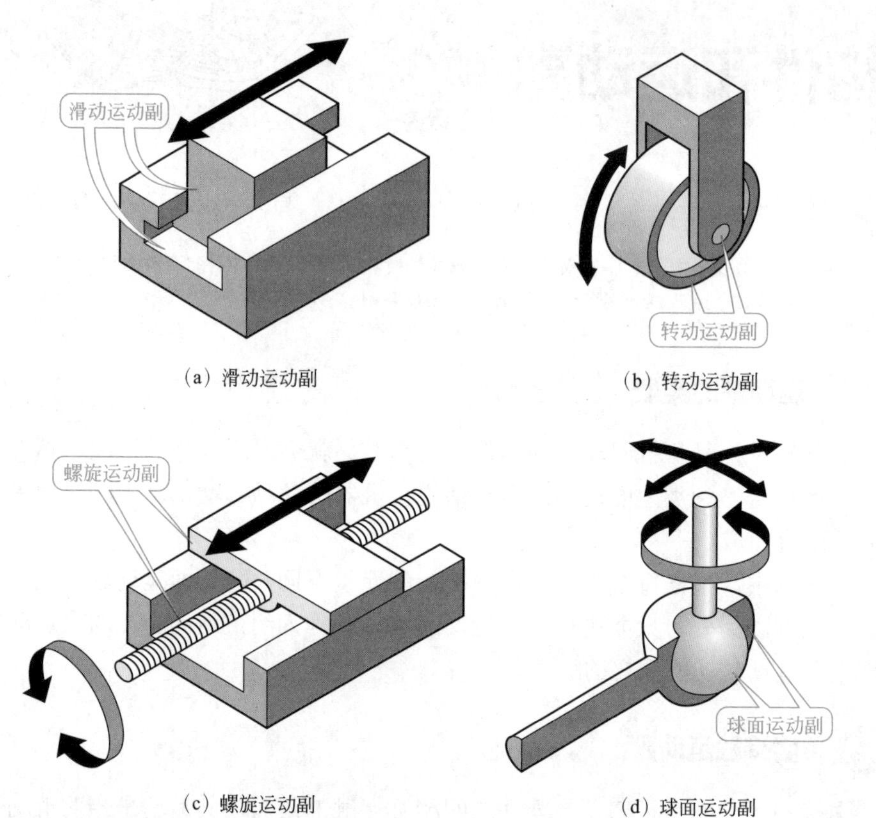

（a）滑动运动副　（b）转动运动副

（c）螺旋运动副　（d）球面运动副

图1.9　面接触运动副的类型

（a）隔扇和门框的沟槽

（b）车床的车刀进给架

图1.10　滑动运动副的示例

(a) 门钴辘的轴和轮

(b) 轴和轴承

图1.11　转动运动副的示例

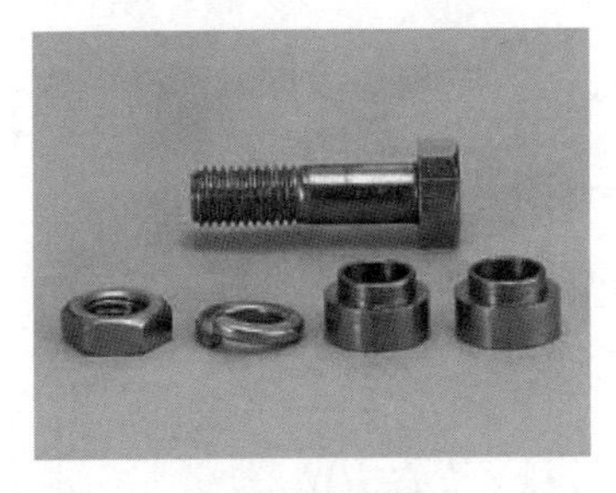

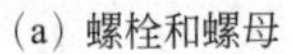

(a) 螺栓和螺母

(b) 螺旋起重器

图1.12　螺旋运动副的示例

④ 球面运动副（图1.13）

运动副的接触面为球形的一部分，称为球面运动副。球脚轮和杆端关节轴承（鱼眼轴承）是球面运动副的示例。

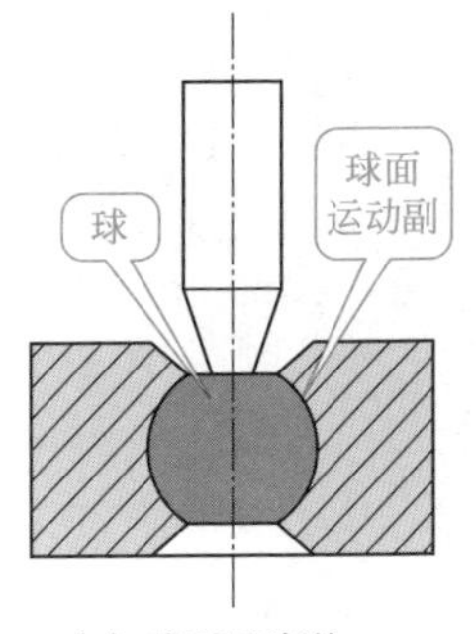

(a) 球面运动副

(b) 球脚轮

(c) 鱼眼轴承

图1.13　球面运动副的示例

(3) 线接触运动副

线接触运动副（图1.14）是指零件与零件之间的相互接触部分是线，如接触圆筒那样的状态。在轴承中使用的圆柱滚子轴承就是其应用的示例。

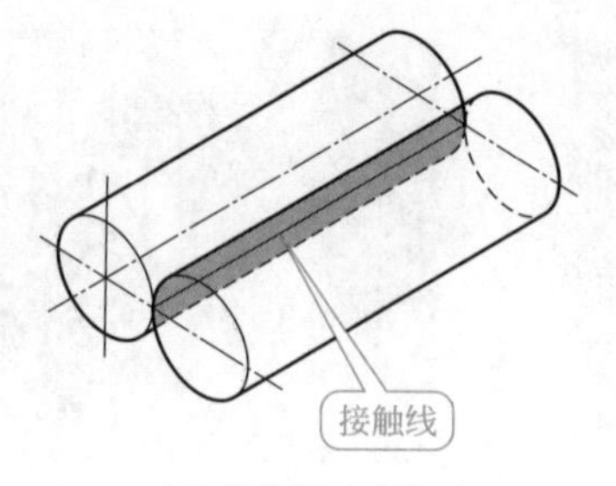

（a）线接触运动副

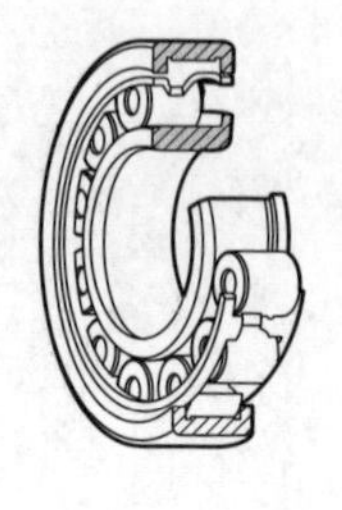

（b）圆柱滚子轴承

图1.14　线接触运动副的示例

（4）点接触运动副

点接触运动副（图1.15）是指零件之间以点接触进行相对运动，如球体相互接触的状态。轴承中的球轴承就是其应用的示例。

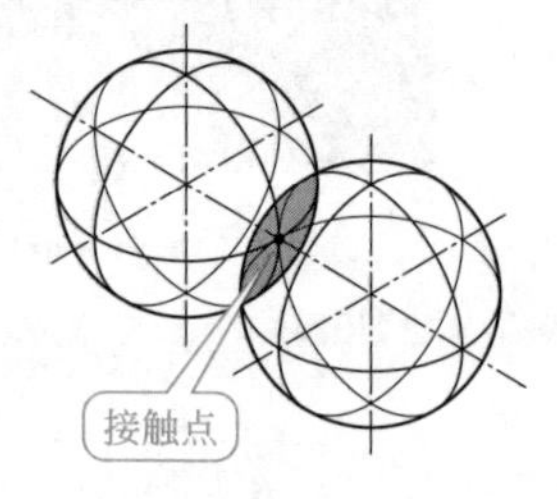

（a）点接触运动副

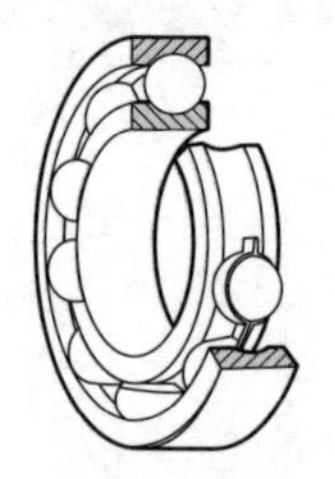

（b）球轴承

图1.15　点接触运动副的示例

1.3 连杆机构的组成

连杆机构通过铰接而成，用于完成规定的运动

❶ 按运动形式，铰接可分为固定铰接、约束铰接和自由铰接。
❷ 四个连杆通过转动运动副构成的闭环机构称为四杆机构。

(1) 连杆机构的类型

零件依次连接相互构成运动副，且最后一个零件又与第一个零件组成运动副，这样即可形成封闭的环状连接。

这种环状连接的各构件称为链节。链节之间采用转动运动副或者滑动运动副连接的机构称为连杆机构。

在连杆机构中，固定环状连接中的任意一个杆件，使其进行被约束的相对运动，就能实现指定的动作。

在这里，各杆件的两端都具有转动运动副，如图1.16所示，只要有三个杆件就能形成封闭的连接。但是，三杆机构中的各构件运动副都被固定而无法运动，这种三杆机构称为固定架（框架）。

这样的框架虽然不能应用在机器的运动部位，但是，可以用于不需要运动的结构中，如图1.16（b）所示。

（a）固定铰接

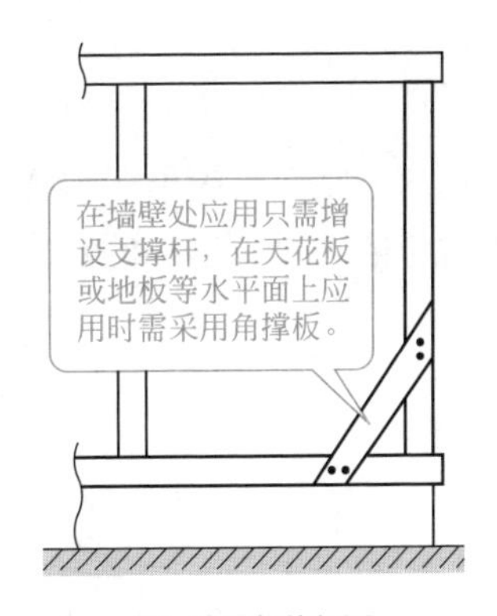

（b）建筑物的加固

图1.16　三根杆件的连接

如图1.17所示，在四杆机构中的两个铰接点之间施加相对运动时，可使其他的连杆实现预定的运动，这称为限定铰接或者约束铰接。

约束铰接是使机器获得所需运动的有效连接方式，应用广泛。

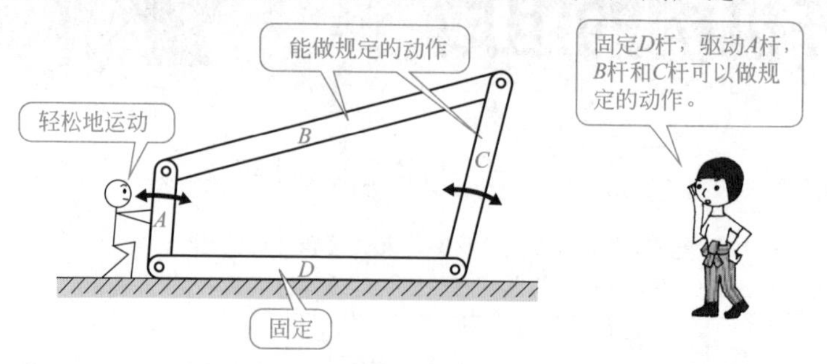

图1.17　四连接点的四杆机构

但是，在图1.17所示的连接机构中，增设1根杆，如图1.18（a）所示，这个机构就不能运动了，而成为固定架。我们称这种机构为桁架，它广泛应用在桥梁、铁塔［图1.18（b）］以及起重机悬臂等结构中。

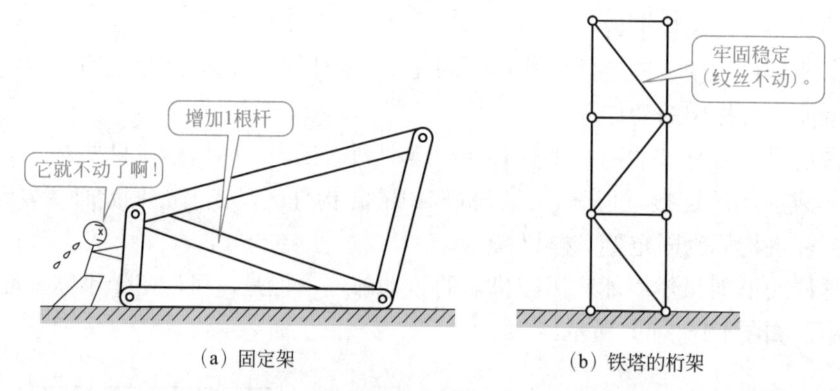

（a）固定架　　（b）铁塔的桁架

图1.18　桁架

进而来分析图1.19所示那样采用五根杆件组成的五杆机构，这时，各杆件就不能实现规定的动作。这样的链接方式称为非限制的运动链或者非约束的运动链。

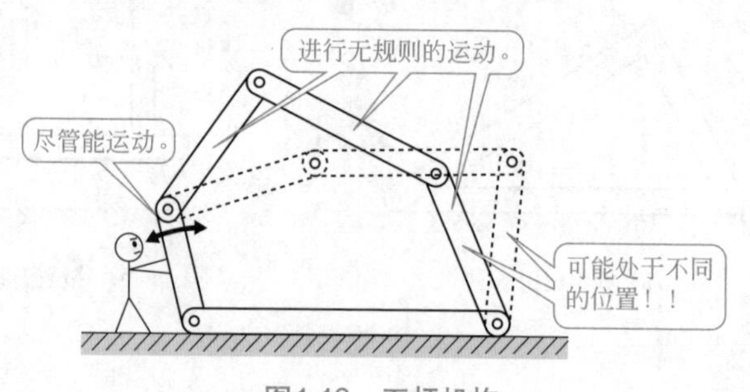

图1.19　五杆机构

我们可以理解为这样的机构不能获得机器所需的运动。

专栏　桁架

如图1.20所示，各杆件之间通过销（铰链）连接，并以三角形为基本形状组装而成的结构称为桁架。

在桁架中，构件的两端都是无摩擦的接头，并且结构分析是在假定所有载荷作用在这些接头上的前提下进行的。构件只受拉伸或者压缩的力，并且轴力（轴线方向上的力）只作用在通过两节点的轴线方向上。

但是，在我们实际生活中所看到的桁架上，节点并不是销钉连接（铰链），而是使用高强度螺栓（比普通螺栓更坚固的建筑螺栓）将构件固定到角撑板上，这种接头称为刚性接头。

采用这种方法的原因是，刚性接头比销钉连接（铰链）更容易制造且成本更低。

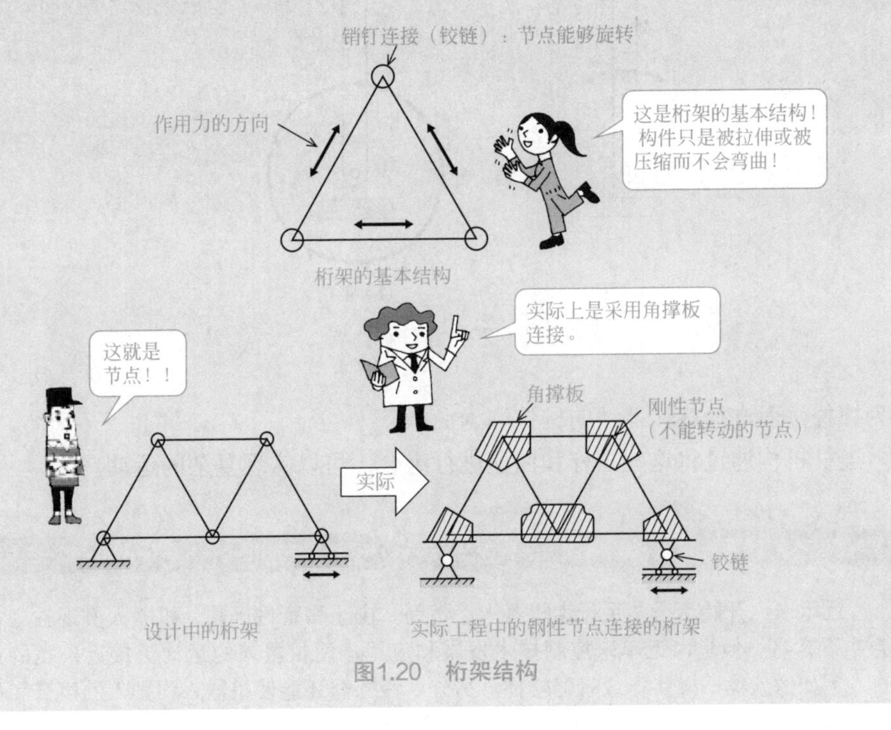

图1.20　桁架结构

综上所述可以看出，当各构件通过运动副构成机构时，至少要有如图1.21所示的四个构件。这种机构称为四杆旋转机构。

（2）摆杆和曲柄

做相对运动的驱动杆和从动杆可实现在某一角度范围进行摇动的摇摆运动[图1.22（a）]或进行360°旋转的旋转运动[图1.22（b）]。进行摆动运动的构件

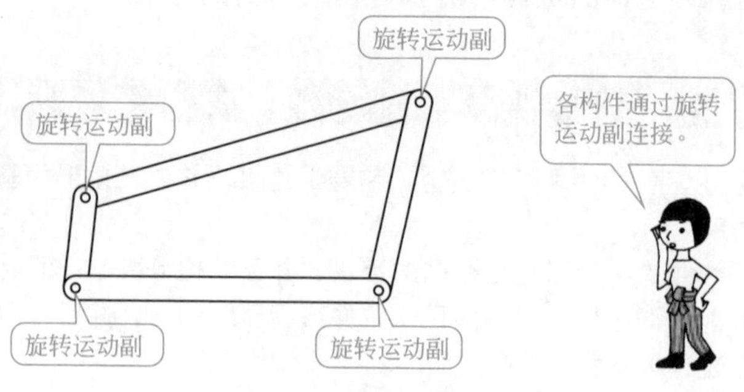

图1.21 四杆旋转机构

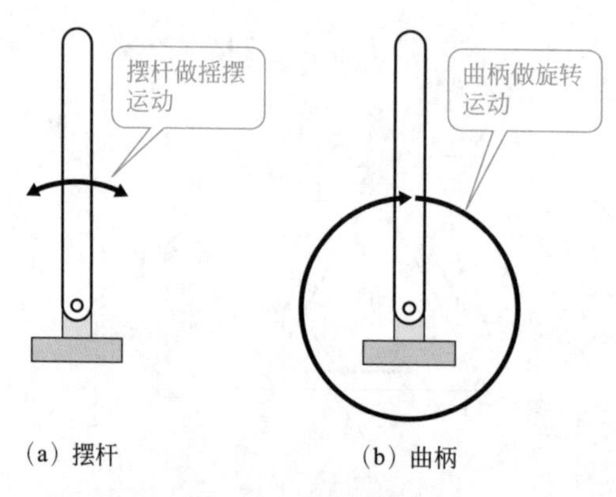

图1.22 摆杆和曲柄

称为摆杆，而进行旋转运动的构件称为曲柄。

连杆机构通过将这些摆杆和曲柄进行组合，可以实现复杂的运动。

专栏 不用计算机控制的机器人

近年来，开始流行两足行走机器人。然而，由于稳定性问题，机器人实现独立行走并不容易。但是，近年来控制技术发展和应用，使机器人的运动更接近人类的活动，例如像人类一样步行或者爬楼梯。另外，传感器还能使机器人识别人的声音和面部表情以及进行对话。

这里介绍一种无须使用计算机进行控制即可用两条腿行走的机器人（当前已停售），如图1.23所示。腿和手全部通过连杆机构或凸轮机构实现运动，身体移动的同时实现了稳定的两足行走。这款机器人让我们感受到研发工程师的坚韧毅力和奉献精神。

这就告诉我们只要坚持努力，通过机构也能够实现控制。

(a) 机器人的外型

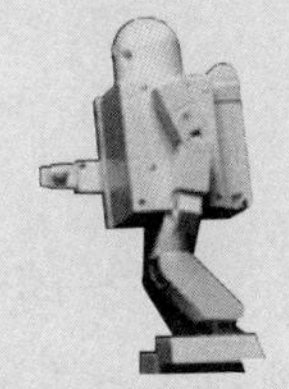

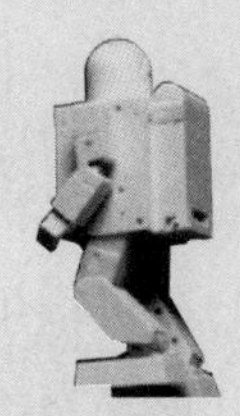

(b) 行走的姿态

图1.23 没有计算机进行控制的机器人

习题

习题1　在下面句子的（　　）中，填入适当的短语完成句子。

（1）在通过直接接触传递运动的方式中，有通过（　　）传递运动的、通过（　　）传递运动的、通过（　　）传递运动的。

（2）复杂机器的运动是由（　　）、（　　）和（　　）三种类型的组合运动构成。

（3）在机构运动副中，根据各构件的接触状态，可分为（　　）、（　　）和（　　）三种。

（4）在机构中，受到外部作用力而运动的构件被称为（　　），被动进行运动的构件被称为（　　），在两个构件之间传递运动的构件被称为（　　），固定不动的构件被称为（　　）。

习题2　参照图1.24，回答如下的问题。

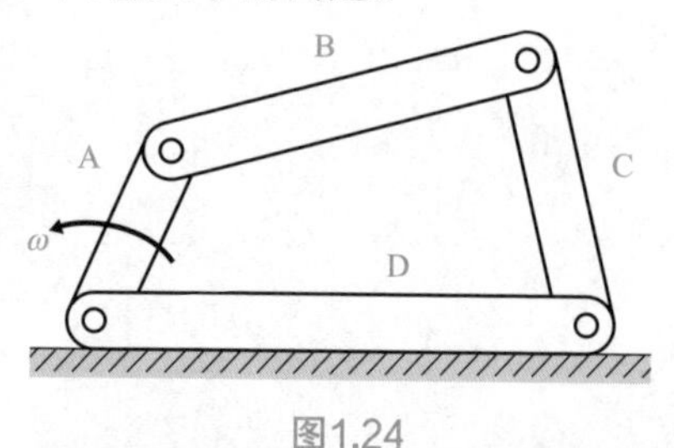

图1.24

（1）构件A～D所构成的机构的名称是什么？

（2）设杆件A被原动机赋予旋转运动（恒定的角速度ω），假设杆件D固定在基座上，杆件B、杆件C和杆件D的名称分别是什么？

习题3　给出摆杆和曲柄的不同点。

习题4　回答有关机构的如下问题。

（1）解释何为机构。

（2）给出机构和机器之间的区别。

第2章

机构和运动的基础

以机器中的重要产品——汽车为例，这种机器是将内燃机等发动机或者电动机作为动力源，并将动力传递至轮胎，使其按预定的目标行驶。另外，方向盘作为改变方向的主动件，其转向运动可被传递到轮胎。在这样的运动中，通过几种基本机构的组合就能够实现将动力从驱动源传递到最终的从动机构。这些机构运动的基础就是连杆机构的运动，只要熟悉连杆机构，就能够设计出传动机构。

本章中，我们将学习物体运动的基础知识，主要侧重连杆机构的应用以及采用销轴连接的机构的运动。首先，需要扎实地学习运动的基础知识。

若想了解更多详细信息，请参阅专业书籍。

2.1

物体的运动

物体的运动是平移运动与旋转运动的组合

❶ 无论何种运动，只要知道了运动的初始状态和结束状态，就能够用旋转运动来替代。
❷ 物体上的点的速度大小与其离运动瞬心的距离成正比。

(1) 物体运动的转动中心

当物体在平面上运动时，可以考虑将其运动分解为平移运动和旋转运动两种形式。

例如，如图2.1（a）所示，处于状态1的物体上的任意两点A_1和B_1在经过一定时间后，移动为处于状态2的A_2和B_2。这种情况可以将其视为平移运动（平行移动）和旋转运动的合成。另外，如图2.1（b）所示，则可以视其为绕某个点的旋转运动。

现在，若要将物体从状态1移到状态2，且仅以某一点为中心进行旋转运动，让我们考虑物体应该以哪里为中心。

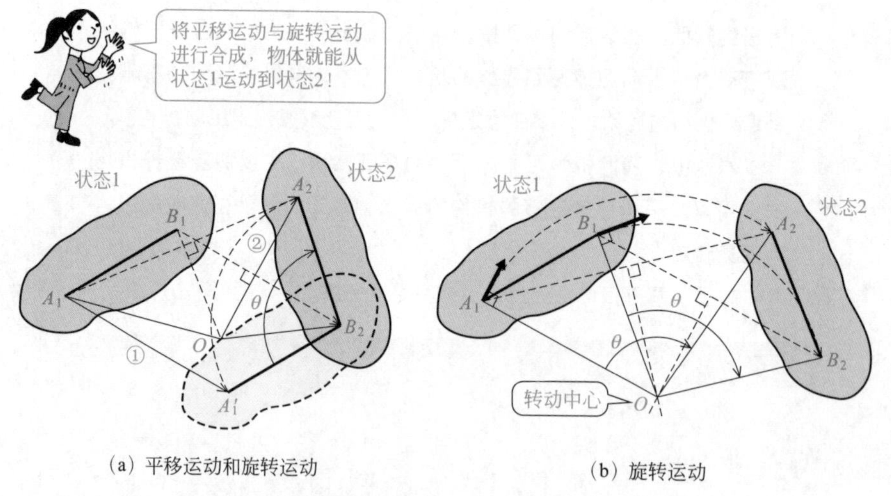

（a）平移运动和旋转运动

（b）旋转运动

图2.1　转动中心

如图2.1（b）所示，由于线段A_1A_2的垂直平分线和线段B_1B_2的垂直等分线相交于O点，所以有$\triangle OA_1B_1 \cong \triangle OA_2B_2$（由于三角形的三条对应边分别相等，所以这是全等三角形），则：

$\angle A_1OB_1 = \angle A_2OB_2$

$\angle A_1OB_1 + \angle B_1OA_2 = \angle A_2OB_2 + \angle B_1OA_2$

$\angle A_1OA_2 = \angle B_1OB_2$

如果将$\angle A_1OA_2$这个角度设为θ的话，则以O为回转中心，物体从状态1仅顺时针转动θ，就能运动到状态2。此时的点O称为转动中心。

(2) 物体的运动瞬心

当图2.1（b）所示的物体从状态1移动到状态2的时间Δt无限趋近于0时，线段A_1A_2和线段B_1B_2就无限地接近各自的运动路径（图中虚线所示的A_1A_2和B_1B_2）的切线（图中箭头所示）。也就是说，处于状态1的物体的转动中心是垂直于A_1点运动路径的切线和垂直于B_1点运动路径的切线的交点。这一点就称为物体的运动瞬心。

至此，我们已经对一个物体的运动瞬心进行了说明。进而，我们考虑相互运动的两个物体的运动瞬心。

如图2.2所示，当分析物体A和B的运动时，如果采用割裂两个物体A和B之间联系的绝对坐标（x，y）表示会比较复杂。如果参照一个物体，例如随物体A运动的坐标系（x_A，y_A），问题就很容易理解了。当物体A和B运动（移动）时，如用相对坐标（x_A，y_A）分析的话，就相当于物体A保持不动，物体B的运动是图2.1（b）所示的那种形式。当然也就能够理解速度瞬心的存在了。

另外，回转中心分为绝对固定和相对固定两种。例如，图2.3所示的两个回转中心（O_{AB}和O_{BC}），O_{AB}是固定的基座上的点，即构件A（连杆A）上用自由旋转的销轴（回转运动副）连接构件B（连杆B）的点；O_{BC}是在构件B（连杆B）的另一端通过自由旋转的销轴（回转运动副）连接构件C（连杆C）的点。这时，在考虑适当的坐标系统的情况下，由于连杆A是固定的，所以即使连杆B旋转，此时的回转中心O_{AB}的位置也不会移动。这种坐标位置不变化的回转中心称为绝对固定的回转中心。另一方面，连杆B围绕连杆A转动，由于回转中心O_{BC}是连杆B的一部分，所以其回转中心的坐标在不断变化。这种转动的中心称为相对固定的回转中心。

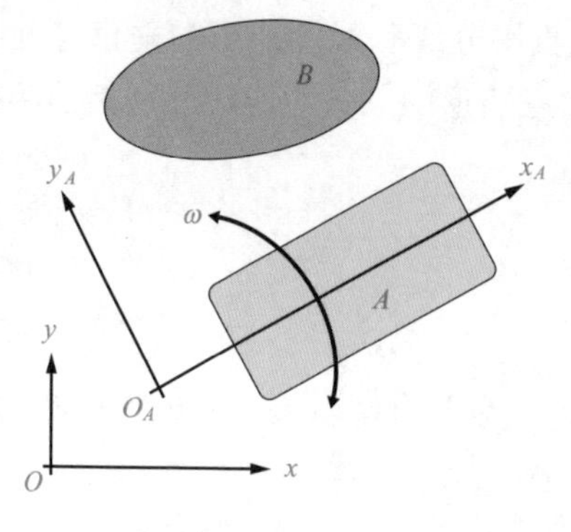

图2.2　坐标系的转动

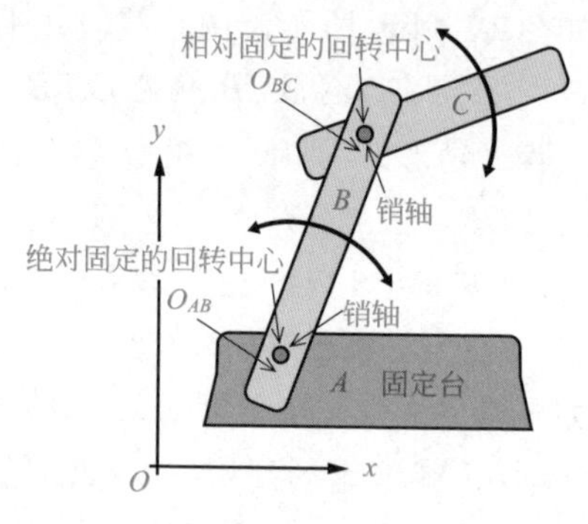

图2.3　绝对固定的回转中心和相对固定的回转中心

（3）物体的运动速度

首先，我们分析一下速度瞬心（包含回转中心绝对固定和相对固定）和速度之间的关系。速度是具有大小和方向的矢量，将速度矢量的大小用“速度”这一标量表示。在机构学中分析速度时，常用理论计算方法和图解分析方法，图解分析方法肯定是要用图来表示速度。

图2.4　速度瞬心

在说明速度（矢量）时，速度的大小用线的长度表示，并用附加在线段上的箭头指示方向。例如，物体上的点A和点B的速度分别设为$\boldsymbol{v}_A$和$\boldsymbol{v}_B$，如图2.4所示。图示的速度$\boldsymbol{v}_A$表达的意义是从A点引出的矢量线的长度表示速度$\boldsymbol{v}_A$的大小，箭头指示的方向表示从A点开始的移动方向。

接着，通过A点和B点，分别绘制垂直于速度$\boldsymbol{v}_A$和$\boldsymbol{v}_B$的直线，求出两条直线的交点，这一交点O就是运动的瞬心。

这时，设线段$OA=r_A$、线段$OB=r_B$，假设A点、B点的瞬时角速度为$\boldsymbol{\omega}$的话，则有下式成立。

$$|\boldsymbol{v}_A| = r_A|\boldsymbol{\omega}|$$
$$|\boldsymbol{v}_B| = r_B|\boldsymbol{\omega}|$$

在这里，$|\boldsymbol{v}_A|$、$|\boldsymbol{v}_B|$分别表示速度$\boldsymbol{v}_A$和$\boldsymbol{v}_B$的大小，由上式能够推导出：

$$\frac{|\boldsymbol{v}_A|}{|\boldsymbol{v}_B|} = \frac{r_A}{r_B}$$

这就是说物体上任意点的速度大小与该点到速度瞬心的距离成正比。

（4） 三心定理

任意两个构件组成的机构都有一个速度瞬心的存在。因此，由3个构件组成的机构的瞬心数应该为3，并且这三个瞬心始终在一条直线上，这就是三心定理（有时也称为三瞬心定理）或者肯尼迪定理

专栏　汽油发动机和电动车

2017年，法国和英国宣布了一项到2040年禁止销售内燃机汽车（汽油发动机和柴油发动机汽车）的政策，普及电动车，以响应阻止汽车尾气造成环境污染和全球变暖这一倡议。

据说，内燃机汽车的零件数量达到30000~100000个，其中，汽油发动机或柴油发动机涉及的零件数量达到10000~30000个，而电动车所搭载的电动机所涉及的零件数量约为数十件，即使算上相关的零件数量，也只有百件左右。电动车也需要其他的零件，但整体上来说，零件的数量要减少到2/3～1/2。因此，汽车工业本身必会产生巨大的变化。

内燃机的运转需要活塞运动和转子运动同步进行，它是由许多的复杂机构组合而成的，同时也是大量技术的结晶。由于电动车使用简单的电动机，而电动机不需要高精的专业技术，因此汽车制造商以外的其他企业进入这一行业是相对容易的。

下面，试考虑三心定理。

如图2.5所示，设构件A、构件B及构件C进行相对运动。假设构件A和构件B之间的速度瞬心为O_{AB}，构件B和构件C之间的速度瞬心为O_{BC}，构件A和构件C之间的速度瞬心为O_{AC}。

瞬心的数量3是从3个构件中任选取2个进行组合，在数学中写为$C_3^2=3$。

构件B相对构件A在瞬间内以O_{AB}为中心进行旋转运动，构件B上的所有点相对构件A的速度方向是垂直于连接该点和O_{AB}点的线。

如图2.6所示，构件B上的点B_1的速度方向是线段$O_{AB}B_1$的垂直方向（箭头方向），而点B_2的速度方向是线段$O_{AB}B_2$的垂直方向（箭头方向）。各点的速度大小与距瞬心的距离成正比。

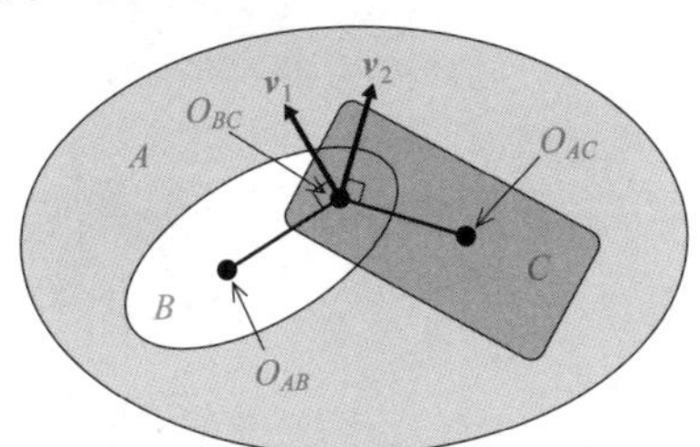

图2.5　三心定理的解释

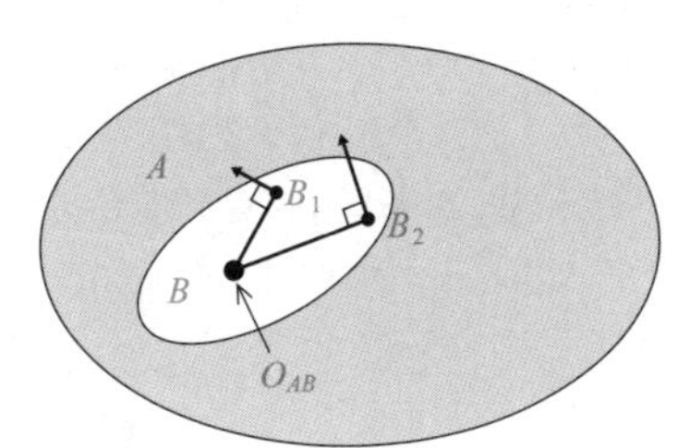

图2.6　转动中心和速度的概念

现在，假定构件B和构件C两者间的瞬心是O_{BC}，并位于图2.5所示的位置。由于该点也是构件B上的点，所以速度$\boldsymbol{v}_1$的方向垂直于线段$O_{BC}O_{AB}$。

同样地，构件C上的所有点相对于构件A的速度方向都垂直于该点和O_{AC}点连线。在这里，O_{BC}是构件C上的一个点，所以该点相对于构件A的速度$\boldsymbol{v}_2$的方向垂直于线段$O_{BC}O_{AB}$（参见图2.5）。

因此，由于O_{BC}是构件B和构件C共同的速度瞬心，所以速度$\boldsymbol{v}_1$和速度$\boldsymbol{v}_2$必须一致。在图2.5所示的位置，$\boldsymbol{v}_1$和$\boldsymbol{v}_2$的速度矢量不重叠。为此，点O_{BC}必须在连接O_{AB}点和O_{AC}点的直线上。换句话说，作相对平面运动的三个构件之间有三个速度瞬心，它们必须位于同一条直线上。

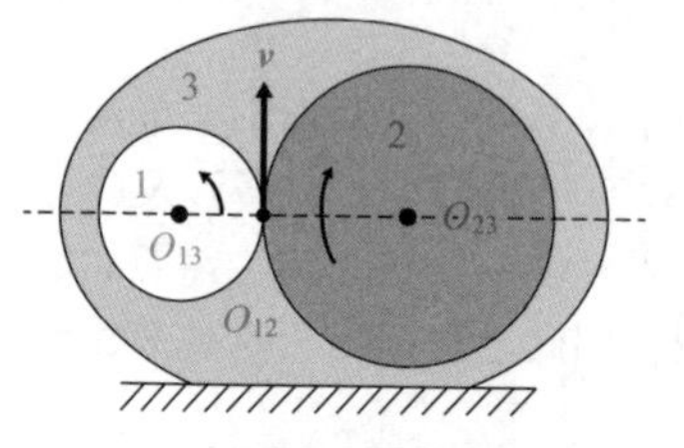

图2.7　摩擦轮在接触点的速度

以摩擦轮的运动作为具体的示例进行分析。图2.7所示的摩擦轮1和摩擦轮2都由轴承支撑，二者之间滚动接触。这时，O_{13}和O_{23}分别是轴承的转动中心，O_{12}是摩擦轮的接触点（实际上，由于摩擦轮是圆柱形的，所以是线接触）。在O_{12}点处，两个摩擦轮的圆周速度相等，相对速度为零。而且，O_{13}、O_{12}和O_{23}在一条直线上。

例题 2.1 直径d=2m的圆盘在平面上进行纯滚动。圆盘的中心在某一时刻的前进速度v_C=1.5m/s。试求此时圆盘顶点A处的速度v_A以及基于A点逆时针转90°处的点B的速度v_B。在这里，v_A和v_B表示速度的大小。

解答：

在纯滚动接触的情况下，由于接触点就是速度瞬心，所以位于点A的相反侧的点O_S为速度瞬心。

如图2.8所示，点A的速度v_A是线段O_SA的垂直方向（箭头的方向），点B的速度v_B是线段O_SB的垂直方向（箭头的方向），水平分量与v_C方向相同。另外，速度大小正比于到点O_S的距离。

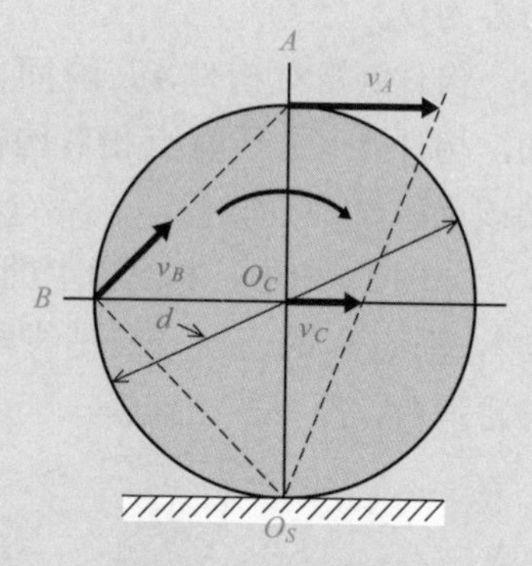

图2.8　滚动的圆盘

基于以上的分析，则v_A与v_C成比例，有下列关系成立。

$$v_A = \frac{O_SA}{O_SO_C} v_C = \frac{2}{1} \times 1.5 = 3\text{m/s}$$

v_B为

$$v_B = \frac{O_SB}{O_SO_C} v_C = \frac{\sqrt{2}}{1} \times 1.5 \approx 2.12\text{m/s}$$

2.2 机构的位置、速度、加速度

要点 …………用位置、速度及加速度来分析运动

❶ 位置、速度及加速度是表示物体运动状态的重要因素。

❷ 位置、位移、速度及加速度能够用矢量表示。

（1） 位置、位移、速度及加速度

通常用矢量表示运动物体的位置比较方便。矢量是具有方向和大小的量。表示位置的矢量称为位置矢量，位置的变化可以用位移矢量表示。

另外，表示运动物体单位时间内位移矢量变化的矢量称为速度矢量，表示运动物体单位时间内的速度矢量变化的矢量称为加速度矢量。

在物理量中，有表示大小和方向的矢量以及只表示大小的标量。矢量如速度（表示物体运动的快慢和方向）和力等；标量如速率（表示速度的大小）、质量、温度和长度等。

例如，在天气预报中有“台风以50km/h的速度向东北偏东方向移动”的表述，这里的“东北偏东”是指方向，“50km/h”是指大小。换句话说，“东北偏东，50km/h”这一表述是一个矢量，“50km/h”是一个标量。矢量的大小是用其绝对值给出的量表示，即：

$$|\text{矢量}| = \text{矢量的大小（标量）}$$

用图解的方法分析位移、速度及加速度时，将各矢量之间的关系用图2.9表示。

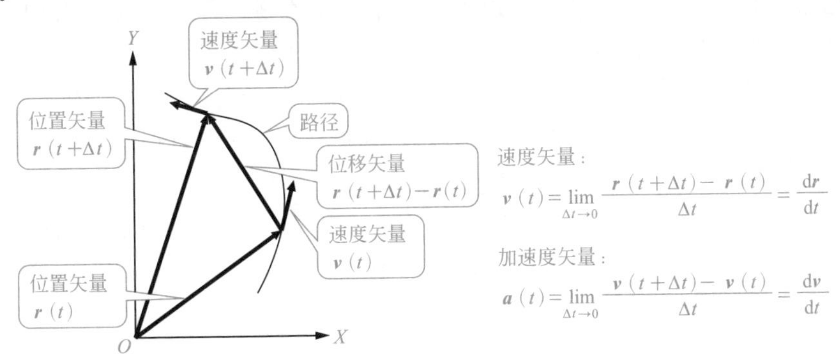

图2.9　矢量

(2) 匀速圆周运动的速度

物体以一定的速度绕圆周旋转的运动称为匀速圆周运动。

如图2.10（a）所示，假设物体P在半径为r的圆周上以一定的角速度ω（rad/s）运动。现在，物体在时间Δt（s）内转动了$\Delta\theta$（rad）角度，从P点移动到P'点，转动的弧度$\widehat{PP'}$表示为$\widehat{PP'}=r\Delta\theta$。

将上式的两边都除以Δt，$\widehat{PP'}/\Delta t$表示物体的速度v（m/s）、$\Delta\theta/\Delta t$表示角速度ω（rad/s）。因此，速度v（速度v的大小）表示如下。

$v=r\omega$（m/s）（半径和角速度都是常数）

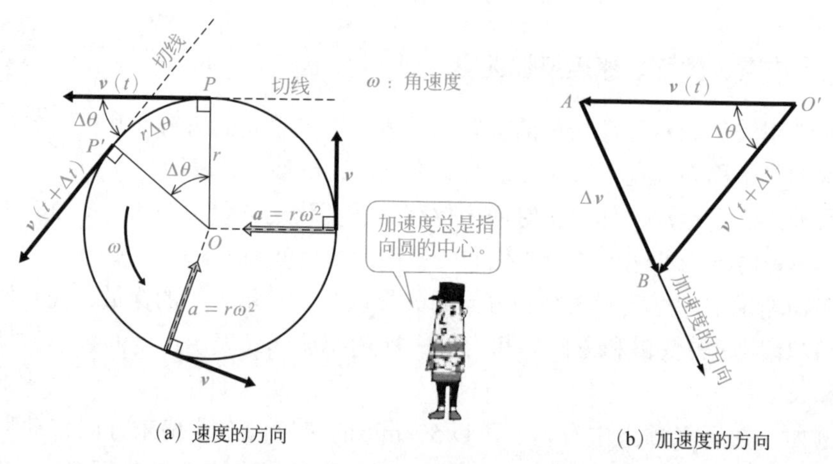

（a）速度的方向　　（b）加速度的方向

图2.10　匀速圆周运动的速度和加速度

(3) 匀速圆周运动的加速度

如图2.10（a）所示，匀速圆周运动的速度垂直于半径的方向，即圆的切线方向。

这就是说，在这种运动中，速度的大小保持不变，但是其运动方向不断变化，变化的角度等于转动的角度。

由图2.10（b）可知，速度v（t）在时间Δt内从A到B只转动$\Delta\theta$，变化到v（$t+\Delta t$）。这时，将速度的变化量Δv除以所用的时间Δt，得到的值就是加速度。

因此，加速度的大小a在将Δv设为Δv的大小时，表示为：

$$a=\frac{\Delta v}{\Delta t}$$

由于$\Delta\theta$是微小的角度，所以有$\Delta v=v\Delta\theta$，则下式成立。

$$a=\frac{v\Delta\theta}{\Delta t}$$

$$\therefore \quad a=v\frac{\Delta\theta}{\Delta t}=v\omega=r\omega\times\omega=r\omega^2=\frac{v^2}{r}(\mathrm{m/s^2})$$

由于r、ω、v都是常数，因此加速度的大小也是常数。

在图2.10（b）中，Δt非常小，因此可以认为$\triangle O'AB$是等腰三角形。由此可知，如果$\Delta\theta$无限地接近0的话，由于Δv接近0，所以$\angle O'AB$就接近90°

于是，匀速圆周运动的加速方向垂直于速度$\boldsymbol{v}$（t）和$\boldsymbol{v}$（$t+\Delta t$）的方向，这就是说加速方向朝向圆心。虽然加速度的大小是恒定的，但由于方向随时间变化，所以加速度矢量是变化的。

2.2 在图2.11中，长度50cm的棒AB的两端A点和B点分别朝箭头的方向运动。在A点的速度大小为v_A=40cm/s时，试求棒的角速度ω以及B点的速度v_B。

解答：

由于速度瞬心是垂直于各运动方向绘制的直线的交点O。利用正弦定理（附录2.1②）分别求出OA和OB的长度。首先，从正弦定理得：

图2.11

$$\frac{OA}{\sin 90°}=\frac{OB}{\sin 30°}=\frac{50}{\sin 60°}=57.735\cdots\approx 57.74\text{cm}$$

因此，有：

$$OA=57.74\times\sin 90°=57.74\text{cm}$$
$$OB=57.74\times\sin 30°=28.87\text{cm}$$

由于棒AB以恒定的速度40cm/s绕O点进行转动，为此棒的角速度ω为：

$$\omega=\frac{|v_A|}{OA}\approx 0.6928\approx 0.693\text{rad/s}$$

另外，棒的B端速度为：

$$v_B=OB\times\omega=28.87\times 0.6928\approx 20.00=20.0\text{cm/s}$$

专栏　气门机构

图2.12是四冲程发动机气门结构的示意图。四冲程是指进气冲程、压缩冲程、燃烧冲程和排气冲程，曲轴在这一过程中旋转两周。进气门在进气冲程中打开，进气和排气两个气门在压缩和燃烧冲程中都关闭。排气门在排气冲程中打开，排出燃烧后的废气。

这种气门的运动必须与由活塞、气缸及曲轴等组成的曲柄滑块机构进行联动。

气门机构将曲轴的旋转运动传递给凸轮，由凸轮对进气门和排气门的打开和关闭进行控制。

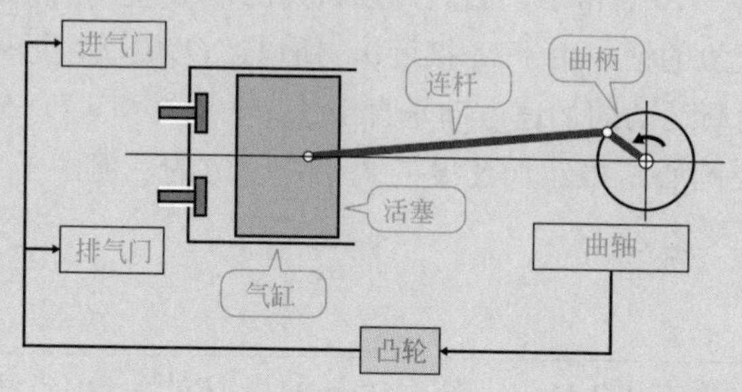

图2.12　发动机的气门机构

2.3 机构的自由度

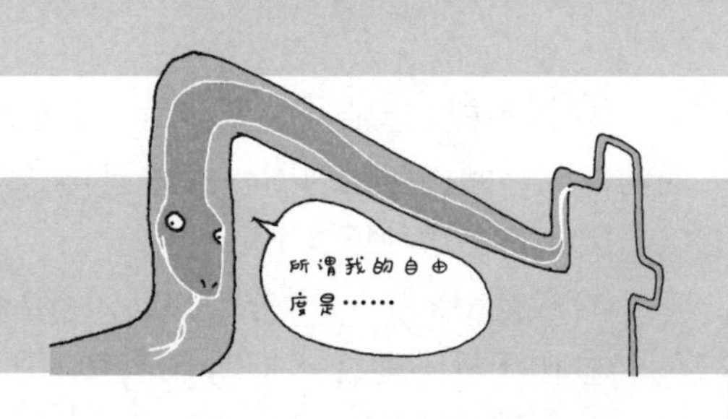

关节运动的灵活程度取决于自由度

❶ 平面构件的自由度在固定时为0，受约束时为1，自由时为2。

❷ 具有1个自由度的运动副包括滑动副、转动副和螺旋副。

机器人的关节的自由度是几个？自由度用于表示约束条件。因此，通过运动副结合的机构中，机构被固定时（固定机构）的自由度是0，受约束机构的自由度是1，而运动不受约束机构的自由度是2或更高。

在受约束机构中，滑动副、转动副以及螺旋副的自由度是1，这种运动副允许进行移动或者旋转运动。

（1） 面运动副的自由度

面运动副是指两个构件在连接点以面接触的方式形成的运动副。现在，让我们分析板与平面接触的状态（见图2.13）。设平行于平面的x和y轴相互正交，两轴的交点为O，通过点O的x-y平面的法线设为z轴。

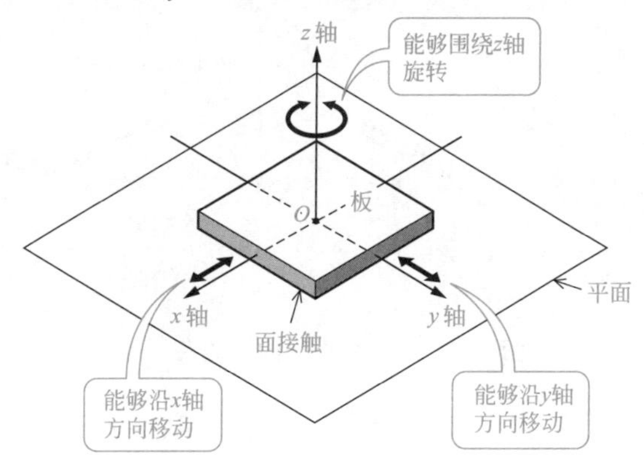

图2.13　面运动副中的自由度

在这种情况下，让我们分析板与平面保持接触状态下的运动。

① 板能够沿x轴、y轴方向移动。

② 板不能绕x和y轴旋转（这是因为板一旦倾斜，它与平面的接触部分就不再是面，面接触运动副就消失了）。

③ 板能够绕z轴旋转。

④ 板不能在z轴方向上移动（这是因为移动意味着平板远离平面或者进入平面的内部，面接触运动副就消失了）。

因此，在这种场合下：

① 板能沿x轴、y轴方向移动，有2个自由度。

② 由于板不能绕x轴和y轴旋转，所以自由度均为0。

③ 板能够绕z轴旋转，有1个自由度。

④ 板不能沿z轴方向移动，自由度是0。

这就是说面接触运动副的自由度是2+0+1+0=3，称为3个自由度。

尽管面运动副的最大自由度是3，但在运动受到限制的约束运动副中（任意两个自由度被约束），自由度就成为1。

（2） 点运动副的自由度

点运动副是指两个构件在连接点以点接触的方式形成的运动副。现在，让我们分析球在点O_1接触平面的状况（见图2. 14）。假设相互正交的x轴和y轴都平行于平面，且通过球的中心点O，将x-y平面通过点O的法线（垂直直线）设为z轴。球体在O_1点与平面点接触。

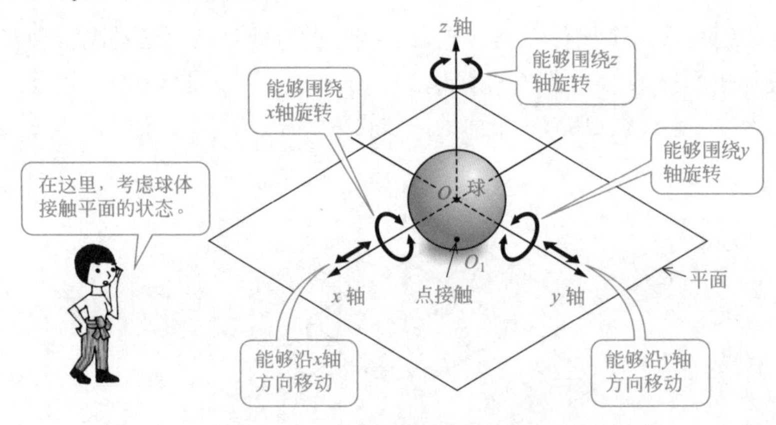

图2.14 点接触运动副中的自由度

在这种情况下，让我们分析球体与平面保持接触状态下的运动。

① 球体能够沿x轴和y轴方向进行移动。

② 球体能够围绕x轴、y轴以及z轴进行旋转。

③ 球体不能在z轴方向上进行移动（这是因为移动意味着球体远离平面或者进入平面的内部，点接触运动副就消失了）。

因此，在这种场合下：

① 球体能沿x轴、y轴方向移动，有2个自由度。

② 球体能绕x轴、y轴以及z轴旋转，所以有3个自由度。

③ 球体不能沿z轴方向移动，自由度是0。

这就是说点接触运动副的自由度是2 + 3 + 0 =5，称其为5个自由度。

(3) 线运动副的自由度

线运动副是指两个构件在连接点以线接触的方式构成的运动副。现在，让我们分析圆柱体接触平面的状况（见图2. 15）。平行于平面的圆柱体的轴设为y轴，平行于平面且垂直于y轴的方向设为x轴，两轴的交点为O，z轴为通过点O的x-y平面的法线。

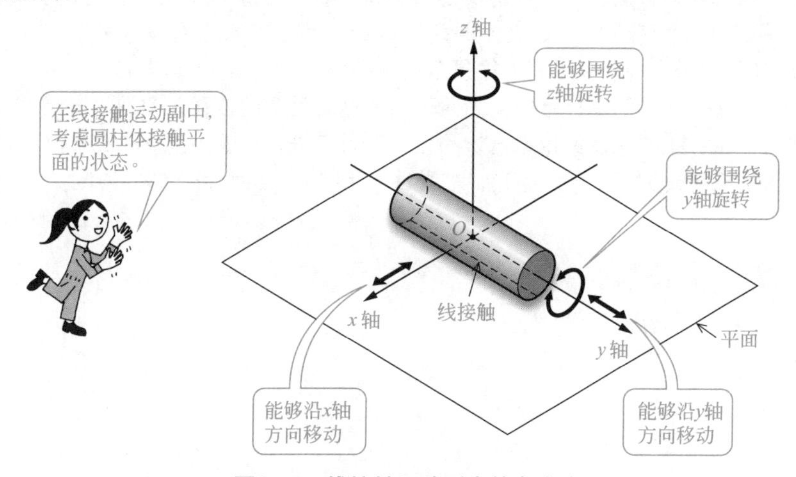

图2.15 线接触运动副中的自由度

在这种情况下，让我们分析圆柱体与平面保持接触状态下的运动。

① 圆柱体能够沿x轴和y轴方向进行移动。

② 圆柱体能够围绕y轴和z轴进行旋转。

③ 圆柱体不能围绕x轴旋转（这是因为旋转意味着圆柱体倾斜且两者接触部分就不是直线，线接触运动副就消失了）。

④ 圆柱体不能相对z轴进行移动（这是因为移动意味着圆柱体远离平面或者进入平面的内部，线接触运动副就消失了）。

因此，在这种场合下：

① 能沿x轴、y轴的方向移动，有2个自由度。

② 能绕y轴和z轴旋转，有2个自由度。

③ 围绕x轴的旋转不能实现，自由度是0。

④ 沿z轴方向的移动不能进行，自由度是0。

这就是说线接触运动副的自由度是2 + 2 + 0 +0 =4，称为4个自由度。

物体在空间不受约束而自由运动（没有附加的运动副条件）时，有6个自由度。

专栏　齿轮的历史

齿轮的历史久远，可以追溯到公元前的古埃及、古罗马及古希腊时期。当时，在木质轮的外缘制造出简单的突起或者齿作为动力传递的工具，被用于水轮机和水泵的传动装置。随着时代的发展，在机械式钟表诞生时，齿轮由木制变化为金属制，加工技术和精度也得到了极大提高。通过齿轮组合能够进行计算的机械计算器也诞生了。

实际上，工业界真正认识和使用齿轮是在18世纪工业革命期间。齿轮在传递蒸汽机所产生的动力方面，发挥了重要作用。詹姆斯·瓦特（J.Watt）在其发明的蒸汽机中，用行星齿轮减速器（这是一种齿轮装置，其名称来源于模仿太阳和行星的关系，请参阅6.4节）将转换活塞的往复运动变换为旋转运动。

即使是在当今的信息社会中，齿轮仍然占据着重要的位置，微型、高精度齿轮被镶嵌在打印机、手机以及家用电器产品之内。近年来，随着小型化和高精度的进一步发展，人们已经研究出了纳米齿轮，被尝试应用在航天工业和人体等领域。

习题

习题1　在图2.16（a）和（b）中，各运动副的自由度分别为多少。

习题2　在下面的（　　）中，填入适当的短语完成句子。

（1）当物体在平面上运动时，其运动是（　　）和（　　）的组合。

（2）无论何种运动，只要知道运动的开始状态和结束状态，就能将运动转换为（　　）。

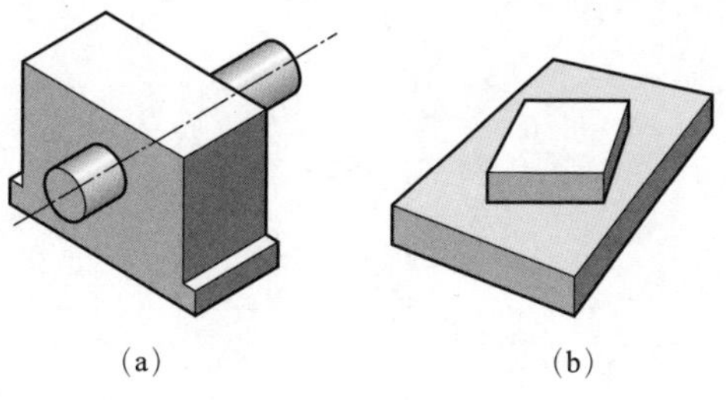

图2.16

习题3　半径OQ为100mm的圆盘以角速度ω=10rad/s沿直线进行滚动（图2.17）。

（1）求中心点O的速度。

（2）当θ=60°时，求出距离中心点O 50mm处的P点的速度。

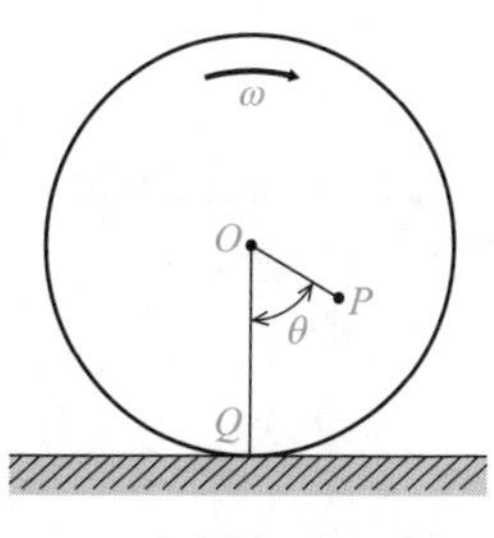

图2.17

习题4

AB=80cm的杆的两端分别与地面和斜坡接触进行滑动（图2.18）。A端以恒定速度20cm/s进行移动。当杆和地板之间的夹角θ恰好为30°时，

（1）求出杆的瞬时运动中心。

（2）求出杆的角速度。

（3）求出B端的速度。

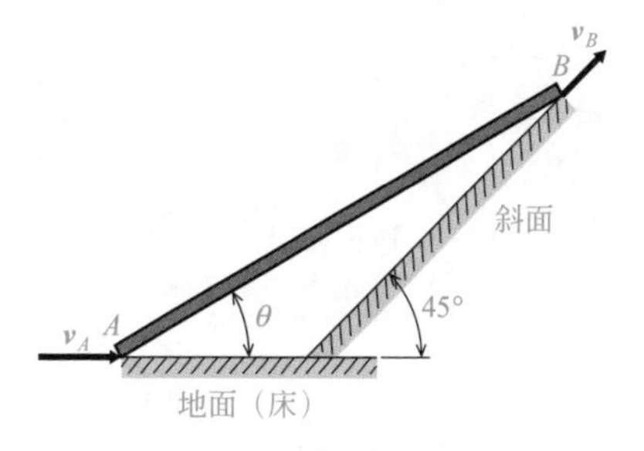

图2.18

Memo

第3章

连杆机构的类型和运动

机器可以将从外部获取的能量转换为动力和运动，并在机器系统内进行传递，执行预定的动作。这时，我们设定构成机器的零部件为刚体，运动可以通过转动副、滑动副等进行传递。这种通过数个运动副连接而组成的刚性构件就是连杆机构。

最基本的连杆机构是封闭链的四杆机构。由于通过连杆机构的组合能构成各种各样的机构，因此，就能制造出多种多样的机器，甚至可说四杆机构经常在我们未关注到的地方默默贡献巨大的力量。

本章中我们将学习连杆机构的基础知识和应用。希望大家牢记基础知识是最重要的，认真学习。

3.1 平面连杆机构

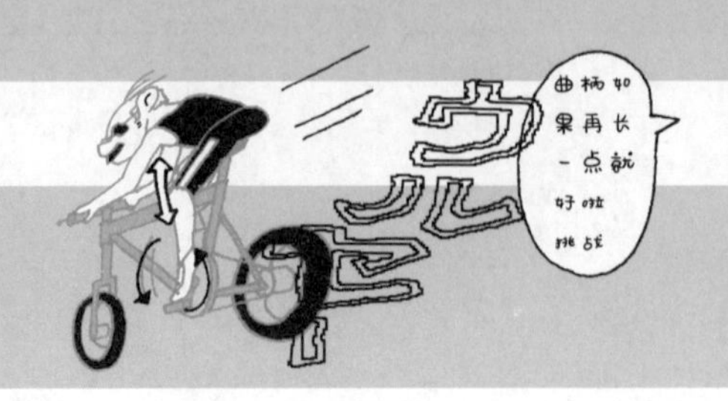

分析连杆机构的固定方式和长度

❶ 连杆机构分为平面连杆机构和空间连杆机构。
❷ 旋转的杆件称为曲柄，摆动的杆件称为摆杆（或摇杆）。
❸ 最基本的连杆机构是四杆机构。

（1）四杆回转机构

平面连杆机构是指机构的运动在平面进行。尽管连杆机构的构造简单，但却能实现复杂的运动，因此被广泛应用。例如，从蒸汽机车的驱动机构到最先进的汽车，从家用电器和音响设备到未来的机器人以及工业用的机械设备，其机构中都有连杆机构。

连杆机构的相邻两杆件是通过转动副或者滑动副铰接而成的。因此，能够按照杆的数量对机构进行分类，最基本的连杆机构是四杆回转机构（参见图3.1）。

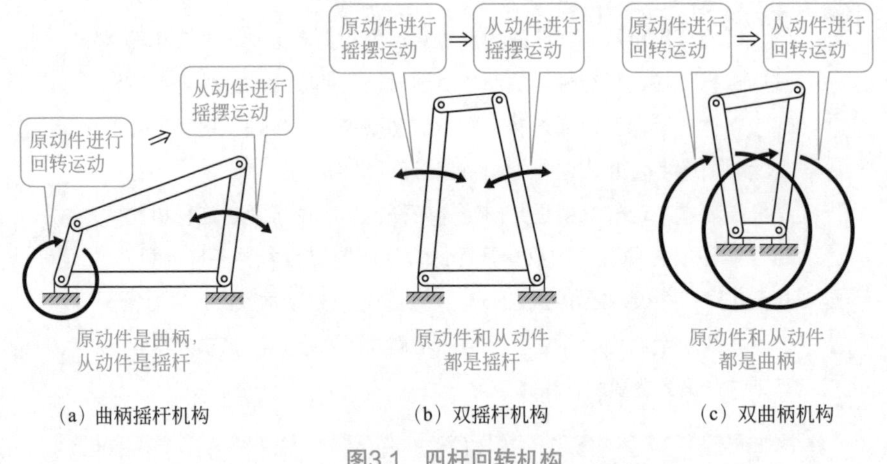

图3.1 四杆回转机构

四杆回转机构分为曲柄摇杆机构、双摇杆机构和双曲柄机构，具体是哪种机构取决于各杆件的长度和被固定杆件所处的位置。在这里，能够进行360° 旋转的杆件称为曲柄，在小于360° 的范围内进行摆动的杆件称为摇杆（也称为杠杆或者摆杆），连接主动杆件和从动杆件的杆件称为连杆（也称为连接杆）。首先，让我们分析一下封闭四杆机构成为曲柄摇杆机构的条件。

（2） 曲柄摇杆机构

曲柄摇杆机构是由摇杆和曲柄组合而成的机构。在曲柄摇杆机构中，长度最短杆件（最短杆）的相邻杆件之中有一个是被固定的。在这种机构中，分为主动杆件是曲柄、从动杆件是摇杆的组合以及主动杆件是摇杆、从动杆件是曲柄的组合。

在图3.2所示的四杆机构中，当固定杆件D，使最短杆件A围绕O_{AD}旋转时，杆件A就变成曲柄，杆件C成为以O_{CD}为中心进行摇摆运动的摇杆。

让我们分析图3.2所示的曲柄摇杆机构的构成条件。

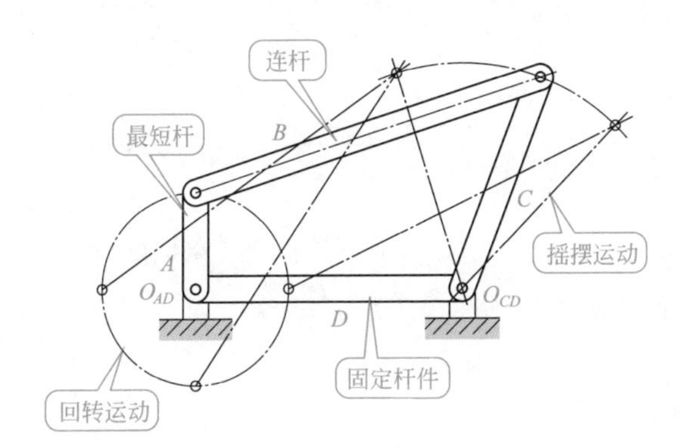

当使最短杆件A进行回转运动时，杆件C进行摆动。
曲柄摇杆机构中的最短杆件A的相邻杆件D被固定。
在固定杆件B时，也类似地能够获得曲柄机构。

图3.2 曲柄摇杆机构

① 四边形的构成条件

由于A、B、C及D四个杆件组成一个封闭的四边形，所以要满足“任意相邻三边长度之和一定大于其余一边的长度”这一四边形的重要性质。如果用公式表示的话，可用下式表达。

$$\left.\begin{array}{ll} A+B+C>D, & A+B+D>C \\ A+C+D>B, & B+C+D>A \end{array}\right\} \tag{3.1}$$

② 曲柄的形成条件

这里，杆件A成为曲柄的条件就是杆件A能够围绕点O_{AD}旋转360°。当杆件A旋转到与连杆B成一条直线时，构成如图3.3（a）所示的△$O_{AD}O_{BC}O_{CD}$的各边。由于三角形成立的条件是“三角形的两边之和大于第三边”这一原则，所以由式（3.2）表示的条件成立。

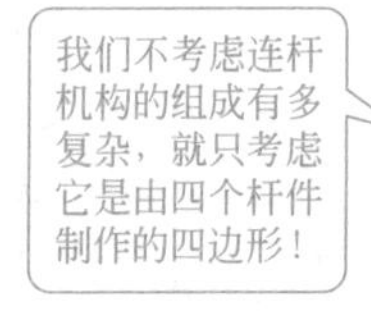

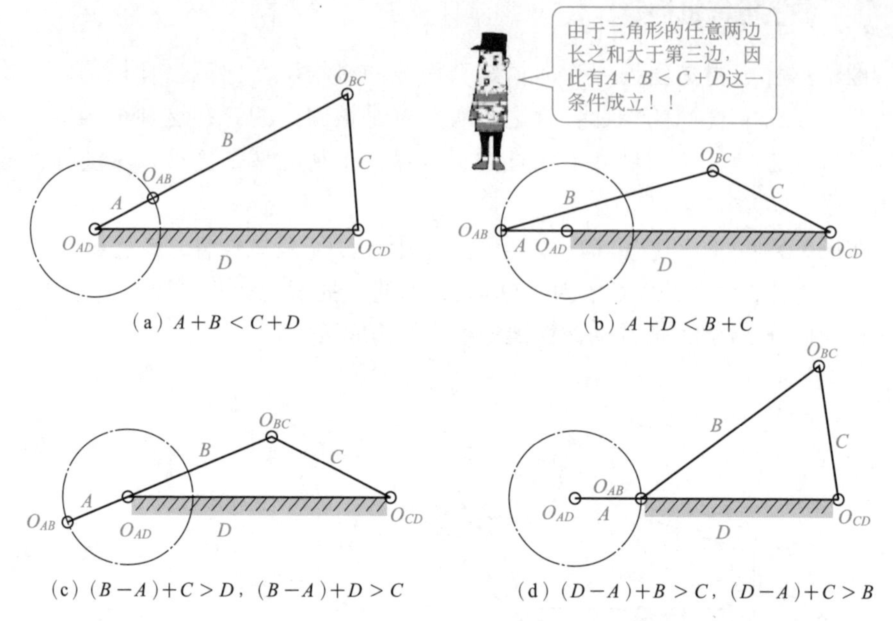

(a) $A+B<C+D$　　(b) $A+D<B+C$

(c) $(B-A)+C>D$，$(B-A)+D>C$　　(d) $(D-A)+B>C$，$(D-A)+C>B$

图3.3　四杆回转机构成为曲柄摇杆机构的条件

$$\left.\begin{aligned}A+B<C+D\\A+B+D>C\\A+B+C>D\end{aligned}\right\}\qquad(3.2)$$

式（3.2）的第二个方程和第三个方程已经包括在条件表达式（3.1）中。因而，只有式（3.2）中的第一个方程式表述的条件是连杆A成为曲柄的条件之一。

当杆件A旋转到与杆件D在一条直线上时，如图3.3（b）所示的状态，在$\triangle O_{AB}O_{BC}O_{CD}$中也如式（3.2）那样，应用三角形成立的条件，能够建立如下的表达式。

$$\left.\begin{aligned}A+D<B+C\\A+D+B>C\\A+D+C>B\end{aligned}\right\}\qquad(3.3)$$

在这里，由于式（3.3）的第二个方程和第三个方程已经包括在条件表达式（3.1）中，因而只有式（3.3）中的第一个方程式表述的条件是连杆A成为曲柄的追加条件。

然后，当杆件A旋转到与连杆B在一条直线上时，如图3.3（c）所示的状态，

$\triangle O_{AD}O_{BC}O_{CD}$的各边长度分别为$B-A$、$C$以及$D$，因此有式（3.4）成立。

$$\left.\begin{aligned}(B-A)<C+D &\Rightarrow A+C+D>B\\(B-A)+C>D &\Rightarrow A+D<B+C\\(B-A)+D>C &\Rightarrow A+C<B+D\end{aligned}\right\}\tag{3.4}$$

在这里，由于式（3.4）的第一个方程与条件表达式（3.1）中的第三式相同，式（3.4）中的第二个方程式与式（3.3）中的第一式相同，因此，只有第三式是连杆A成为曲柄的追加条件。

当连杆A旋转到与连杆D在一条直线上时，如图3.3（d）所示的状态，$\triangle O_{AB}O_{BC}O_{CD}$的各边长度分别为$D-A$、$B$以及$C$，因此有式（3.5）成立。

$$\left.\begin{aligned}(D-A)<B+C &\Rightarrow A+B+C>D\\(D-A)+B>C &\Rightarrow A+C<B+D\\(D-A)+C>B &\Rightarrow A+B<C+D\end{aligned}\right\}\tag{3.5}$$

式（3.5）的第一个方程被条件表达式（3.1）所包含，式（3.5）中的第二个方程式和第三个方程式被式（3.3）和式（3.4）所包含。因此，连杆A成为曲柄的条件如式（3.6）所示。

$$\left.\begin{aligned}A+B<C+D \quad ①\\A+C<B+D \quad ②\\A+D<B+C \quad ③\end{aligned}\right\}\tag{3.6}$$

如图3.3（a）～（d）所示，各连杆的长度使三角形更加扁平化（钝角加大），当其达到极限（两条边的长度之和等于另一条边的长度）时，式（3.6）成为式（3.7）的形式。

$$\left.\begin{aligned}A+B\leqslant C+D \quad ①\\A+C\leqslant B+D \quad ②\\A+D\leqslant B+C \quad ③\end{aligned}\right\}\tag{3.7}$$

式（3.7）就是格拉斯霍夫定理的内容，满足这一定理的机构有时被称为格拉斯霍夫机构。式（3.7）表示了各连杆的相对运动条件，因此这种关系式对于双摇杆机构和双曲柄机构同样有效。

在式（3.6）成立的场合，有如下的关系成立。

$$①+② \Rightarrow A\leqslant D$$
$$①+③ \Rightarrow A\leqslant C$$
$$②+③ \Rightarrow A\leqslant B$$

由上式可以确定杆件A是最短的构件。

专栏　转向不定点和死点

如图3.4（a）和（b）所示，当曲柄摇杆机构中的曲柄A和连杆B位于同一条直线上时，从动件曲柄A相对于摇杆C进行的旋转运动具有方向不确定性，顺时针旋转或者逆时针旋转的现象都有可能发生。这种承受单向力作用而不能确定旋转方向的点称为转向不定点。

另外，这时处于同一直线位置的主动件摇杆C即使被施加运动，从动的静止曲柄A仍可能无法旋转。这样的位置称为死点。

通常，转向不定点和死点重合的情况比较多。

为了避免这种现象的发生，可利用具有惯性力的飞轮或者具有相位差的两个平行机构。

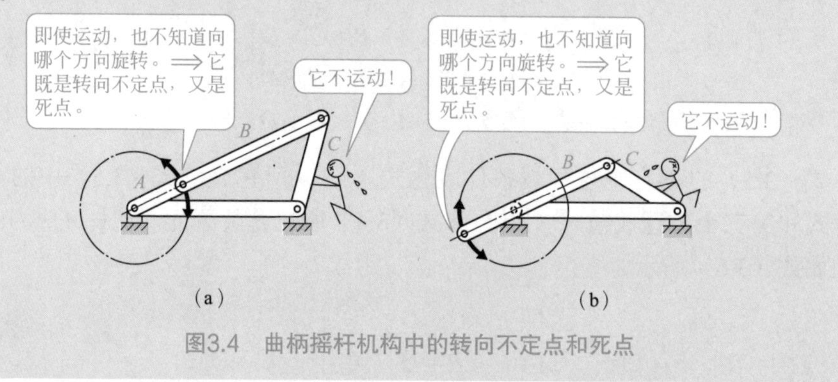

图3.4　曲柄摇杆机构中的转向不定点和死点

（3）双摇杆机构

如图3.5所示，固定最短杆件A对面的杆件C，当杆件D进行摆动运动时，杆件B也进行摆动运动。这种两个杆件同时进行摇摆运动的机构称为双摇杆机构。

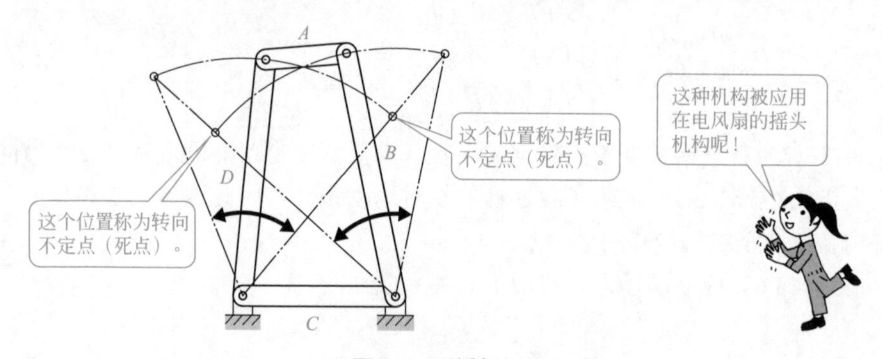

图3.5　双摇杆机构

在这里，将杆件D作为原动件，在连杆A和从动杆件B成一条直线的状态下转动主动杆件D时，连杆A相对于杆件B的旋转运动方向是不能确定的，这样的点就是转向不定点（死点）。类似地，如果杆件B是驱动杆的话，在赋予其摆动运动时，则连杆A和杆件D处于同一条直线时的位置也是转向不定点（死点）。

（4）双曲柄机构

当驱动杆和从动杆均为曲柄时，这种机构称为双曲柄机构。双曲柄机构如图3.6所示，当机构中的最短杆件A固定时，使杆件B进行旋转运动，杆件D也能旋转，并且两者均能作为曲柄进行运动，这种机构最基本的功能就是能进行曲柄运动。

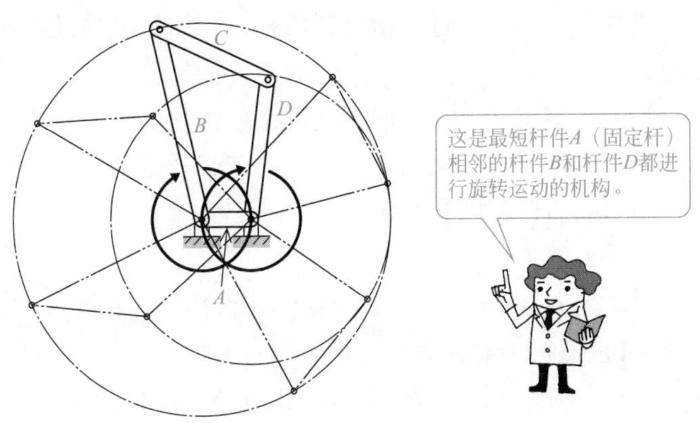

图3.6　双曲柄机构

双曲柄机构中，有如图3.7（a）所示的相对的杆件长度相等，并且相对的杆件平行的一种特殊的双曲柄机构，称其为平行双曲柄机构或者平行连杆机构。图3.7（b）所示的连杆B和杆件D相互交叉的双曲柄机构被称为反向双曲柄机构或者反向平行连杆机构。平行双曲柄机构中的所有运动杆可以旋转360°，而且主动杆和从动杆在运动中始终保持平行。

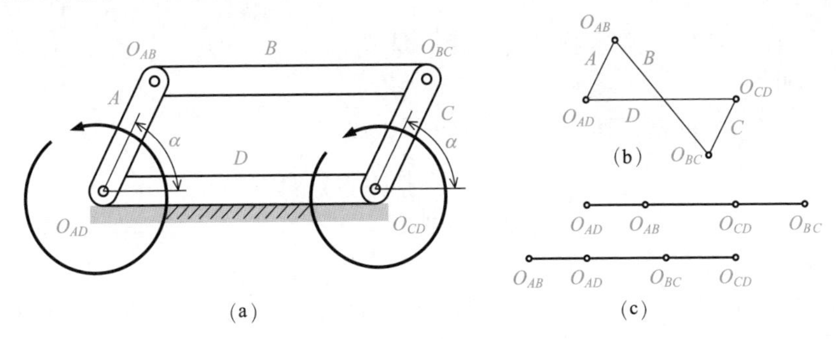

图3.7　平行双曲柄机构

在图3.7（a）所示的平行双曲柄机构中，当驱动杆为杆件A或者杆件C时，机构都能顺利旋转。然而，当连杆B是驱动杆时，在杆件A和杆件C旋转到与固定的杆件D成一条直线的场合［如图3.7（c）所示，四杆机构的四个转动瞬心都在一条直线上］，杆件A以及杆件C向任何一方转动都有可能。这时的杆件A和连杆B之间的连接点O_{AB}以及连杆B和杆件C之间的连接点O_{BC}的位置是转向不定点（死点）。而且，由于平行双曲柄机构在运动过程中保持平行四边形，因此当杆件A为驱动杆时，杆件A与固定杆件D的角度α等于杆件C与固定杆件D之间的角度β（$\alpha=\beta$）。

另外，双曲柄机构和固定杆件的位置不尽相同，但四个杆件长度相同的连杆机构（菱形）称为缩放机构。

在四杆回转机构中，能够通过曲柄摇杆机构、双摇杆机构以及双曲柄机构等获得各种各样的运动。

通常，具有转向不定点（死点）的连杆机构可将具有不同相位的多个连杆机构进行组合，质量较大的飞轮产生的惯性，或者在避开通过死点的角度范围使用等，就能够避免曲柄或摇杆的运动不确定性。

3.1 如图3.8所示的封闭四杆回转机构，连杆长度有$A=35$mm、$B=40$mm、$C=55$mm以及$D=x$（mm）。

利用格拉斯霍夫定理，求出这一机构中杆件D要满足的条件。另外，给出这种情况下的机构类型和名称。

解答：

在图3.8所示的封闭四杆回转机构中，杆件A是给出长度的三个杆件中最短的杆。在四杆机构中，最短杆件的判别是问题的关键所在。因此，长度未知的杆件D与杆件A相比，有以下两种情况。

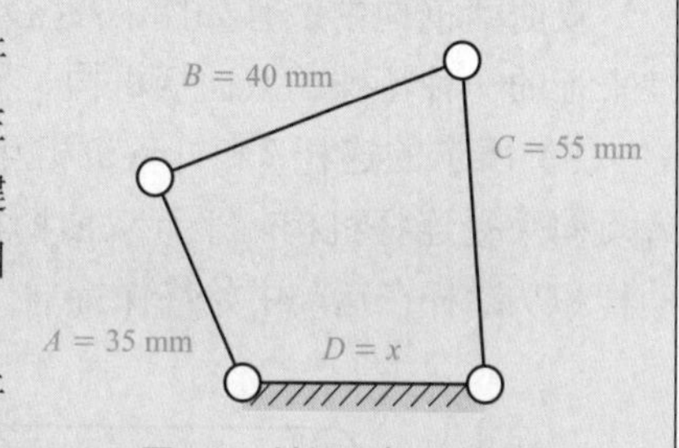

图3.8 封闭四杆回转机构

（1）杆件D长度大于杆件A长度，即杆件A为最短杆

由式（3.7）的格拉斯霍夫定理，有下式成立。

$$\begin{cases} 35+40 \leqslant 55+x \Rightarrow x \geqslant 20 \\ 35+55 \leqslant 40+x \Rightarrow x \geqslant 50 \\ 35+x \leqslant 40+55 \Rightarrow x \leqslant 60 \end{cases}$$

杆件D的长度在同时满足上述的三个方程式之外，还需要满足大于最短杆件A的长度35mm的条件，因此有$50\text{mm} \leqslant x \leqslant 60\text{mm}$。

这时，由于杆件D是被固定的，所以杆件A是曲柄，杆件C是摇杆，这是曲柄摇杆机构。

（2）杆件D长度小于杆件A长度，即杆件D为最短杆

当杆件D为最短杆件时，由于其长度小于已知的短杆A，因此有$x \leqslant 35$mm。最短杆件D的长度为x、最长杆件C的长度为55mm，应用格拉斯霍夫定理，有式成立。

$$\begin{cases} x+35 \leqslant 40+55 \Rightarrow x \leqslant 60 \\ x+40 \leqslant 35+55 \Rightarrow x \leqslant 50 \\ x+55 \leqslant 35+40 \Rightarrow x \leqslant 20 \end{cases}$$

基于上式，得到杆件D长度为$x \leqslant 20$mm。这时，由于最短杆被固定，因此该机构是双曲柄机构。

3.2 曲柄滑块机构

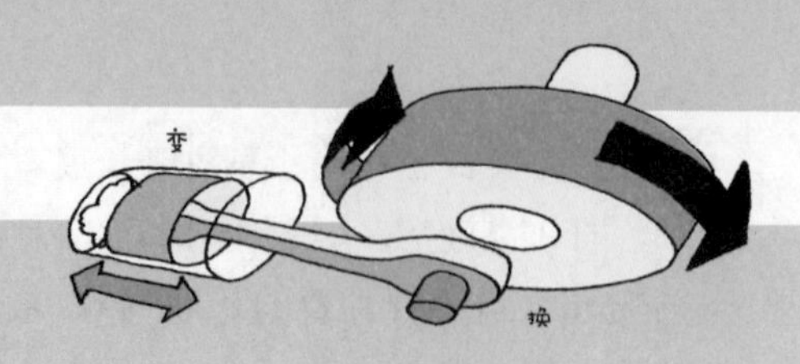

往复运动的滑动机构

❶ 曲柄滑块机构能够将旋转运动转换为直线运动，而且也可以进行反向转换。

❷ 曲柄滑块机构中，任意的构件被固定，可以形成各种各样的运动。

(1) 往复曲柄滑块机构

图3.9（a）所示的四杆回转机构中，将杆件C变换为图3.9（b）所示的滑动运动副，这种机构就称为曲柄滑块机构（曲柄滑块运动链）。

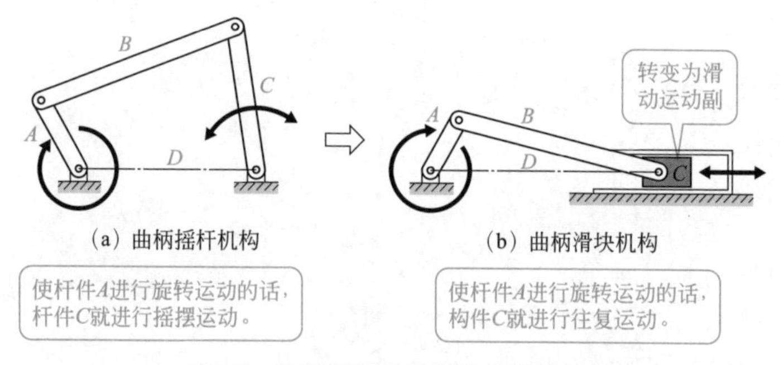

图3.9　曲柄摇杆机构和曲柄滑块机构

杆件C沿杆件D进行滑动，因此称为滑块。此外，滑块部件在这种情况下只能沿直线做往复运动。假设构件C为主动件，杆件A为从动件，这就成为内燃机（汽车往复式发动机等）的活塞与汽缸或者蒸汽机的活塞和驱动轮之间运动的传递机构，这时的杆件A就是曲柄。另外，如果进行驱动侧和从动侧的切换的话，则成为将旋转运动转换为往复运动的机构。

上述的曲柄滑块机构被称为往复曲柄滑块机构，并不限于应用在动力传递方面，也被应用于空气压缩机和泵等中。

(2) 往复曲柄滑块机构的分析

我们就图3.10所示的往复曲柄滑块机构进行分析，从理论上求解滑块的位移、速度和加速度的大小。

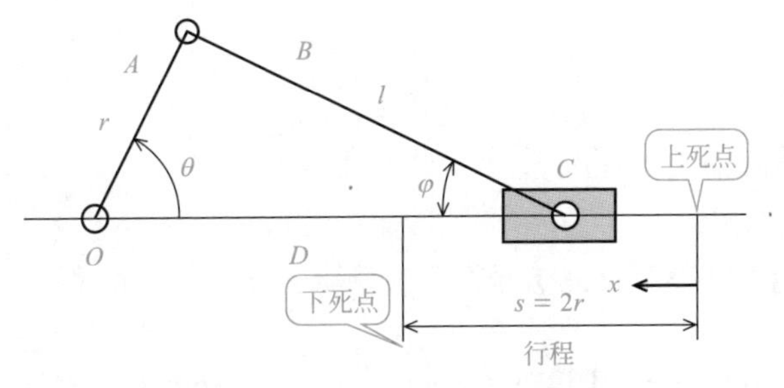

图3.10　往复曲柄滑块机构

① 滑块的位移

在图3.10所示的曲柄滑块机构中，杆件A为进行半径为r的旋转运动的曲柄，起连杆作用的构件B的长度为L，构件C为进行滑动运动的活塞（或称滑块）。曲柄A的旋转中心为O，也是曲轴的中心。另外，缸体（也称机架）的中心线对应滑块D。在这里，设机架、滑块以及曲柄在一条直线上，机架D与曲柄构成的转角为θ，连杆的摆动角为φ。

如果设滑块位置到上死点的距离为x的话，则有下式成立。

$$\begin{aligned} x &= r + l - (r\cos\theta + l\cos\varphi) \\ &= r(1-\cos\theta) + l(1-\cos\varphi) \end{aligned}$$

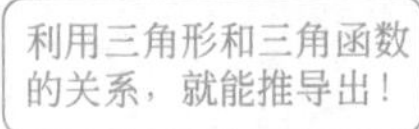

将曲柄和连杆的长度之比用$\lambda=r/l$表示，滑块位置用。

$$x = r\left[(1-\cos\theta) + \frac{1}{\lambda}(1-\cos\varphi)\right]$$

则有如下的两个关系式成立。

由$r\sin\theta = l\sin\varphi$，得到

$$\sin\varphi = \lambda\sin\theta$$

由$\sin^2\varphi + \cos^2\varphi = 1$，得到

$$\cos\varphi = \sqrt{1-\sin^2\varphi}$$

将这一关系代入式（3.12），则：

$$x = r\left[(1-\cos\theta) + \frac{1}{\lambda}\left(1-\sqrt{1-\lambda^2\sin^2\theta}\right)\right] \tag{3.8}$$

② 滑块的速度

将位移用时间t进行微分，能求得滑块的速度v。

$$v = \frac{\mathrm{d}x}{\mathrm{d}t} = \frac{\mathrm{d}x}{\mathrm{d}\theta}\times\frac{\mathrm{d}\theta}{\mathrm{d}t} = \frac{\mathrm{d}x}{\mathrm{d}\theta}\omega$$

在上式中，代入位移方程式（3.8），有：

$$v = r\omega\left(\sin\theta + \frac{\lambda\sin 2\theta}{2\sqrt{1-\lambda^2\sin^2\theta}}\right) \tag{3.9}$$

式中，ω是曲轴的角速度。

③ 滑块的加速度

用时间t对速度方程式（3.9）求微分，就能求出加速度a，得出的结果表示如下。

$$a = \frac{\mathrm{d}v}{\mathrm{d}t} = \frac{\mathrm{d}v}{\mathrm{d}\theta}\times\frac{\mathrm{d}\theta}{\mathrm{d}t} = \frac{\mathrm{d}v}{\mathrm{d}\theta}\omega = r\omega^2\left[\cos\theta + \frac{\lambda\cos 2\theta + \lambda^3\sin^4\theta}{\sqrt{\left(1-\lambda^2\sin^2\theta\right)^3}}\right]$$

（3） 滑块进行摇动、回转及固定的曲柄滑块机构

图3.9（b）中所示的常见曲柄滑块机构是将图3.9（a）所示的四杆回转机构中的杆件C换成了在杆件D上进行滑动的运动副。

曲柄滑动机构具有何种特性，取决于滑动运动副选择哪个构件和构件的长度，如图3.11所示。例如，将构件C转换成相对于构件B进行滑动的滑块，则成

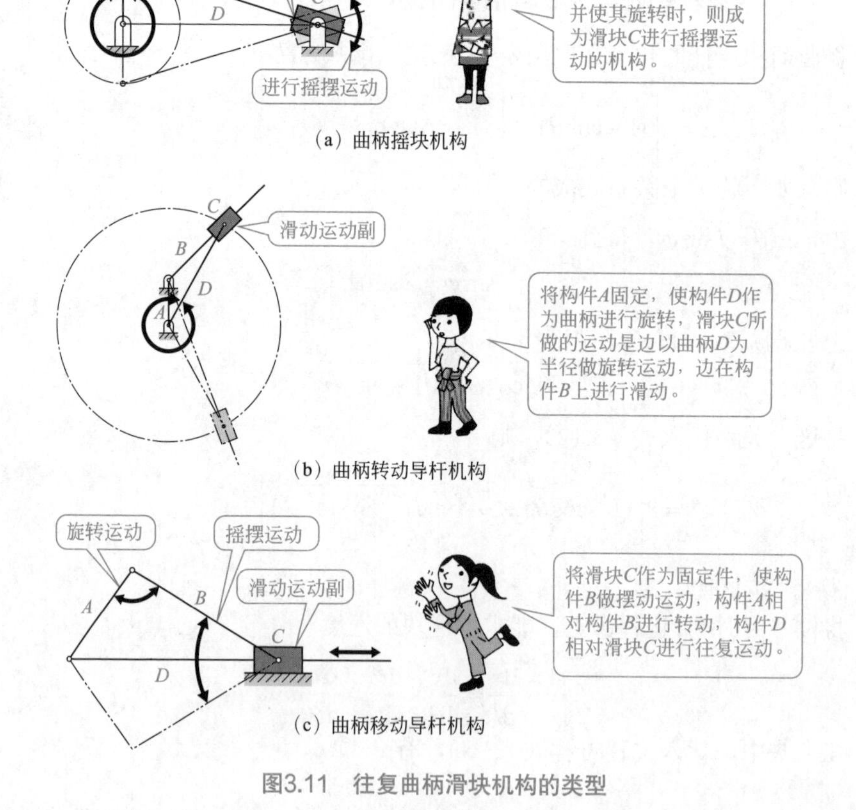

图3.11 往复曲柄滑块机构的类型

为曲柄摇块机构；固定构件A，使构件D作为曲柄进行旋转，则成为曲柄转动导杆机构；固定构件C，使构件B摆动，则成为曲柄移动导杆机构。

(4) 偏置曲柄滑块机构

目前为止，所描述的曲柄滑块机构都是滑块进行滑动的导轨中心线与曲柄的旋转中心轴重合，但是也有两者的中心线存在偏置的曲柄滑块机构。中心线存在偏置的曲柄滑块机构被称为偏置曲柄滑块机构（图3.12）。

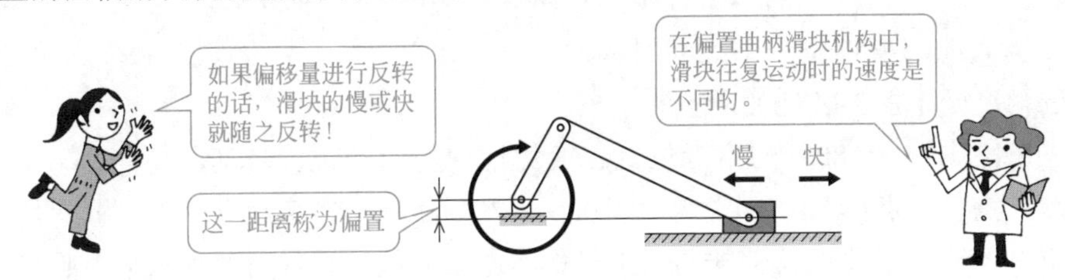

图3.12 偏置曲柄滑块机构

偏置曲柄滑块机构与中心线重合机构在将直线运动转换为旋转运动，或将旋转运动转换为直线运动的功能上是相同的。但是由于滑块进行滑动的中心轴线与曲柄旋转中心轴之间存在偏差，能够使滑块在向前行程和返回行程中的运动速度有差异，因此这种机构能够用于快速返回机构。

例题 3.2 在图3.13所示的偏置曲柄滑块机构中，求出上死点和下死点的曲柄的角度（最小角度从θ=0计算）。在此，设定曲柄的长度为r，连杆的长度为l，偏置量为e，曲柄旋转角度为θ。

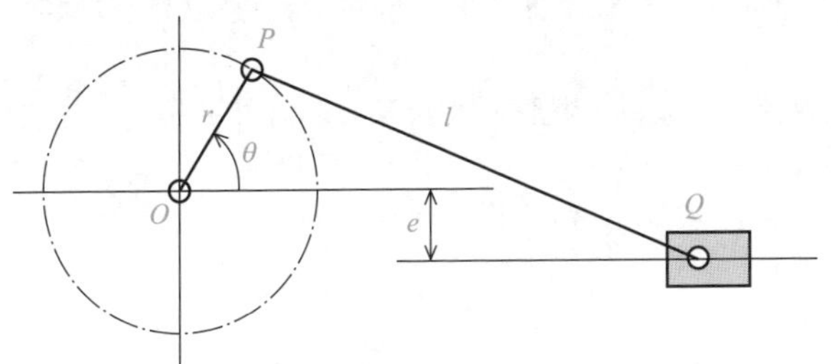

图3.13 偏置曲柄滑块机构

解答：

在曲柄滑块机构中，上死点和下死点是指曲柄和连杆成为一条直线的位置。

滑块位于上死点时，曲柄的角度处于图3.14（a）所示的状态，是图3.13中的θ=0°的附近位置。换句话说，随着曲柄进行旋转，点P向点P_1运动，点Q向点Q_1运动，当运动到点O、P_1和Q_1在一条直线上时的位置就是上死点。设通过上死点Q_1且垂直于曲轴的水平中心线的直线与曲轴水平中心线的交点为H_1，由直角三角形△OQ_1H_1能得到下式。

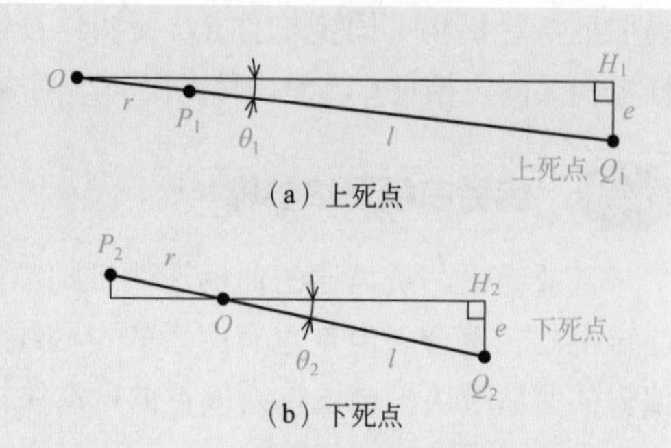

（a）上死点

（b）下死点

图3.14　曲柄和连杆的相对位置关系

$$OH_1=\sqrt{(l+r)^2-e^2}$$

$$\tan\theta_1=\frac{e}{\sqrt{(l+r)^2-e^2}}$$

类似地，滑块位于下死点时，曲柄的角度处于图3.14（b）所示的状态，是图3.13中的θ=180°的附近位置。换句话说，曲柄进行转动，使点P向点P_2运动、点Q向点Q_2运动，当运动到点O、P_2和Q_2在一条直线上时的位置就是下死点。设通过下死点Q_2且垂直于曲轴的水平中心线的直线与曲轴水平中心线的交点为H_2，由直角三角形△OQ_2H_2能得到下式。

$$OH_2=\sqrt{(l-r)^2-e^2}$$

$$\tan\theta_2=\frac{e}{\sqrt{(l-r)^2-e^2}}$$

专栏　星形发动机究竟是如何构成的

在常用的直列式多缸发动机中，每个活塞分别通过连杆与曲轴连接。但是，星形发动机的汽缸则是环绕曲轴呈放射性布局。这种往复式发动机只有主连杆连接到曲轴上（图3.15），其他活塞的连杆被称为活节式连杆，它通过销轴连接到主连杆中央位置的环上。

星形发动机采用的是发动机机体和螺旋桨一起旋转的机构，被应用于零式战斗机等早期的飞机中。

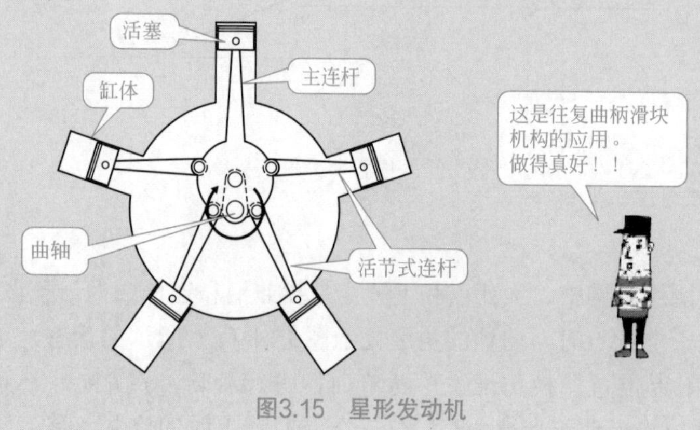

图3.15　星形发动机

专栏　耐震加固和连杆机构

通常，建筑物通过立柱（竖棒）和梁（横条）组合构成墙和屋顶，如图3.16（a）所示。在这种情况下，大多数的结构都是四杆机构，它们的耐震性不强。因此，通过增设如图3.16（b）所示的斜支撑（四边形的对角线至少有一条）的结构，就可以得到加固的固定支架或者桁架。

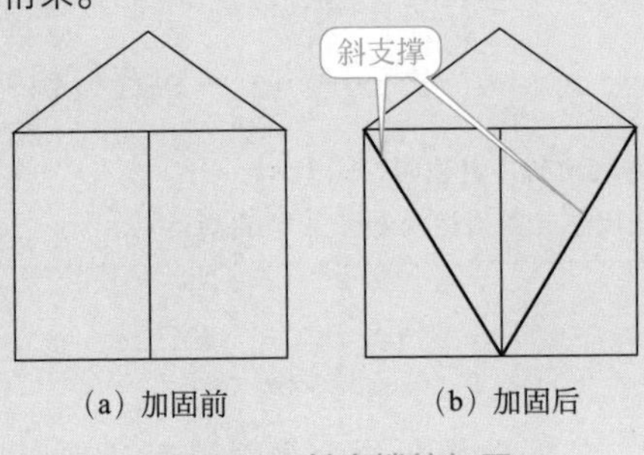

图3.16　斜支撑的加固

3.3

空间连杆机构

连杆机构在空间传递旋转运动

❶ 万向节是球形连杆机构的一种应用。
❷ 在万向节中，可进行等速圆周运动和非等速圆周运动。

（1） 球面连杆机构

在平面连杆机构中，各杆件都在同一平面上运动。与此相对应的，各杆件在空间（三维）进行运动的机构称为空间连杆机构。

另外，四杆回转机构是指回转运动副的轴心都通过一个点时，杆件上各点的轨迹位于同心球面上。这样的空间机构称为球面连杆机构。

（2） 万向节（万向联轴器）

球面连杆机构应用在万向节（万向联轴器）中，这种万向节是在以一定角度相交的两个轴之间传递旋转运动。由于这种连接结构简单，因此被应用于从汽车发动机向车轴（传动轴）传递动力的机构中。

但是，在万向节传递运动的过程中，即使输入轴以恒定速度进行旋转，输出轴也会发生反复增速或者减速的现象。

如图3.17(a) 所示，假设输入轴和输出轴通过万向节以一定的角度进行连接。输入轴a在输入轴侧的旋转面A上进行的是圆周运动，输出轴b在输出轴侧的旋转面B上进行的是椭圆运动。但是，如果将轴a的运动投影到面B上的话，这种运动显然就是椭圆运动。

这就是说，由于面A旋转的角度和面B旋转的角度之间存在周期性的差异，所以即使输入轴以恒定的速度进行旋转，在输出轴上也会发生速度的波动。如图3.17（b）所示，这种速度波动在输入轴旋转一周的范围内出现两次，且随输入轴与输出轴之间夹角θ的增大而增大。

为了消除这种波动现象，使输入轴和输出轴以相同的速度旋转，需要利用两个万向节进行组合或者使用等速万向节。

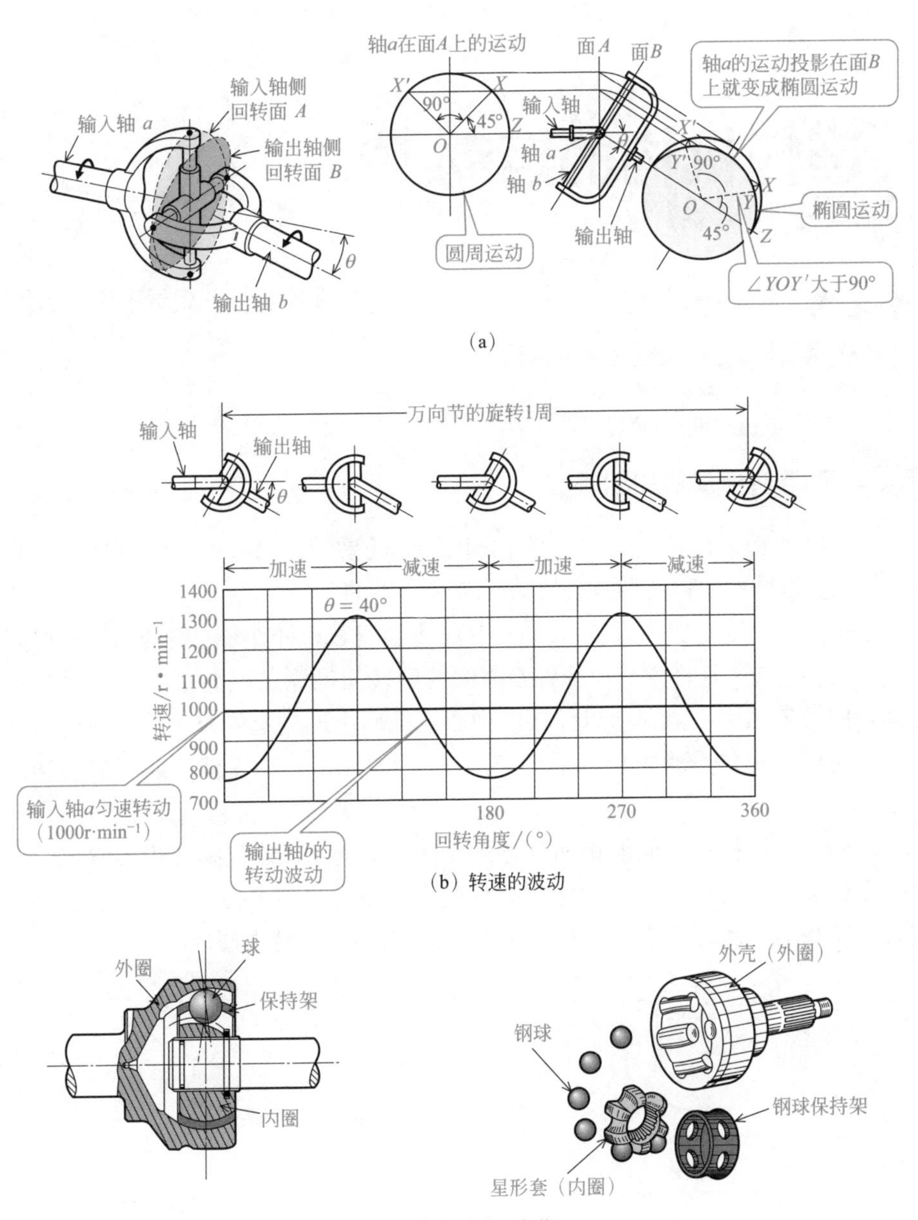
输入轴 a
输入轴侧
回转面 A
输出轴侧
回转面 B
输出轴 b
θ
轴a在面A上的运动
面A
面B
轴a的运动投影在面B
上就变成椭圆运动
X′
X
90°
45°
Z
O
输入轴
轴 a
轴 b
输出轴
圆周运动
Y′
90°
Y
椭圆运动
∠YOY′大于90°
(a)
万向节的旋转1周
输入轴
输出轴
加速
减速
加速
减速
θ = 40°
转速/r·min⁻¹
1400
1300
1200
1100
1000
900
800
700
180
270
360
回转角度/(°)
输入轴a匀速转动
(1000r·min⁻¹)
输出轴b的
转动波动
(b) 转速的波动
外圈
球
保持架
内圈
外壳（外圈）
钢球
钢球保持架
星形套（内圈）
(c) 等速万向节

图3.17　万向节

3.4 连杆机构的运动

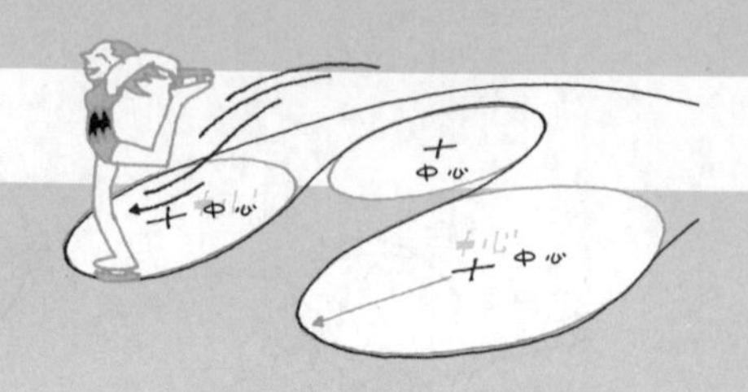

滑冰者被一条看不见的线拉着

❶ 两个相对运动的构件存在一个瞬心。
❷ 瞬心的数量取决于构件的数量。

(1) 四连杆回转机构的瞬心

四连杆回转机构是四个节点都通过回转运动副铰接的机构。如图3.18（a）所示，点O_{AD}是杆件A和杆件D之间的回转运动副的回转中心点，O_{AB}是杆件A和连杆B之间的回转运动副的回转中心点，O_{BC}是连杆B和杆件C之间的回转运动副的回转中心点，O_{CD}是杆件C和杆件D之间的回转运动副的回转中心点。由于这种点都是回转轴的中心点，所以铰接的中心点是两个连杆上仅有的没有相对运动的点（这是因为无法分离，而只能一起运动）。因此，这种点就是速度瞬心（请参阅2.1节）

此外，即使杆件之间的相互位置关系发生了变化，速度瞬心也始终位于回转运动副的回转中心线上，这种回转中心被称为相对回转中心。另外，当杆件D固定时，这些恒定回转中心中的O_{AD}和O_{CD}被称为绝对回转中心。

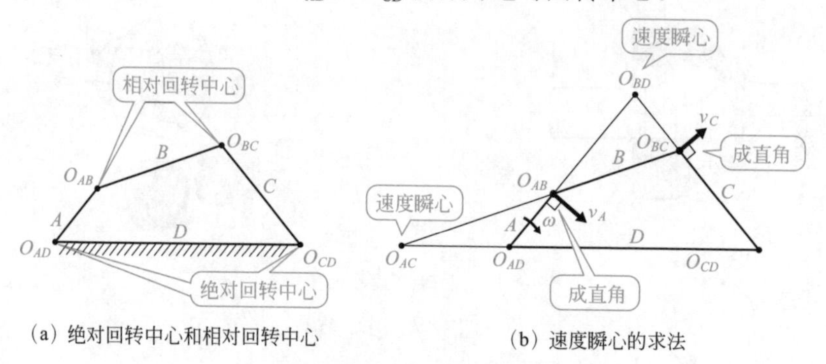

（a）绝对回转中心和相对回转中心　　（b）速度瞬心的求法

图3.18　四杆机构的速度瞬心

然后，考虑连杆B和杆件D之间的相对运动。当杆件D被固定时，让我们求出相对的连杆B和杆件D之间的速度瞬心O_{BD}。如图3.18（b）所示，当杆件A绕O_{AD}回转时，杆件C以点O_{CD}为中心的旋转会受到连杆（构件B）的制约，因此可知，杆件B上的两个点O_{AB}、O_{BC}的运动速度（v_A、v_B）方向分别垂直于线段

$O_{AD}O_{AB}$和$O_{CD}O_{BC}$。这时，由于两个点O_{AB}和O_{BC}都是连杆B上的点，因此连杆B的速度瞬心O_{BD}是在通过点O_{AB}并垂直于该点的速度方向的直线上，而且在通过点O_{BC}并垂直于该点的速度方向的直线上，为此，两线段$O_{AD}O_{AB}$和$O_{CD}O_{BC}$的延长线的交点就是瞬心。

最后，分析构件A和构件C之间的相对运动。此时，如果将构件C固定的话，相对的构件A和构件C之间的速度瞬心O_{AC}获取方法则采用与速度瞬心O_{BD}相同的方式，线段$O_{BC}O_{AB}$和$O_{CD}O_{AD}$的延长线的交点就是速度瞬心。

基于上述说明，我们得知四杆回转机构共有6个速度瞬心（2个绝对速度瞬心、2个相对速度瞬心和2个相对杆件之间的瞬心）。

通常，构成机构的任何两个构件之间都存在着一个速度瞬心。因此，在由N个构件组成的机构中，速度瞬心的数量有N（N−1）/2个。

（2） 用分解法进行机构的运动分析

连杆机构的分析方法有理论方法（理论分析）和作图方法（图解分析）两种。理论方法需要三角函数和微分等知识，故不是简单的方法。

在这里，我们将学习一种图形分析方法，这是使用直尺、圆规、量角器和比例尺就能轻松完成的方法。在图解中处理具有大小和方向（朝向）的速度矢量时，需要具备矢量的基本知识（矢量分析）。为此，下面首先介绍矢量的基本知识。有关矢量分析的理论方法，请参阅专门的数学书。

① 矢量的基础

如图3.19所示，矢量用线的长度来表示大小，并用线的角度和箭头指示方向。矢量用黑体（粗体）印刷的字母或者在字母顶上加一小箭头"→"表示。另外，图中所示的向量仅表示大小（线的长度）和方向而与起点的位置无关，因此矢量即使平行移动也是相同的。换句话说，图3.19所示的三个向量是相同的。

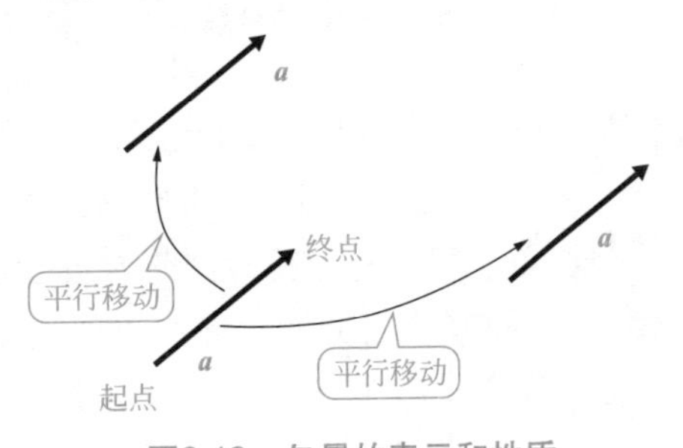

图3.19 矢量的表示和性质

下面在连杆机构速度的图解分析中，给出了所需要的最低限度的矢量性质。

图3.20表示的是矢量的合成（矢量相加）方法。在图3.20（a）中给出了矢量$\boldsymbol{a}$和$\boldsymbol{b}$，将两个矢量进行平移，使矢量$\boldsymbol{a}$和$\boldsymbol{b}$的起始点重合，绘制以矢量$\boldsymbol{a}$和$\boldsymbol{b}$为两边的平行四边形，其对角线就是合成的矢量$\boldsymbol{c}$。矢量$\boldsymbol{c}$的方向是由起点指向终点，用公式表示为$\boldsymbol{a}+\boldsymbol{b}=\boldsymbol{c}$。

在图3.20（b）中，平行移动矢量$\boldsymbol{a}$的起点与矢量$\boldsymbol{b}$的终点重合，用线连接矢量$\boldsymbol{b}$的起点和矢量$\boldsymbol{a}$的终点，这条线就是合成矢量$\boldsymbol{c}$，其矢量方向由矢量$\boldsymbol{b}$的起点指向矢量$\boldsymbol{a}$的终点。这种合成方法即使平移矢量$\boldsymbol{b}$，结果也是相同的。

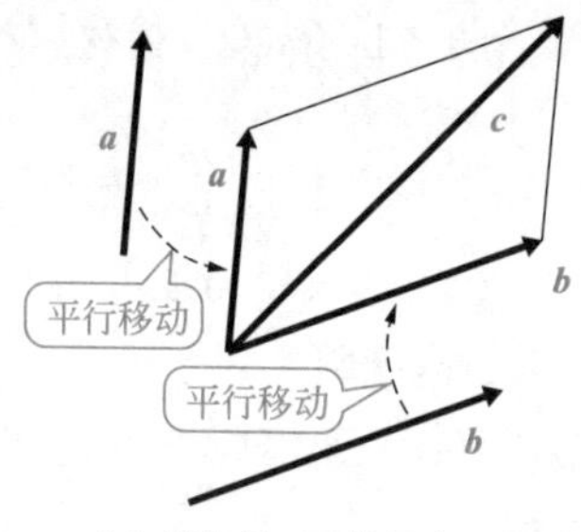

（a）使矢量$\boldsymbol{a}$和$\boldsymbol{b}$的起点一致

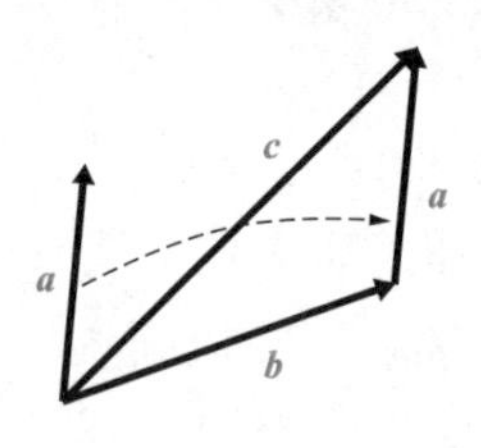

（b）使矢量$\boldsymbol{a}$的起点和$\boldsymbol{b}$的终点一致

图3.20　矢量的合成（加法运算）

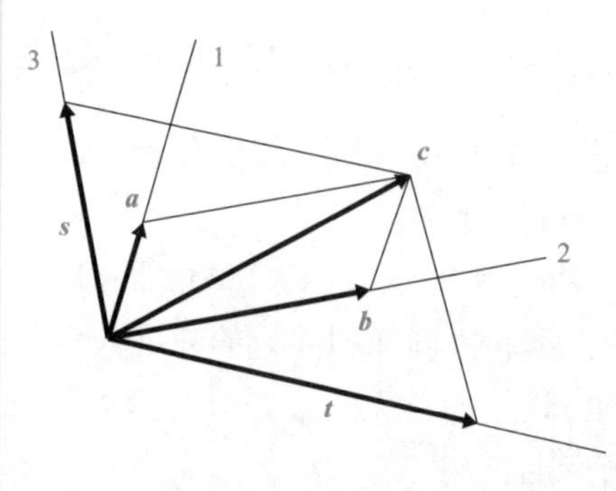

图3.21　矢量的分解

与此相应地，图3.21表示的是矢量分解的方法。现在，假设给定一个矢量$\boldsymbol{c}$，并给出两条作用线（表示力的作用方向）1和2。在这种情况下，如果考虑由作用线1、作用线2以及矢量$\boldsymbol{c}$的终点构建的平行四边形（包括长方形、正方形以及菱形，其中矢量$\boldsymbol{c}$就是对角线），则平行四边形的两边就是需要分解的矢量$\boldsymbol{c}$的两个分量矢量$\boldsymbol{a}$和$\boldsymbol{b}$。

同样地，如果考虑作用线3和4的话，$\boldsymbol{s}$和$\boldsymbol{t}$是通过分解矢量$\boldsymbol{c}$获得的两个分量矢量。另外，当作用的交点与矢量$\boldsymbol{c}$的起点不一致时，可通过平行移动使起点与交点一致。

② 用速度矢量图解法求解速度矢量

现在，有一种分解方法是通过绘图来求解出构件上的点的运动速度（构件速度）。这种方法是当某构件上点的速度（速度矢量）已知时，将该速度矢量在运动副上分解为正交的两个矢量，求解出其他构件上的点的速度矢量。如上所述，通过给出的两条任意的作用线，就能够完成唯一的矢量分解。

让我们考虑下面的情况，如图3.22所示，构件A上的点O_{AB}的速度矢量$\boldsymbol{v}_A$（构件A和构件B之间的运动副）已知，速度矢量$\boldsymbol{v}_A$的方向垂直于构件A。如图3.23所示，这种速度矢量$\boldsymbol{v}_A$分解为平行于构件B的方向（构件B的延长线）和垂直于构件B的方向的两个分量。设$\boldsymbol{v}_{At}$为平行于构件B方向的分量，而$\boldsymbol{v}_{An}$为垂直构件B方向的分量。

然后，分析构件C上的点O_{BC}（构件C和构件B之间的运动副）的速度矢量$\boldsymbol{v}_C$（未知），将速度$\boldsymbol{v}_C$平行于构件B方向的速度分量设为$\boldsymbol{v}_{Ct}$和垂直于构件B方向的速度分量设为$\boldsymbol{v}_{Cn}$。在这里，很明显的是平行于构件B的速度分量$\boldsymbol{v}_{Ct}$和$\boldsymbol{v}_{At}$相等（构

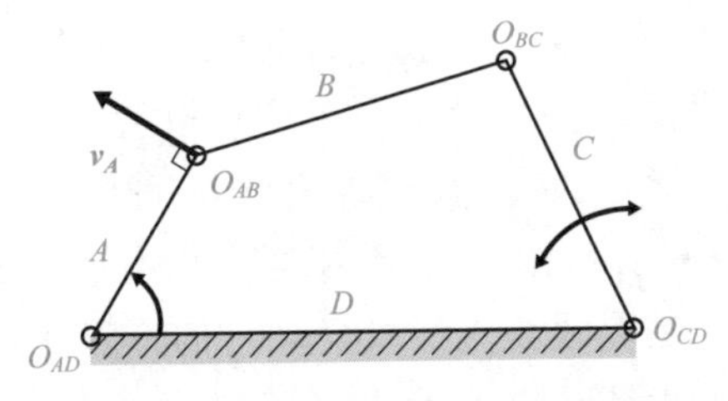

图3.22 用速度矢量图解法求速度矢量

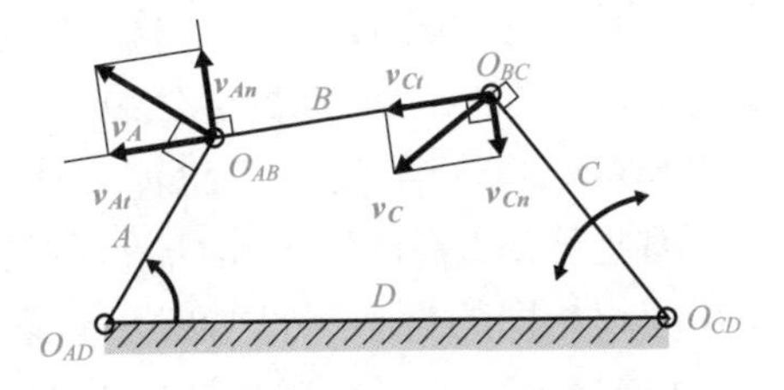

图3.23 速度矢量图解法的顺序

件B上所有点的平行于构件B的速度相等）。另外，速度向量$\boldsymbol{v}_C$的大小未知，但其方向垂直于构件C（因为构件C围绕点O_{CD}进行摇摆运动）。

由此可知，用速度矢量图解法求解构件C的速度矢量$\boldsymbol{v}_C$的步骤如下。

a. 由速度矢量$\boldsymbol{v}_A$，求出与构件B平行方向的分量$\boldsymbol{v}_{At}$。

b. 将$\boldsymbol{v}_A$中平行于构件B方向的分量$\boldsymbol{v}_{At}$的起点平行移动到O_{BC}点。

c. 从O_{BC}点绘制一条垂直于构件C的作用线。

d. 从被移动的$\boldsymbol{v}_{At}$（$=\boldsymbol{v}_{Ct}$）的终点绘制一条垂直于构件B的作用线。

e. 将点O_{BC}连接到③和④绘制的作用线交点，获得$\boldsymbol{v}_C$。

（3） 用瞬心法进行连杆机构的速度分析

瞬心法就是利用速度瞬心，以图解方式来求解构件速度的方法之一。这里所说的瞬心包含绝对瞬心和相对瞬心。

为求解构件速度，必须要掌握以下三个与瞬心有关的结论。

① 运动物体都围绕速度瞬心做回转运动。

② 物体上的任意一点的速度与距瞬心的距离成正比。

③ 速度的方向垂直于连接该点与速度瞬心的直线。

如图3.24所示，让我们分析杆件A的点O_{AB}（杆件A与连杆B之间的运动副）的速度矢量$\boldsymbol{v}_A$已知的情况。速度向量$\boldsymbol{v}_A$的方向垂直于杆件A。

首先，为求得连杆B和杆件D的速度瞬心O_{BD}，基于速度瞬心的三心定理，可知速度瞬心点O_{AD}、点O_{AB}以及点O_{BD}在一条直线上（参阅第2.1节）。另外，同理得出速度瞬心点O_{CD}、点O_{BC}以及点O_{BD}也在一条直线上。因此，这两条直线的交点就是所求的速度瞬心O_{BD}。

其次，用一条直线连接求得的速度瞬心O_{BD}和已知的速度矢量$\boldsymbol{v}_A$的终点。此外，以速度瞬心O_{BD}为中心，绘制通过要计算速度矢量的点

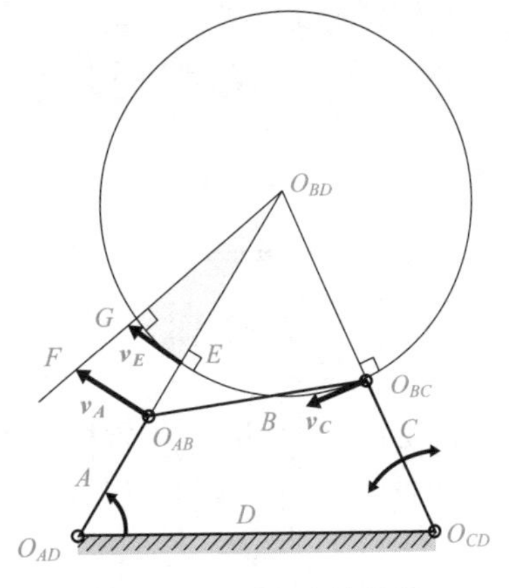

图3.24 瞬心法的求解

O_{BC}的圆弧，并将圆弧与线段$O_{BD}O_{AB}$的交点定义为E。从确定的点E绘制平行速度矢量$\boldsymbol{v}_A$（即垂直于线段$O_{BD}O_{AB}$）的线，这条线段与线段$O_{BD}F$的交点设点G，这时的$\boldsymbol{EG}$就是E点的速度矢量$\boldsymbol{v}_E$。另外，由于线段$O_{BD}O_{BC}$和线段$O_{BD}E$的长度相等，因此可知E点的速度和O_{BC}点的速度也相等。因此，求解的速度矢量$\boldsymbol{v}_C$具有与速度$\boldsymbol{v}_E$相同的大小（图中线的长度），方向就是垂直于线段$O_{BC}O_{CD}$的方向。或者，只需沿着先前绘制的以速度瞬心O_{BD}为中心且通过点O_{BC}的弧线移动。

下面让我们采用数学方法来验证上述内容。由于$\triangle O_{BD}FO_{AB}$和$\triangle O_{BD}GE$三个内角相等，所以两个三角形相似。换句话说，由于$\triangle O_{BD}FO_{AB} \backsim \triangle O_{BD}GE$的关系，因此三角形的各边之间有如下的比例关系成立。

$$|\boldsymbol{v}_A|:|\boldsymbol{v}_E| = O_{BD}F : O_{BD}G = O_{BD}O_{AB} : O_{BD}E$$

记号“｜ ｜”是用矢量的绝对值表示的大小（参见附录3）

另外，由于有线段$O_{BD}E = O_{BD}O_{BC}$，所以有如下的比例关系成立。

$$|\boldsymbol{v}_A|:|\boldsymbol{v}_E| = O_{BD}O_{AB} : O_{BD}O_{BC}$$

在这一方程式中，能够确定两个矢量的大小之比，并且由于速度$\boldsymbol{v}_A$和$\boldsymbol{v}_E$均垂直于线段$O_{BD}O_{AB}$，因此速度方向相同。这也就是说，点E处的速度矢量$\boldsymbol{v}_E$为：

$$\boldsymbol{v}_E = \boldsymbol{v}_A\left(\frac{O_{BD}G}{O_{BD}F}\right) = \boldsymbol{v}_A\left(\frac{O_{BD}E}{O_{BD}O_{AB}}\right)$$

瞬心法的步骤如上所述。但是由于这是一种绘制方法，因此可以设想，当速度瞬心O_{BD}处于无限远时将会因图纸的尺寸限制而无法绘出，或者因图纸的面积采用缩小比例绘制而降低准确性等。在这里，给出不过多占用图纸面积的图解步骤。首先，如图3.25所示，在线段$O_{AD}O_{AB}$的延长线上取点S，使点O_{AB}到点S的距离等于速度矢量$\boldsymbol{v}_A$的大小。其次，从点S绘制一条平行于线段$O_{AB}O_{BC}$的线，这条直线与线段$O_{CD}O_{BC}$的交点设为T点。进而，从点O_{BC}绘制垂直于线段$O_{CD}O_{BC}$的线段，取与线段$O_{BC}T$具有相同长度的线段，这就是所要求解的速度矢量$\boldsymbol{v}_C$。这种方法称为连杆机构图解方法。

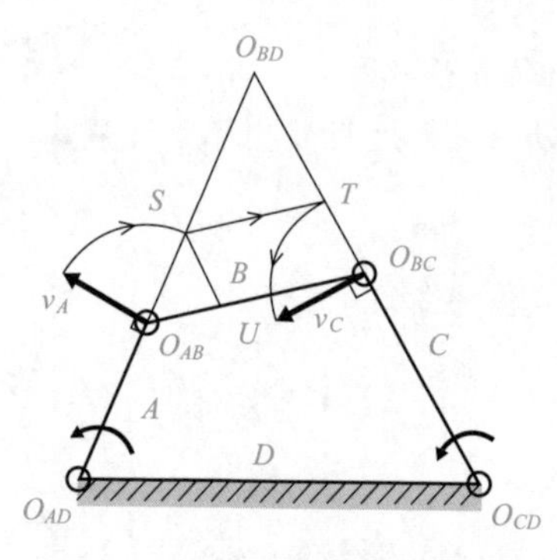

图3.25　连杆机构图解方法的顺序

让我们用数学方法确认上述的内容。从点S绘制一条平行于线段$O_{CD}O_{BC}$且指向线段$O_{AB}O_{BC}$的辅助线，设其交点为U。这时，因为$\triangle O_{BD}O_{AB}O_{BC}$和$\triangle SO_{AB}U$的三个角相等，所以两者相似。另外，因为有线段长$O_{BC}T = |\boldsymbol{v}_C| = SU$，则下式成立。

$$|\boldsymbol{v}_A|:|\boldsymbol{v}_C| = O_{BD}O_{AB} : O_{BD}O_{BC}$$

物体上点的速度大小满足与速度瞬心的距离成比例的条件。

为了进一步说明，在图3.25中给出了速度瞬心O_{BD}，但这种方法实际不需要绘制出速度瞬心O_{BD}就能求解，绘图更加简单。

专栏　十字滑块联轴器

十字滑块联轴器如图3.26所示，这种联轴器由半联轴器和中间圆盘组成。半联轴器*A*和半联轴器*C*在端面的直径方向上带有凸牙，中间圆盘*B*在端面相互垂直的方向上带有凹槽。

半联轴器*A*和*C*的凸牙嵌入中间圆盘*B*的凹槽中，且凸牙能在凹槽中滑动。当半联轴器*A*旋转时，中间圆盘*B*和半联轴器*C*旋转相同的角度，且角速度相等。

这种联轴器能用于两个轴平行且轴心偏离的回转运动的传递。

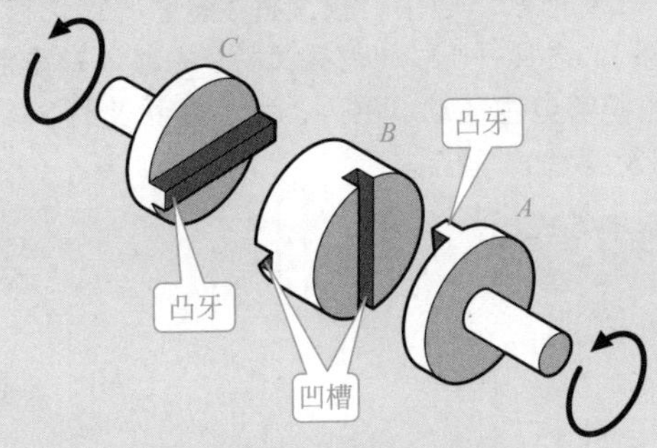

图3.26　十字滑块联轴器

专栏　互锁机构

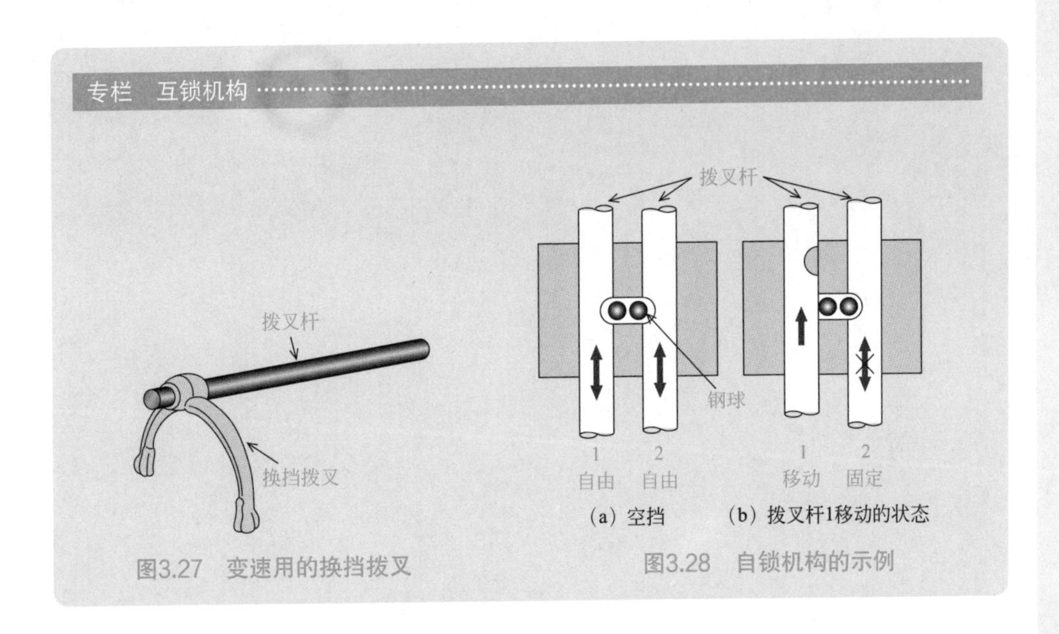

图3.27　变速用的换挡拨叉　　图3.28　自锁机构的示例

这在当今社会中尽管有些复古，但在汽车的手动变速箱或各种齿轮变速装置中，进行齿轮的切换仍然是必要的。这时，使用的实例之一就是换挡拨叉杆，如图3.27所示。在MT车中，齿轮的切换就是用这种拨叉进行推动或者拉动齿轮来完成的。

在多挡变速的情况下，需要多个这种拨叉杆。但是，如果每个拨叉杆都可以随时自由移动的话，不同速比的齿轮就有可能同时被啮合，从而导致齿轮箱出现问题。在这里，所使用的控制方法的一个简化示例就是互锁机构，如图3.28所示，这种互锁机构使用球体或端面经过球面加工的圆柱体等。

图3.28是在空挡（自动挡汽车的N挡位置）的状态，拨叉杆1或2都处于能够自由移动的状态。例如，当试图移动拨叉杆1时，推动钢球向右侧移动，拨叉杆1就能够移动。另外，从图3.28（a）所示的状态，试图使拨叉杆2移动的话，则推动钢球向左侧移动，从而可以使拨叉杆2移动。

然而，在图3.28（b）所示状态中，拨叉杆1侧面的钢球被向右侧推动，并进入拨叉杆2的凹槽（凹部），拨叉杆1移动，拨叉杆2的移动被限制（阻止）。即使在这种状态下，拨叉杆1也能够自由移动。另外，为了使拨叉杆2移动，需要移动拨叉杆1，并将其返回，如图3.28（a）所示。

这是机构互锁的基本方式。

3.5 连杆机构的应用

连杆机构具有意想不到的力量

❶ 连杆机构各杆件的长度、固定位置以及驱动杆或从动杆的选择不同，能够获得各种运动。

❷ 使用连杆机构能够构成增力装置或者放大装置。

(1) 扭力臂机构的应用

如图3.29（a）所示，如果将较小的力P作用在垂直方向上点O，在滑块C上产生的力F就会大幅度放大。当杆件A与杆件B接近成一条直线时，在滑块C上会产生非常大的力，当两杆成为一条直线时，这种力在理论上将成为无限大的力。

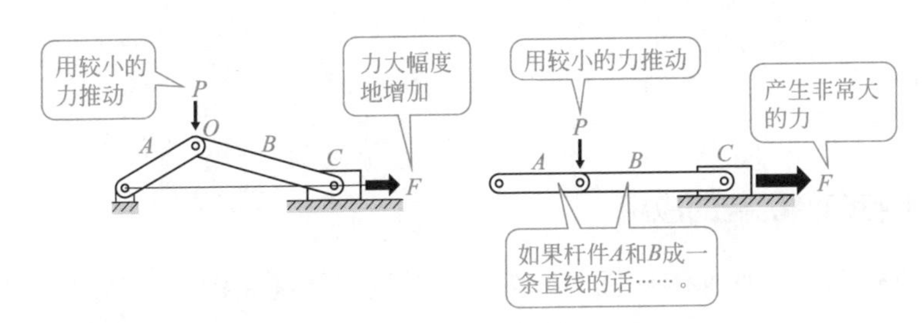

（a）扭力臂机构

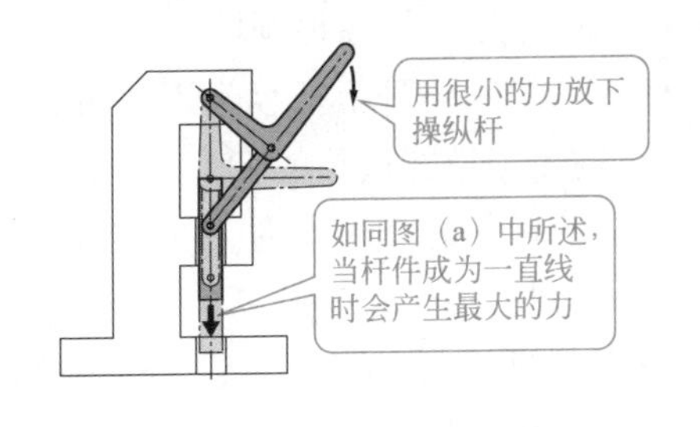

（b）扭力臂式冲压机构

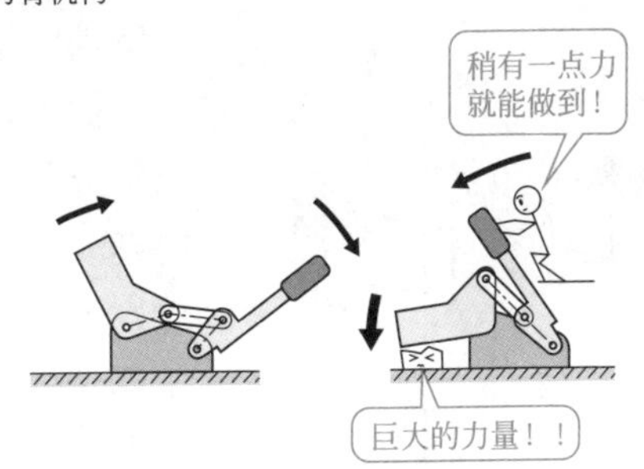

（c）扭力臂式夹紧机构

图3.29 扭力臂机构的应用

这种用较小的力就能产生相当大的力的机构称为扭力臂机构（增力机构）。它的应用范围很广，例如，用于固定或者拧紧工件以及压力机或者手动压力机中等。

(2) 双摇杆机构的应用

双摇杆机构被应用在汽车的转向装置中。但是，当汽车转弯时，有必要采用防止轮胎横向打滑的措施。这就是说，当操纵方向盘时，左前轮和右前轮的转向角要能够形成角度差（外轮的转向角和内轮的转向角有角度差）。

为了满足这一条件，采取的方法是采用如图3.30所示的双摇杆机构构成的转向机构，这种机构被称为阿克曼式转向装置。

另外，风扇的摇头机构也是双摇杆机构的应用。

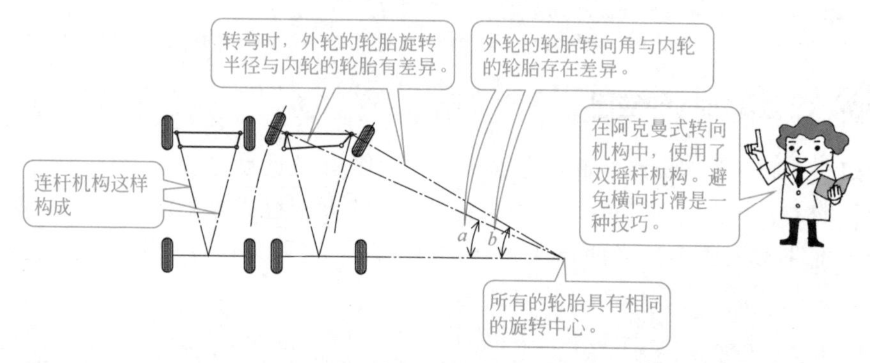

图3.30 阿克曼式的转向装置

(3) 平行曲柄机构的应用

平行曲柄机构（平行连杆机构）在运动过程中始终保持平行四边形。换句话说，相对的边总是保持相互平行的方向。利用这种几何特性，平行曲柄机构已应用于各种领域。

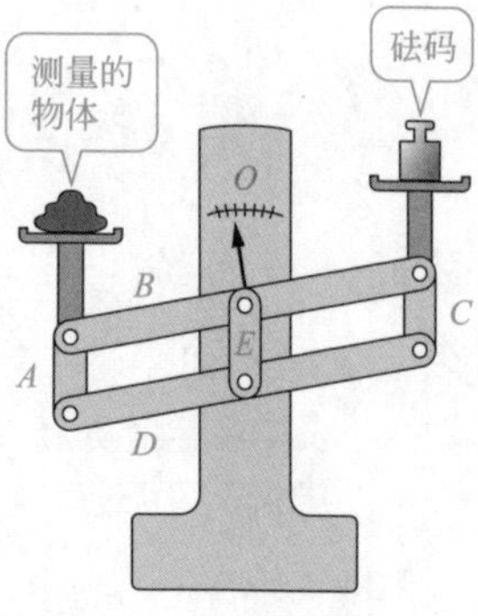

例如，图3.31所示的是一种上托盘天平（洛贝尔巴尔天平）。这是在构成平行四边形的杆件A和杆件C的延长线上分别放置一个托盘，将杆件B的中点和杆件D的中点用杆件E铰接，并将其固定在主支架上。要测量的物体放置在杆件A一侧的托盘上，砝码放在杆件C一侧的托盘上，只要保持天平平衡就能进行测量。如图3.31所示，这种结构具有即使两托盘不平衡，托盘也不倾斜的特点。

图3.31 上托盘天平

除此以外，这种机构还应用于平行尺、万能绘图尺（钢带式绘图机）、多关节机械人的臂或机械手、大型汽车的雨刷器中等。

（4） 缩放机构的应用

当平行曲柄机构的四个杆件长度都相同时，这一特殊的机构称为缩放机构。由于这种机构属于平行曲柄机构，因此它能够做平行运动。另外，由于它是4个杆件长度相同的菱形机构，所以连接相对的运动副的线（菱形对角线）始终是正交的。

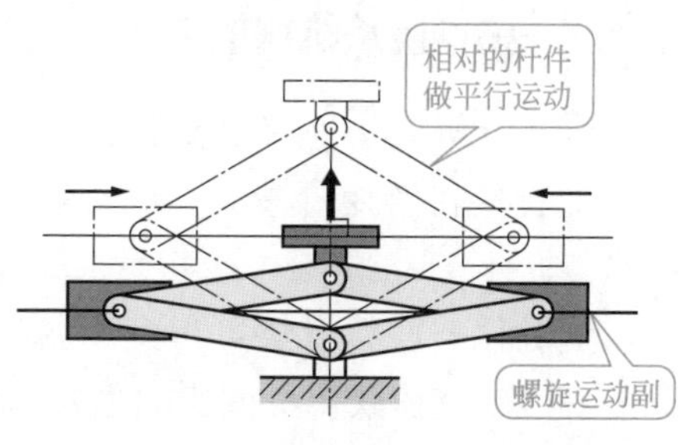

图3.32 利用缩放机构的螺旋千斤顶

螺旋千斤顶就是这种机构的一个应用示例，图3.32所示即为这种千斤顶，常被作为汽车的随车备用工具使用。

除此以外，利用这一机构的还有电力驱动车辆的菱形受电弓（集电装置）、笔记本电脑等的某些键盘的键支架以及玩具的魔术手等，另外制图工具的缩放机构也是该机构的应用。

（5） 曲柄摇杆机构的应用

曲柄摇杆机构具有特性：如果曲柄是驱动件的话，摇杆就成为从动杆（输出侧）；如果摇杆是驱动件的话，曲柄就成为从动杆（参见3.1节）。

图3.33（a）所示的脚踏式缝纫机利用的是脚踏板为摇杆的机构。当用脚尖和脚跟交替踩在图3.33（b）所示的曲柄摇杆机构的脚踏板（摇杆）上时，曲柄下面的带轮（飞轮）就会旋转。下面飞轮的转动通过皮带传递给上面的带轮，因此旋转运动传递到缝纫机的主体机构。实际使用中，启动缝纫机时，用手使上面的飞轮转动（注意不要反转），脚踏板随传递而来的运动进行摇摆，按脚踏板的动作进行脚踏运动。上带轮和下带轮也起着平稳转速的飞轮作用。

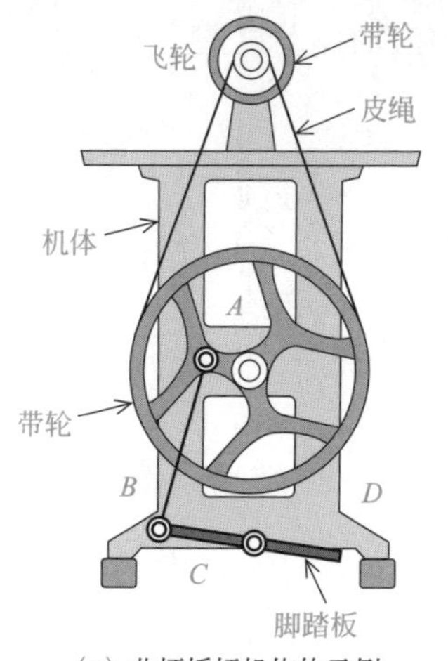

（a）曲柄摇杆机构的示例

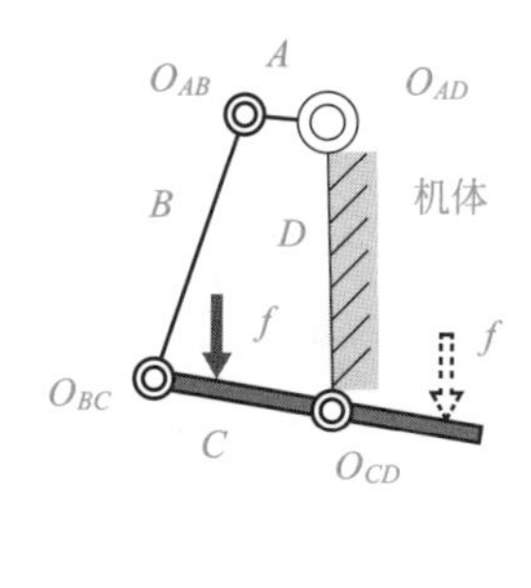

（b）脚踏式缝纫机的脚踏板

图3.33 曲柄摇杆机构的示例

除此以外，曲柄摇杆机构还应用于动力挖掘机的铁铲或汽车的雨刷器的操纵中等。

（6） 曲柄滑块机构的应用

汽车等机器从外部吸收的能量主要来源于电力或者化石燃料。电力通过电动机就能直接转换为机械能（旋转运动和扭矩），但化石燃料等并不能直接转换为机械能。

通过化石燃料燃烧可得到高温和高压的气体（气体和水蒸气）。利用这种高温和高压的气体获得机械能的主要机构是如图3.34所示的曲柄滑块机构。

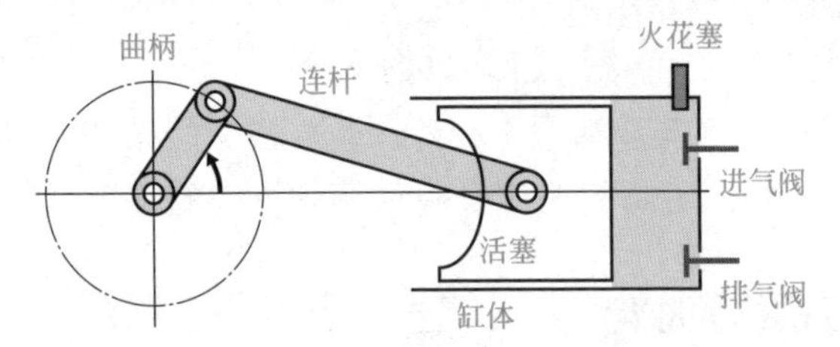

图3.34　汽油发动机的机构示意图

图3.34是四冲程汽油发动机的机构示意图。随着活塞的运动，从进气阀吸入汽油和空气的混合物，压缩混合气体，用火花塞点燃被压缩的气体，燃烧产生的高温和高压向曲轴传递机械能。然后，燃烧后的气体被活塞从排气阀排出。

在这种机构中，曲柄只要旋转两圈就能在燃烧和膨胀的一个过程中获得机械能。

在柴油发动机的机构中，压缩冲程中仅压缩空气，然后向被压缩的空气喷射柴油燃料，并使柴油和空气的混合气自行发火燃烧，形成高温和高压的状况，并在下一冲程中排出燃烧的废气。柴油发动机与汽油发动机的主要区别在于是通过火花塞点火还是自行点火。

习题

习题1 在平行曲柄机构中，有哪些方法能够消除死点和转向不定点？

习题2 在曲柄摇杆机构中，当曲柄长度为30 mm、摇杆长度为60 mm、连杆长度为100 mm时，求出固定杆长度应满足的条件。

习题3 在图3.35中，杆件A长30mm、杆件B长100mm、杆件C长60mm以及杆件D长120mm。当杆件A的旋转速度ω_A=50rad/s时，求出点O_{BC}在θ=65°时的速度。另外，此刻杆件C的角速度ω_C是多少？

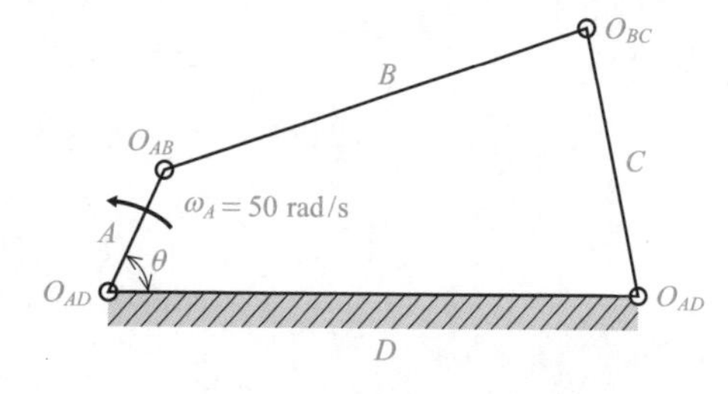

图3.35

习题4 在图3.36所示的曲柄摇杆机构中，当曲柄A长度为30mm、连杆B长度为100mm、摇杆C长度为60mm以及固定杆D长度为120mm时，求摇杆C的摇摆角度。

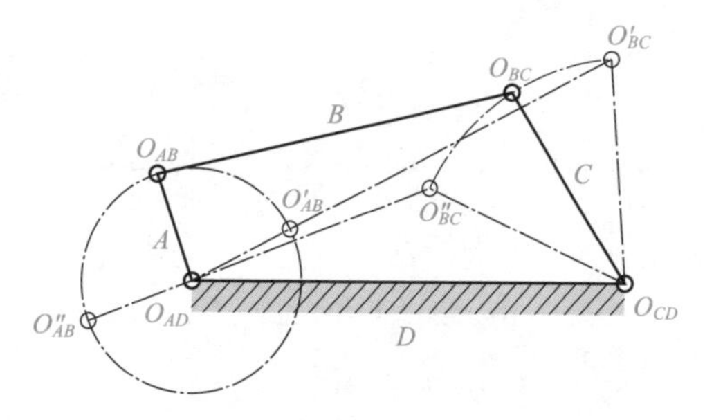

图3.36

习题5 如图3.37所示的杆件A旋转的四连杆机构中，在杆件A与杆件B处于一条直线的瞬间，求出此时杆件C的角度。在这里，设杆长A＝30mm，B＝45mm，C＝50mm，D＝55mm。

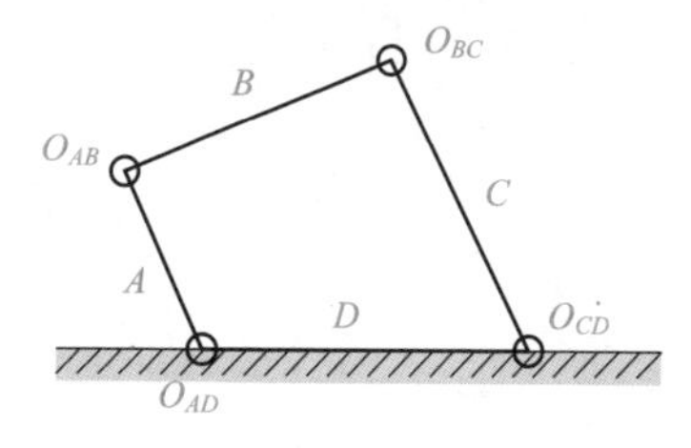

图3.37

Memo

第4章

凸轮机构的类型和运动

凸轮机构通常被作为能够实现圆滑运动或高速运动的机构使用，广泛地用于食品机械、印刷机械、包装机械、半导体制造设备以及机床等机械设备中。

应用凸轮机构能够通过简单的机构完成复杂的运动，并确保动作的可靠性。

目前，人们一说到控制就会联想到计算机。然而，使用凸轮机构进行控制的方法也再次被重新认识。这就提醒我们，如果充分掌握凸轮的特性，就能重新认识凸轮机构的特殊优点。

本章中，我们将学习凸轮的类型、形状及运动，加深对凸轮机构设计所需要的凸轮曲线的理解。

4.1

凸轮机构的分类和平面凸轮的类型

凸轮的优点是能够实现复杂的周期运动

❶ 凸轮分为平面凸轮和空间凸轮。
❷ 凸轮沿其外周的沟槽或侧面轮廓来传递运动。

在机器中，有些场合要完成的运动比传递机构或连杆机构能完成的运动更加复杂。在这种情况下一般会采用凸轮机构。凸轮机构是由具有特殊轮廓或者凹槽形状的构件（凸轮）以及通过与凸轮接触而传递运动的从动杆（接触点）组成。凸轮机构能够在紧凑的使用空间中实现相当复杂的运动，尤其是不需要控制装置，且价格便宜，因此在各种各样的场所被应用。

例如，凸轮机构被应用在汽车发动机的配气装置、缝纫机、自动装配机械、自动包装机械以及印刷机等中。

首先，让我们分析凸轮的运动和传递运动的状态。

(1) 按凸轮的运动分类

① 回转凸轮和移动凸轮

当旋转径向轮廓尺寸成曲线（或曲面）的圆盘状的板（见图4.1）时，使从动件与旋转的圆盘板接触，则从动件沿圆盘板的轮廓运动。另外，当往复移动侧面轮廓由曲线（或曲面）构成的板（见图4.2）时，使从动件与板的侧面轮廓曲线接触，则从动件沿着板的侧面轮廓曲线运动。这样的圆盘或者板状物体称为凸轮。

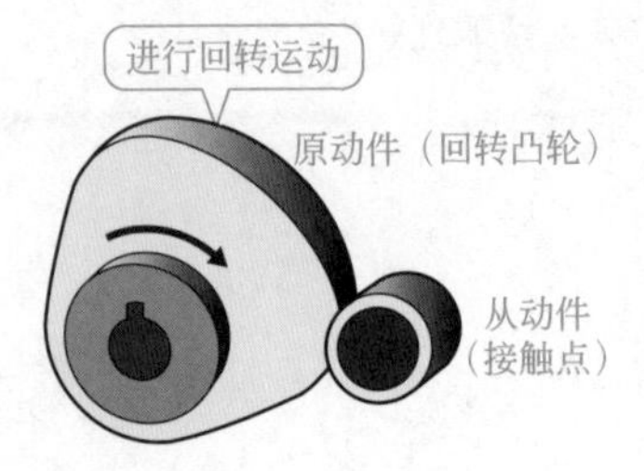

图4.1 回转凸轮

按照凸轮的运动方式，凸轮能够分为回转凸轮（图4.1）和移动凸轮（图4.2）两类。回转凸轮是使原动件进行旋转运动，移动凸轮（或称直线移动凸轮）是使原动件做往复直线运动，而从动件进行直线移动或者摆动。

凸轮通常是指作为驱动件使用的零件，而且其轮廓设有凹槽或者凸起。通过使凸轮做旋转运动或往复直线运动，使与凸轮构成接触运动副的从动件（称为接触件或随动件）进行周期性的直线运动或者摇摆运动，从而获得速度和加速度。从动件依据凸轮具有的凹槽或者凸起的轮廓，能够获得用其他机构无法轻松实现的复杂的周期性运动。

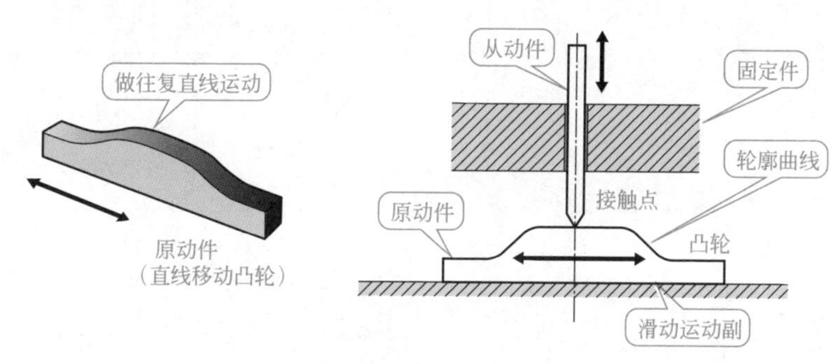

图4.2　直线移动凸轮

② 平面凸轮和空间凸轮

在凸轮机构中，当驱动件和从动件之间进行相对运动时，按照其运动是在二维（平面）或者三维（空间）进行的，可以分为平面凸轮和空间凸轮两种，如图4.3所示。

配置凸轮机构时，使用平面凸轮还是使用空间凸轮取决于从动件所需的运动方向。

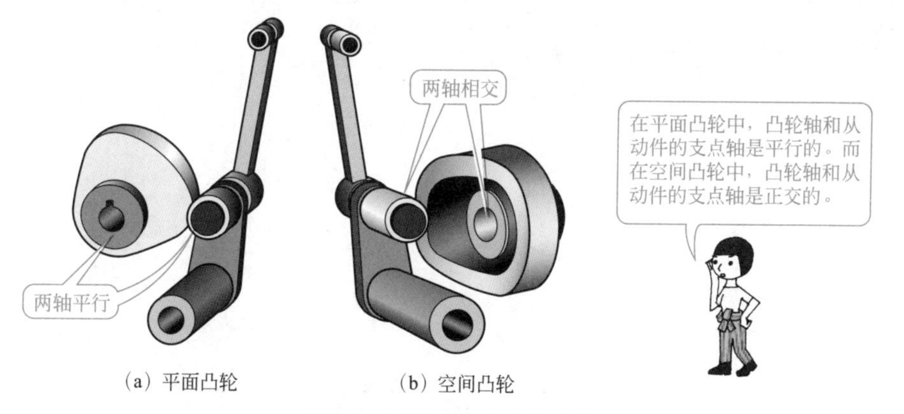

图4.3　平面凸轮和空间凸轮

专栏　反凸轮机构

一般情况下，凸轮机构是在驱动件上加工轮廓曲线等形状，从而使从动件实现所规定的运动的一种机构。

但是，反凸轮机构（见图4.4）则是在从动件（凸轮）上设置相当于轮廓曲线的凹槽机构，主动件为摆杆，也称其为逆凸轮机构。

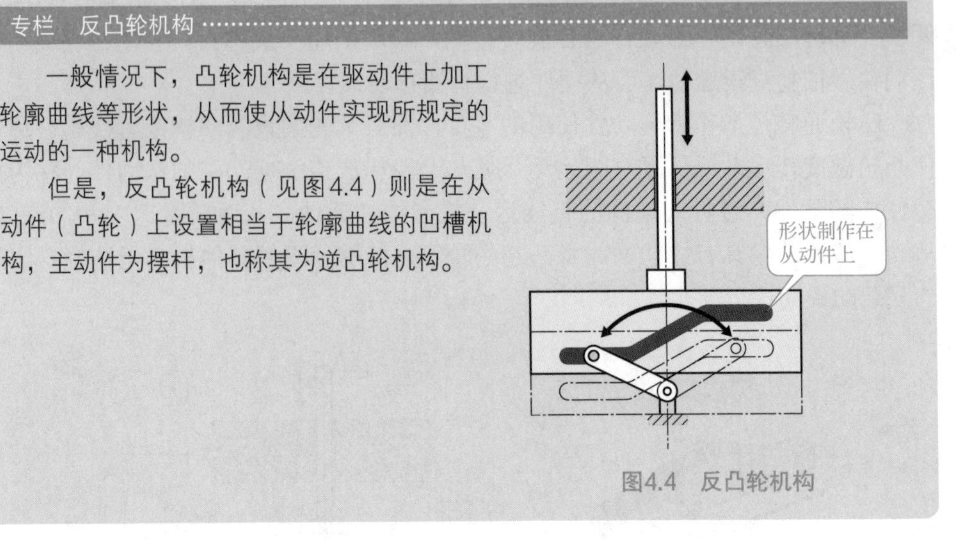

图4.4　反凸轮机构

③ 其他的凸轮

在滑动接触[见图4.5（a）]中，当摩擦力大且不能平滑运动时，最好就是如图4.5（b）所示的那样，在接触部位设置滚轮，将滑动接触转换为滚动接触。

在这种情况下，应该注意的是如果凸轮和接触件的接触点产生错位的话，从动件的运动也会随之发生变化。这通过比较图4.5（a）和图4.5（b）就能发现。

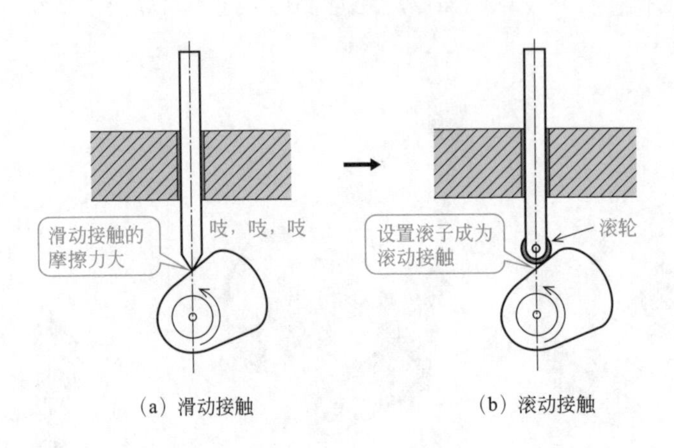

图4.5　避免接触件引起的摩擦

专栏　接触点（从动件）的形状

平面凸轮典型的接触部位形状如图4.6所示。图4.6（a）所示为尖顶（刀刃）接触，凸轮与接触件之间的摩擦较大，且接触件的尖端容易磨损。通常，将从动件尖端处制作成圆弧形状。

图4.6（b）表示是在接触件的端部安装一个滚轮（转动体），所以也称为滚子从动件。这一滚轮能将图4.6（a）所示的滑动接触转为滚动接触。在这种情况下，凸轮与接触件之间的摩擦变得非常小。

另外，有时用平底状的接触件（蘑菇状从动件）替代滚子从动件[见图4.6（c）]。当平底接触件的接触表面为光滑平面时，凸轮表面上的细微凹凸就被平滑处理。但是，由于接触点是不断变化的，所以运动分析很复杂。

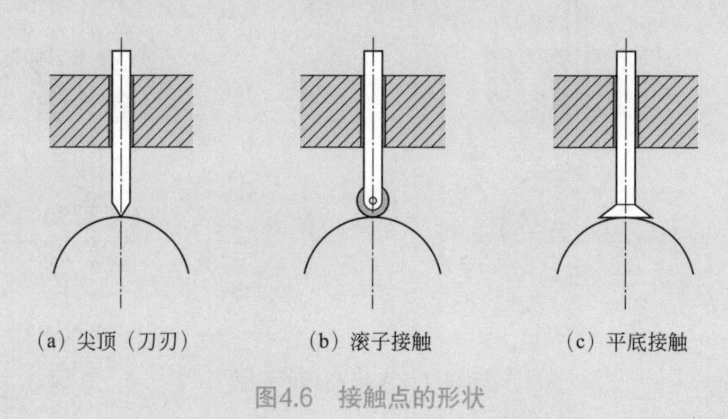

图4.6　接触点的形状

(2) 平面凸轮的类型

① 平板状凸轮

平板凸轮机构是最常用的回转凸轮，它是在平板的边缘上形成轮廓曲线的圆盘，并使圆盘产生旋转运动，让从动件产生往复直线运动［图4.7（a)]。

平板凸轮按照凸轮的大致形状进行分类，可分为如图4.7（b)～(d）所示的切线凸轮、圆盘凸轮以及三角形凸轮等。

② 确动（形封闭型）凸轮机构

在凸轮机构中，原动件与从动件之间通过线或点接触。在接触部位，利用自身的重量或者弹簧的作用力保持从动件与凸轮轮廓始终接触进行滑动。

两构件通过相互接触传递运动时，速度一旦变大，从动件就将无法追随上原动件的运动或者产生由速度变化引起的加速度，其结果是产生较大的惯性或

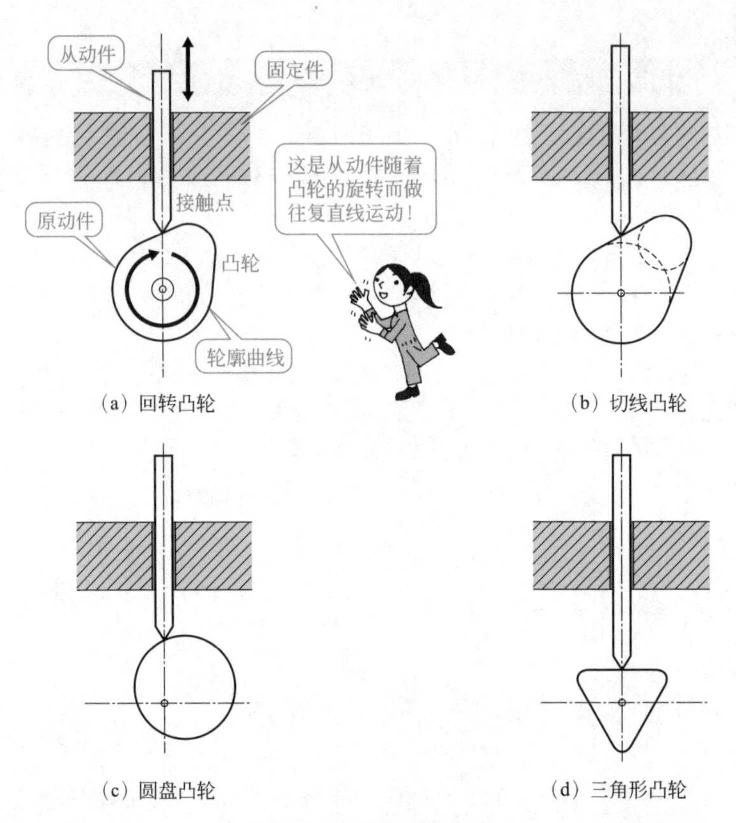

图4.7　平板凸轮的分类

者使从动件离开原动件。在这种情况下，为确保从动件能够准确地追随驱动件运动，在凸轮上设置沟槽或凸起肋（这是相对沟的凹部的凸起肋，并不是加强结构）或者用弹簧推压从动件，尝试使从动件平滑地运动（见图4.8）。

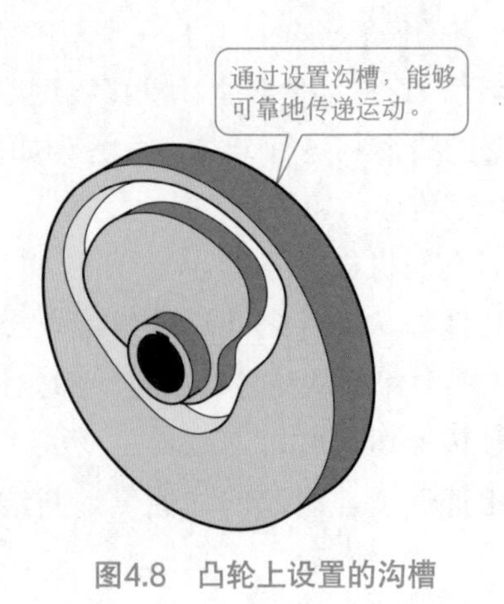

图4.8　凸轮上设置的沟槽

专栏　共轭凸轮

共轭凸轮如图4.9所示，由固定在同一轴上两个板凸轮和两个从动件组成。

当一个凸轮推动从动件运动时，由于另一个同步转动的凸轮被另一个从动件按压，实现了凸轮与从动件之间的运动锁合，因此，从动件的运动比沟槽凸轮更加可靠。

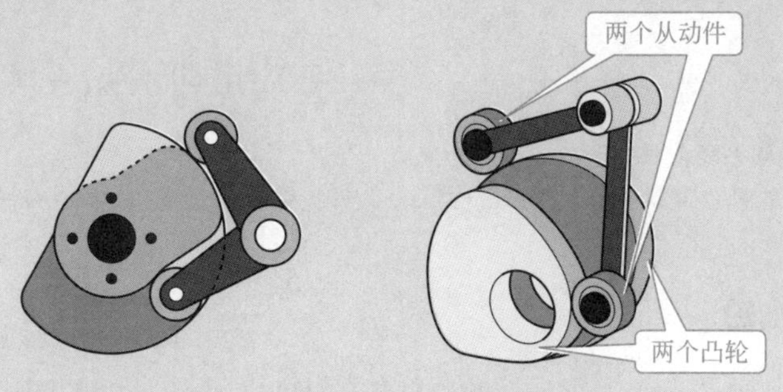

图4.9　共轭凸轮

确动（形封闭型）凸轮机构是一种常用的回转凸轮，如图4.10所示，在盘状板的端面开有一条轮廓曲线的凹槽，在凹槽中嵌入从动件的尖端或者滚子，以确保运动的确定传递。这种凸轮机构也称为盘形端面沟槽凸轮（确动凸轮）。

在常用的凸轮机构中，从动件仅通过弹簧或者自重接触驱动件。但是，在形封闭型凸轮机构中，由于从动件镶嵌在凸轮的凹槽中，所以能可靠地传递运动。这种机构应用在高速和高精度等的必要场合。

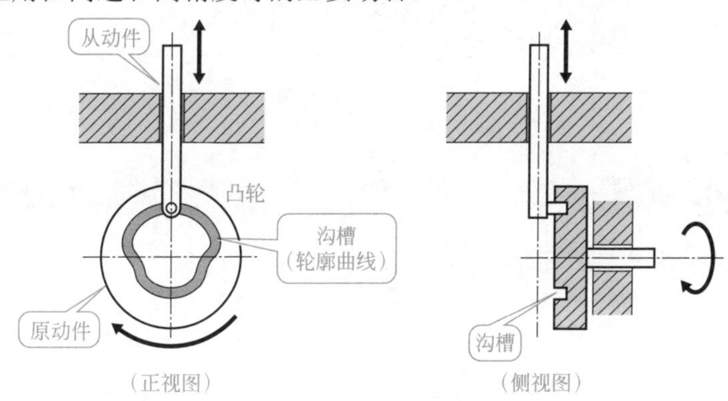

图4.10　形封闭型凸轮机构

4.2 空间凸轮

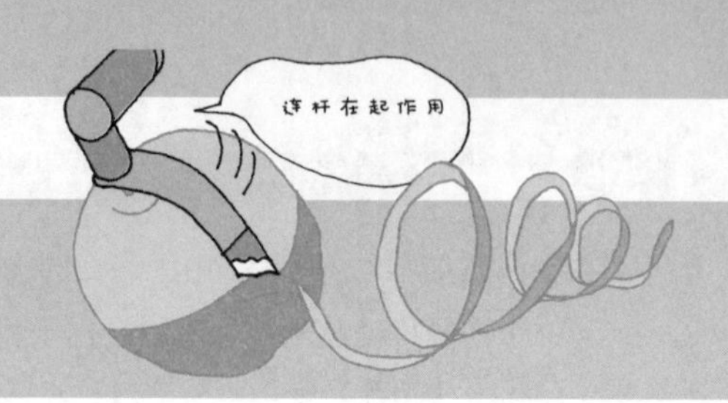

用空间凸轮变换方向相当容易

❶ 利用空间凸轮能够轻松改变运动的方向。

❷ 空间凸轮包括圆柱凸轮、圆锥凸轮、球形凸轮、端面凸轮以及斜盘凸轮等。

(1) 圆柱凸轮

圆柱凸轮机构是在作为驱动件的圆柱体的表面上设置曲线的凹槽或者凸肋，并使圆柱体做旋转运动，从动件进行往复运动（如图4.11所示）。在这种情况下，从动件的运动平行于圆柱体的旋转轴。这种机构是属于沟槽凸轮（确动凸轮）的一种。

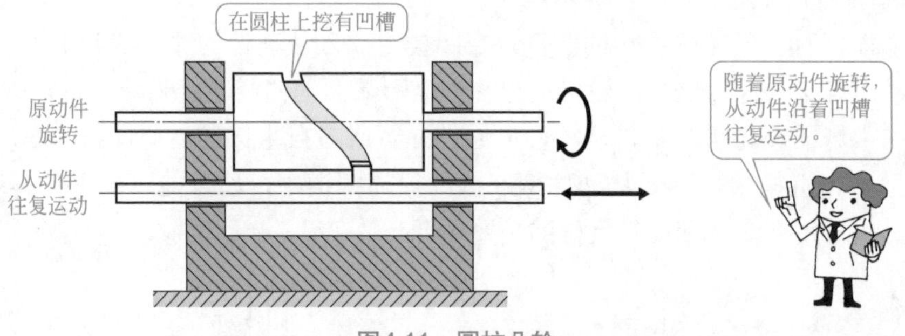

图4.11 圆柱凸轮

专栏 偏置

在一般的凸轮机构中，驱动件和从动件的中心线是一致的。但是，也存在中心线不一致的情况。

如图4.12所示，凸轮的旋转中心不通过从动件的轴线，这种凸轮机构被称为偏置凸轮机构，中间的间隔称为偏置量。

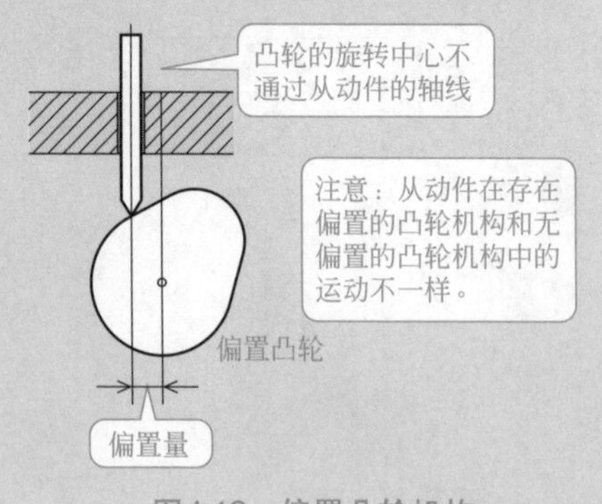

图4.12 偏置凸轮机构

(2) 圆锥凸轮

圆锥凸轮机构是在作为驱动件的圆锥体的表面上设置曲线的凹槽或者凸肋，并使圆锥体做回转运动，从动件进行往复运动（见图4.13）。在这种情况下，从动件的运动平行于圆锥体的表面。这种机构也属于沟槽凸轮（确动凸轮）的一种。

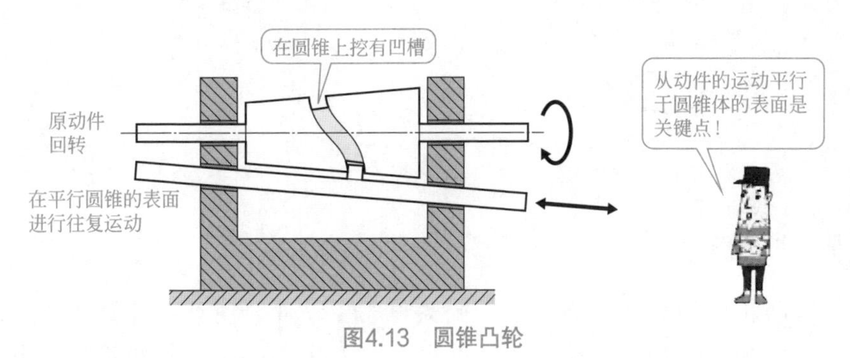

图4.13　圆锥凸轮

(3) 球面凸轮

球面凸轮机构是在作为驱动件的球体表面上设置曲线的凹槽或者凸肋，并使球体做回转运动，从动件进行回转运动或者摇摆运动（见图4.14）。这种机构也属于确动凸轮的一种。

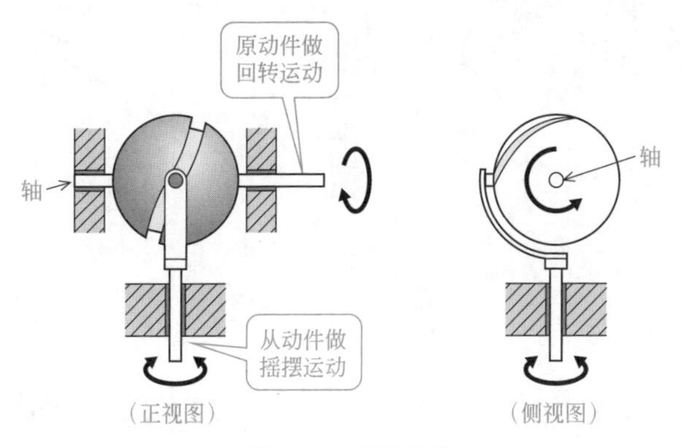

图4.14　球面凸轮

(4) 端面凸轮

端面凸轮是轮廓曲线位于圆筒（或圆柱）的端面上，并作为驱动件使用的凸轮（见图4.15）。它属于柱体凸轮的一种。

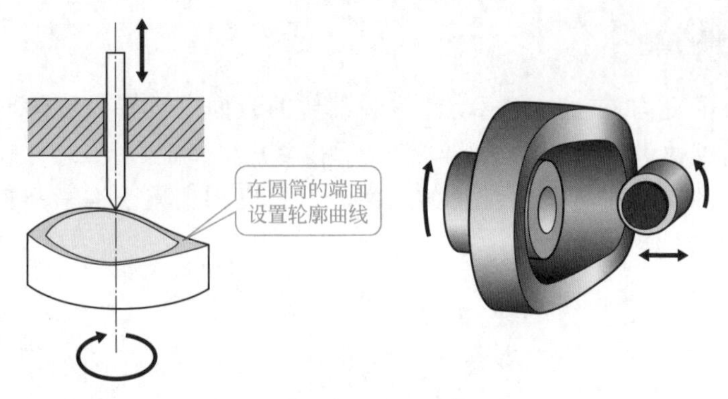

图4.15 端面凸轮

(5) 斜盘凸轮

斜盘凸轮机构是将倾斜安装的圆盘作为主动件，使其围绕旋转轴进行旋转，从动件随着圆盘的转动做往复直线运动（见图4.16）。这种机构常用于泵等装置中。

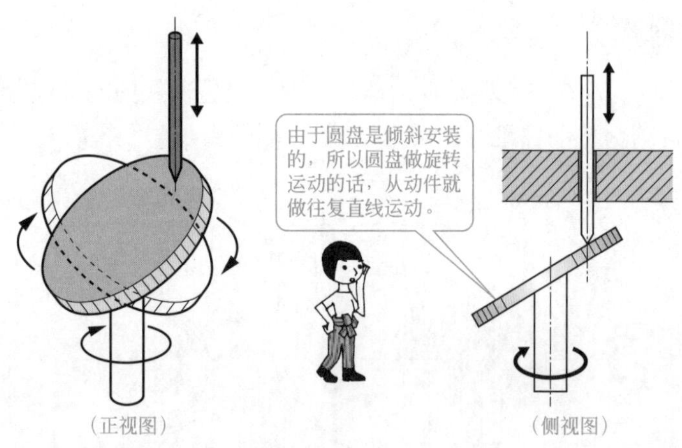

图4.16 斜盘凸轮

专栏 柱塞泵

液压装置广泛应用在汽车、飞机、建筑机械以及机器人等领域。对于液压装置来说，为了将关键的压力油（具有压力的油液）输送到设备，已经出现了各种类型的泵。在这里，我们介绍一种轴向柱塞泵，这是通过缸体内的柱塞（柱塞类似于活塞，但它的长度远大于活塞）做往复运动，起到泵的作用的一种泵（见图4.17）。

轴向柱塞泵是通过倾斜安装的圆盘（斜盘凸轮）的回转运动，使柱塞做往复运动，从而实现泵的功能。

另外，柱塞泵的运动有两种类型，一种是缸体固定，使斜盘凸轮做回转运动；另一种是斜盘凸轮固定，使缸体做回转运动，推动柱塞做往复运动。由于柱塞泵与其他的泵相比，具有耐高压、排量变化范围大以及效率高等优点，因此被广泛使用。但是，这种泵的结构复杂，而且价格昂贵。

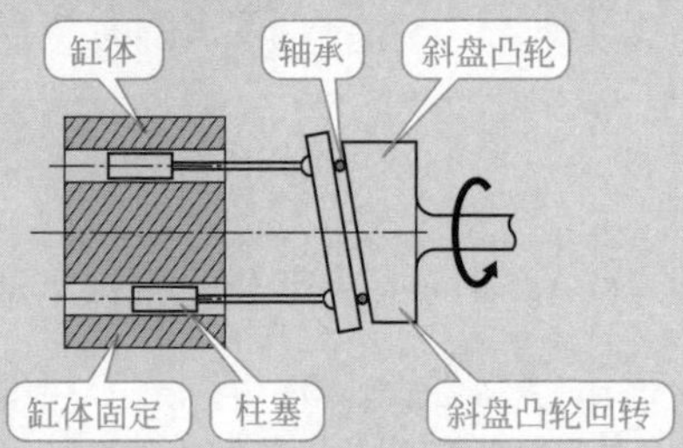

（a）斜盘凸轮回转，缸体固定

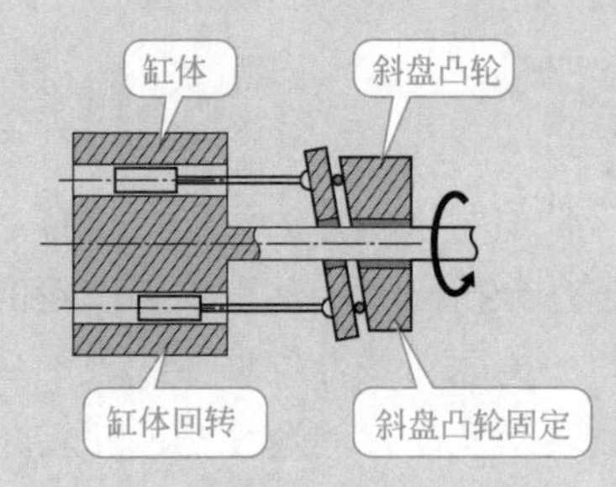

（b）斜盘凸轮固定，缸体回转

图4.17　轴向柱塞泵

4.3 凸轮的运动和凸轮曲线

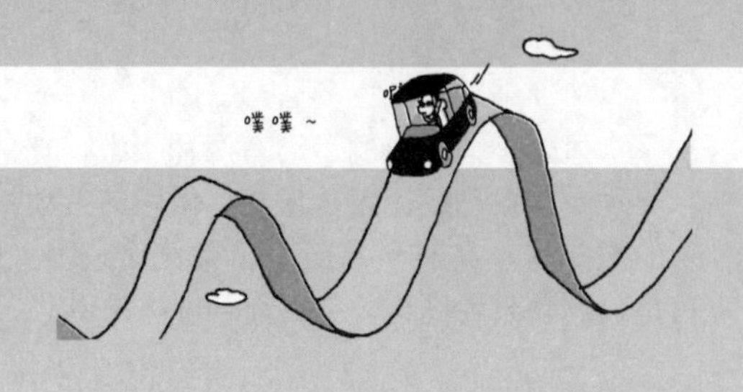

决定凸轮机构运动的关键因素是凸轮曲线

❶ 确定凸轮进行规定运动的是凸轮轮廓曲线。
❷ 从动件的位移、速度以及加速度取决于凸轮轮廓曲线。
❸ 缓和加速度的运动冲击。

(1) 凸轮曲线

为了设计凸轮的形状，必须对从动件的运动（位移、速度及加速度）与凸轮的旋转角度和位移的关系进行分析。表示从动件与凸轮的回转角和位移关系的曲线有位移曲线、速度曲线和加速度曲线，位移曲线表示从动件的位移与凸轮转角或移动量的关系，速度曲线表示从动件的速度与凸轮转角或移动量的关系，加速度曲线表示从动件的加速度与凸轮转角或移动量的关系。通常将这三条曲线统称为凸轮曲线。

这里，我们以典型的平面旋转类型的平板凸轮为例，进行凸轮曲线的学习。

(2) 位移曲线的观测方法

凸轮曲线图中，最基本的就是位移曲线图。位移曲线图的纵轴表示从动件的位移，横轴表示凸轮转角或位移量，如图4.18所示。

从动件的最大位移量称为升程，绘制的曲线称为位移曲线或者基本曲线。

根据图4.18可以获得信息：在凸轮的角度从0°旋转到60°（*A*～*B*之间）的区间内，从动件在原位置保持不变。接着，在凸轮继续旋转90°（*B*～*C*之间）的区间内，从动件上升30mm（最大位移量）。然后，凸轮再旋转90°（*C*～*D*之间）的区间，从动件停留在这一位置没有变化。凸轮继续旋转60°（*D*～*E*之间）的区间内，从动件向下移动20mm，接下来从动件在30°（*E*～*F*之间）的区间内位置没有变化，在最后的30°（*F*～*G*之间）区间内，从动件向下移动10mm，并返回到原始位置。当凸轮继续旋转时，从动件会重复这一周期运动。

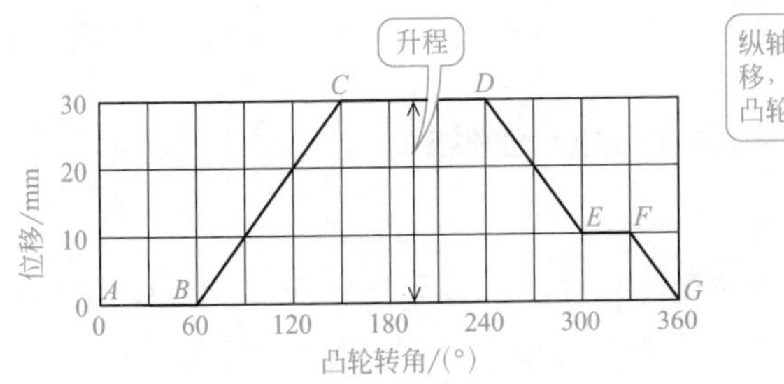

图4.18　位移曲线的观测方法

(3) 凸轮轮廓曲线的绘制方法

这里，假设从动件与凸轮的接触部位是尖锐的顶端接触，并且是一个从动件的中心线通过凸轮的旋转中心的简单的旋转凸轮［见图4-7（a）］，让我们分析凸轮的轮廓。

在凸轮旋转90° 的区间内，从动件上升30mm。接着，从动件在60° 的区间内保持原位不动。然后，从动件在120° 的区间内下降，在270° 时返回到原始位置，并在该位置停留到360° 。

为绘制使从动件获得这种运动的凸轮的轮廓曲线，首先确定凸轮圆（圆盘）的最小半径（称其为基圆）。这个圆的尺寸大小要适当，实际确定要考虑凸轮如何装配到凸轮装置上。其次，如图4.19所示，绘制一个基圆，让位移曲线图的水平轴延长线成为基圆的切线。

然后，将位移曲线图的水平轴进行适当的等分（如图4.19等分为12段），同时基圆也采用相同的数进行等分。进而，在基圆的各辐射线上给定与位移曲线图相同的位移。

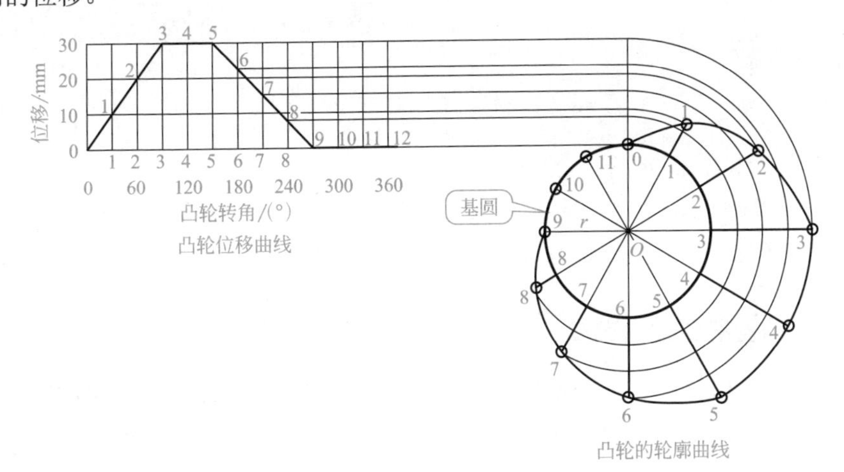

图4.19　凸轮轮廓曲线的绘制方法

最后，用线平滑地连接所获得的点0～11，就能完成凸轮轮廓曲线的绘制。

（4） 等速和等加速度运动时的凸轮曲线

① 等速运动时的凸轮曲线

图4.20所示的凸轮被称为心形凸轮，直到凸轮旋转1/2圈，从动件都是以均匀的速度上升，但从动件在剩余的1/2圈内以均匀的速度下降。

在从动件以这种规律进行等速运动的凸轮机构中，从动件在上升和下降过程中的加速度为零。但是，可以确认凸轮是以等角速度进行旋转。

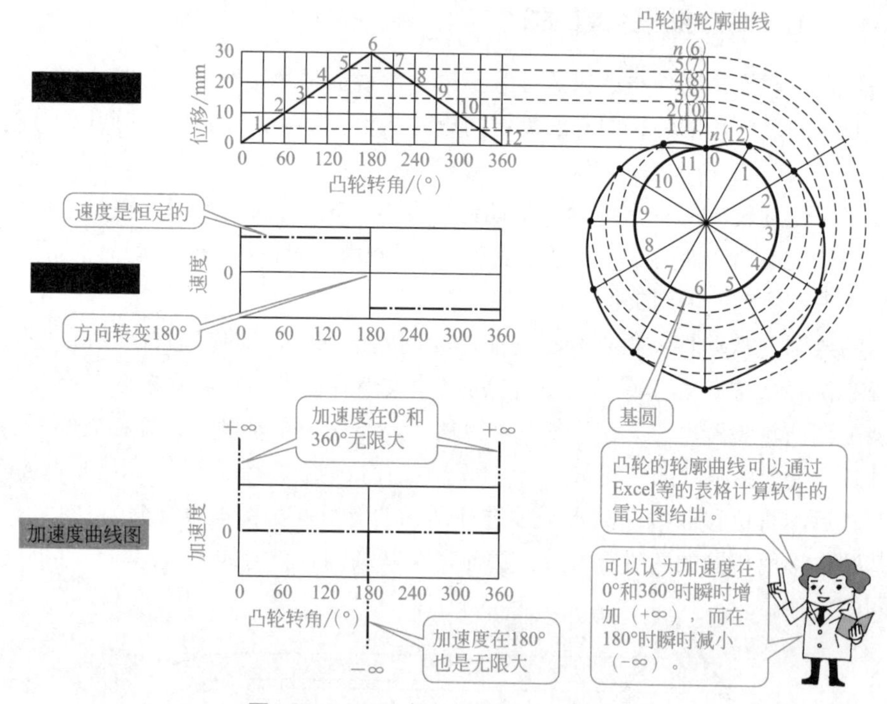

图4.20 心形凸轮的凸轮曲线和轮廓曲线

② 等加速度运动时的凸轮曲线

如图4.21所示，当从动件做等加速度运动时，位移曲线为抛物线，速度曲线为倾斜的直线，加速度曲线为与水平轴平行的直线。

（5） 凸轮的压力角曲线

如图4.22所示，当围绕轴线O旋转的平板凸轮和进行往复直线运动的从动件相互接触时，假设接触点P上的凸轮轮廓曲线的切线为t-t'，其点的法线为n-n'，且从动件的轴线为s-s'，则法线和从动件轴向之间的夹角α为凸轮的压力角。

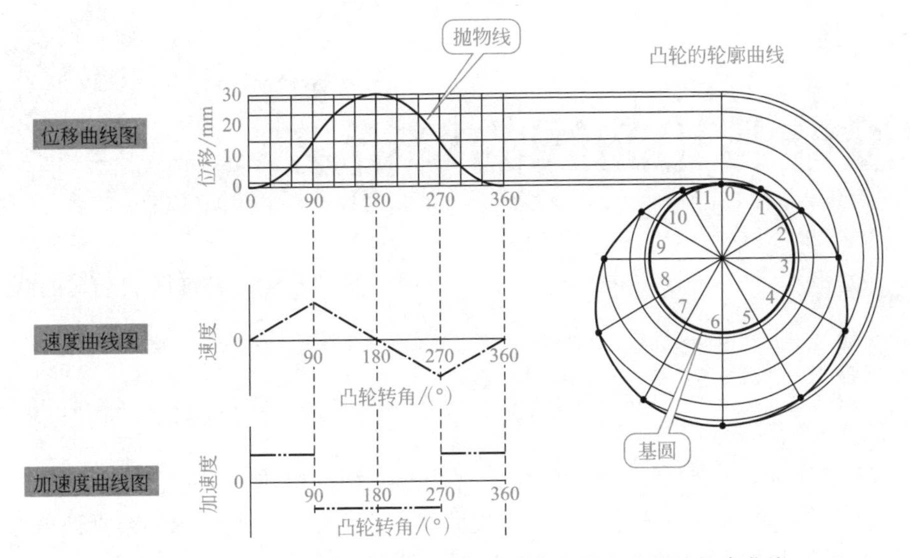

图4.21　从动件做等加速度运动时的凸轮曲线和凸轮的轮廓曲线

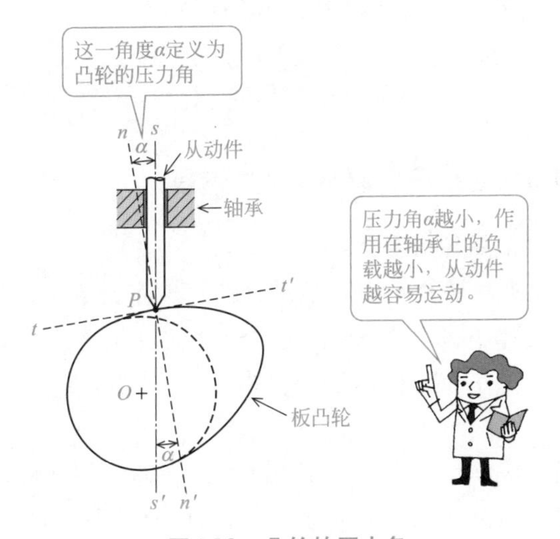

图4.22　凸轮的压力角

这种压力角越大的话，作用在轴承上的负载就越大，从动件的运动就越难。

由于基圆的直径越大，压力角越小，因此，在设计凸轮时，需要确定最小的基圆直径，以减小压力角。

凸轮的压力角通常设计成30°以下。

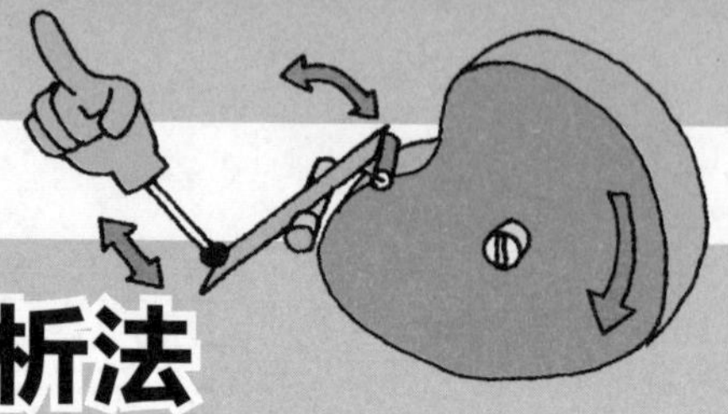

4.4

设计凸轮曲线的解析法

加深凸轮运动理解的凸轮曲线图

❶ 尝试通过速度曲线和加速度曲线来解释只在位移曲线上无法理解的现象。
❷ 速度曲线根据位移曲线的各点变化率来获得。

在4.3节中，我们通过凸轮的位移观测方法和位移曲线图，学习了凸轮轮廓曲线的基本绘制方法。在这一节里，我们将学习利用位移曲线图来绘制速度曲线图和加速度曲线图的方法以及较为先进的计算方法等。

由于只讨论单纯的从动件（接触点）的运动，所以位移、速度以及加速度的方向只能是上、下方向之一。为此，只考虑位移、速度以及加速度的大小就可以了。

（1） 由凸轮的位移曲线图求解速度和加速度

① 基于位移曲线的数值计算

当凸轮以恒定角速度ω旋转时，从动件的速度定义为“位移（从动件的移动量）在单位时间内变化了多少”，或者是“位移的变化量÷所需的时间”。另外，加速度定义为“速度在单位时间内变化了多少”，或者是“速度的变化量÷所需的时间”。

首先，让我们考虑从动件的速度v（这不是指通常的速度，而是指凸轮的每单位回转角度所对应的位移）。v=0是表示从动件暂停的状态，如果从动件的位移y发生变化，则出现某些速度。因此，最好先检查从动件位移y的变化。

从图4.23所示的凸轮位移曲线图中，获得点P_i的速度方法就相当于数学微分中所学的那样，求出在点P_i处切线的。现在，在给定的凸轮的位移曲线图中，划分水平轴的角度。分割线未必取固定的间隔，但这里为计算容易，以固定间隔的角度h进行水平轴的划分。

其次，尽可能准确地读取各角度所对应的位移y。但是，如果给出了位移方程或者从图中能获得位移方程，则尽量使用位移方程。根据获得的离散数据，例如（θ_{i-1}，y_{i-1}）、（θ_i，y_i）、（θ_{i+1}，y_{i+1}），通过以下公式的任意之一可获得位移的平均变化率V_i。

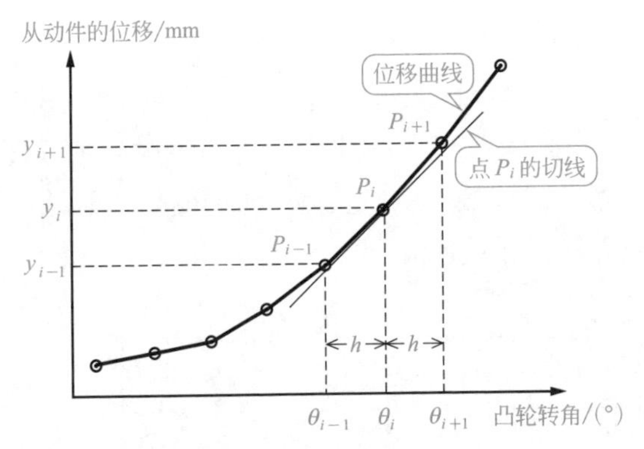

图4.23　位移曲线图

$$
\begin{cases}
V_i = \dfrac{y_{i+1} - y_i}{h} \\
V_i = \dfrac{y_i - y_{i-1}}{h} \\
V_i = \dfrac{y_{i+1} - y_{i-1}}{2h}
\end{cases}
$$

如果尽可能减小间隔h来获取数据y的话，利用这种位移的平均变化率V_i就能够绘制出更准确的速度曲线图。从理论上讲，当间隔h无限趋近于0时，平均变化率就是切向斜率，即位移的导数（理论速度）。

同样，在上述的说明中，如果将位移y替换为速度v的话，则速度v就相当于加速度a。但是，获取加速度的关键是读取速度的变化，最好是间隔h尽可能小。

在上述步骤中，当从以凸轮的旋转角度θ为水平轴的位移曲线图或速度曲线图（包括速度方程式）中获得速度曲线图和加速度曲线图时，实际的速度为v=V_ω，加速度为$\alpha\omega^2$。详细情况最好参阅下面的理论分析。

4.1 某凸轮具有如图4.24所示的位移曲线，回答以下的提问。在这里设凸轮为逆时针旋转（角速度ω为匀速转动），基圆的直径为66mm。

① 绘制凸轮的轮廓。

② 绘制凸轮的速度曲线。

③ 绘制凸轮的加速度曲线。

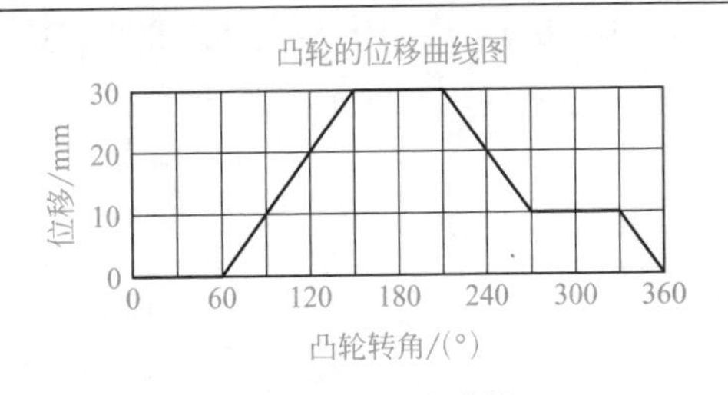

图4.24　位移曲线

解答：

① 如图4.25所示，位移曲线图的水平轴被等分成12份，而基圆也被等分成相同的数目。在基圆的各等分线的延长线上，截取位移曲线图中给定的位移。将这些点用一条光滑的线连接，就能获得凸轮的轮廓（如图4.25所示，等分的数量越多，能够获得的轮廓就越精确）。

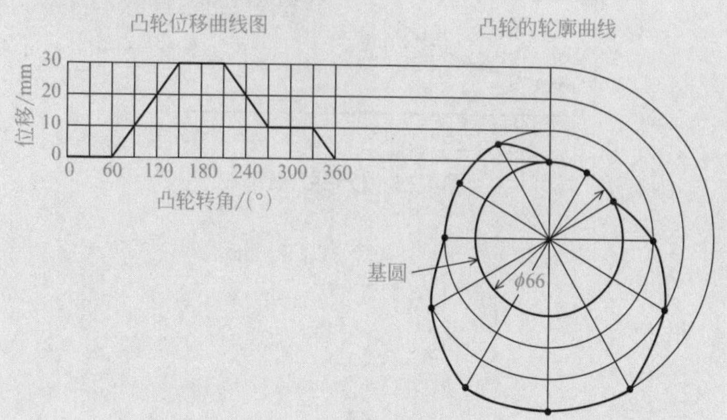

图4.25 凸轮的轮廓曲线

② 当凸轮的位移曲线用直线组合的形式表示时，每条直线的表达式$y=\alpha\theta+\beta$能具体获得，则直线的斜率（实际为斜率和凸轮角速度的乘积）就是直线适用范围内的速度。因此，可从图4.24中求出各区间内的方程式，如表4.1所示。

表4.1 各区间的位移计算方程式

θ	表达式	θ	表达式
$0°<\theta<60°$	$y=0$	$210°<\theta<270°$	$y=-60/\pi(\theta-7\pi/6)+30$
$60°<\theta<150°$	$y=60/\pi(\theta-\pi/3)$	$270°<\theta<330°$	$y=10$
$150°<\theta<210°$	$y=30$	$330°<\theta<360°$	$y=-60/\pi(\theta-11\pi/6)+10$

由于从动件的速度为$v=\alpha\omega$，而$V=\alpha$，所以由表4.1归纳出V。在$0<\theta<60°$，$150°<\theta<210°$以及$270°<\theta<330°$的区间内，有$V=0$。另外，在$60°<\theta<150°$区间内，$V=60/\pi$；在$210°<\theta<270°$以及$330°<\theta<360°$区间内，$V=-60/\pi$。具体结果如图4.26所示。

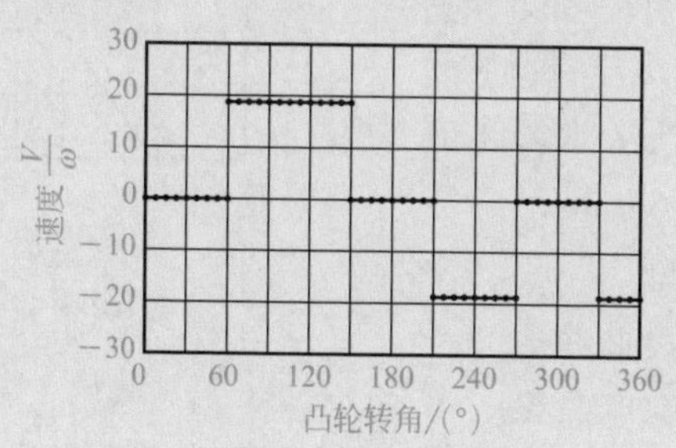

图4.26 速度曲线

在数值已知时，可以采用数值计算的方式处理这一问题。例如，在等分间隔为5°（≈0.08727rad）时，分析旋转角度120°和125°之间的平均速度，假设有 $y_{120°}$=20mm，$y_{125°}$=21.6667mm，h=0.08727rad，则：

$$V_{120°}=\frac{y_{125°}-y_{120°}(\text{mm})}{h(\text{rad})}=\frac{21.6667-20}{0.08727}\approx 19.10(\text{mm}/\text{rad})$$

只要采用同样的方法就能够计算出在0°～360°之间的任意区间的速度。

③ 加速度是由速度曲线的斜率（速度的变化率）获得的。在本例题给出的凸轮的速度曲线和位移曲线中可以看出，速度在大部分区间没有发生变化，致使加速度为零。值得注意的是，速度在60°、270°以及360°（= 0°）的角度瞬间增加，而在150°，210°以及330°的角度瞬间减小。

在这一过程中，常认为加速度是瞬间增加（+∞）或者瞬间减小（-∞）的。这种现象用图4.27（a）表示。但是，由于这些点都是不连续的点，所以不能用数学方法进行处理，具体处理方法请参考附录5。

另外，给出数值计算的求解方法。

例如，当分割的间隔为5°（≈0.08727rad）时，具体地分析55°和60°，假设 $V_{55°}$=0mm/rad、$V_{60°}$=19.10mm/rad以及 h=0.08727rad，则有：

$$a_{55°}=\frac{V_{60°}-V_{55°}(\text{mm}/\text{rad})}{h(\text{rad})}=\frac{19\cdot 10-0}{0.08727}\approx 218.9(\text{mm}/\text{rad}^2)$$

求解任意区间的加速度这种计算应在0°～360°之间进行。计算结果如图4.27（b）所示。在该图中，如果尽可能地减小分割的间隔 h 的话，得到的推测结果如图4.27（a）所示。

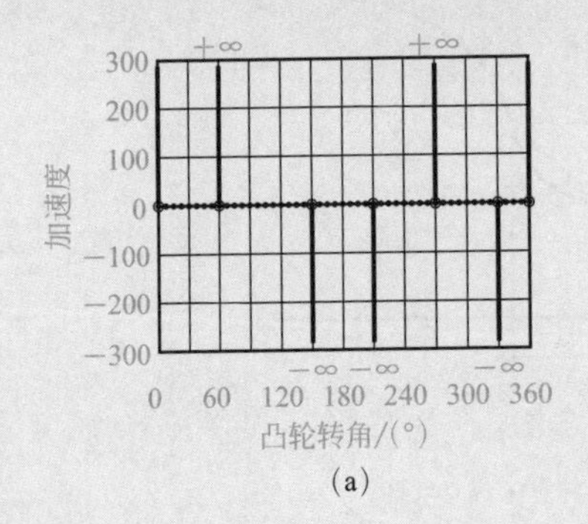

（a）

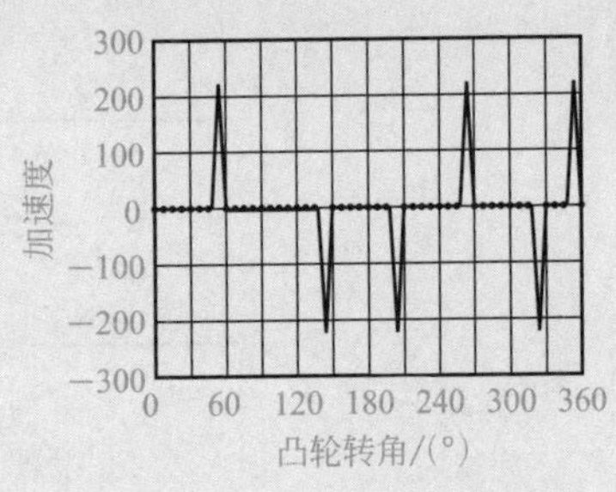

（b）

图4.27　加速度曲线

② 位移曲线的微分、速度的微分

图4.28所示的是围绕O轴回转的平板凸轮和往复运动的从动杆，让我们分析一下凸轮曲线以及从动杆的速度和加速度。

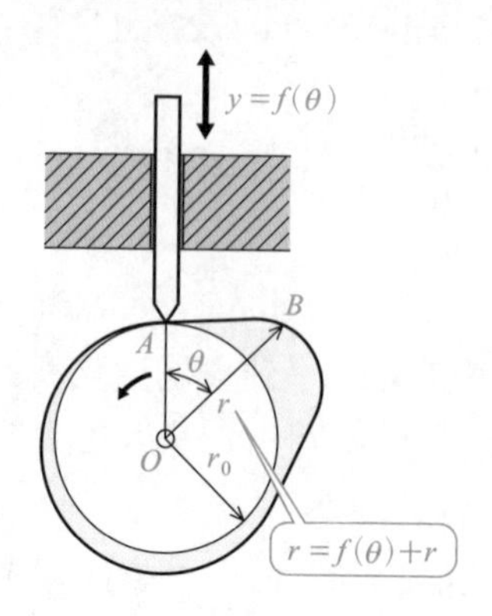

图4.28　平板凸轮和从动杆的示意图

在图4.28中，如果设平板凸轮的基圆半径为r_0，旋转角度为θ（以OA为基准）的话，则对于任何的角度θ，凸轮的轮廓曲线均可用式（4.1）进行表示。

$$r = f(\theta) + r_0 \tag{4.1}$$

这时，从动杆的位移y（相切于基圆的A点的角度为θ=0、位移y=0）能够表示式（4.2）的形式。

$$y = f(\theta) \tag{4.2}$$

图4.29所示的就是位移曲线。

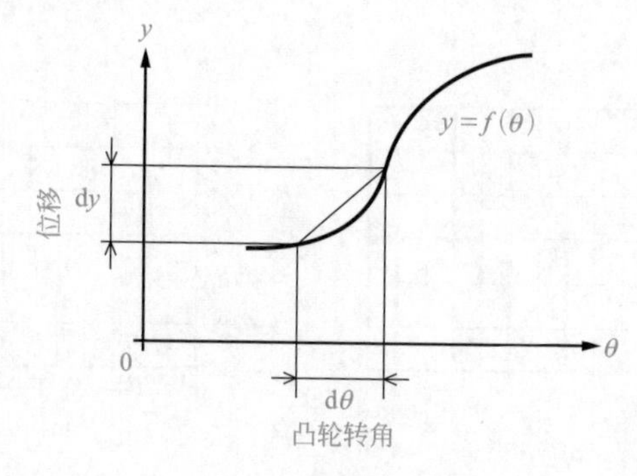

图4.29　凸轮的位移曲线

其次，速度v是从动杆位移的导数，则用下式表示：

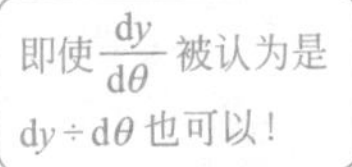

$$v=\frac{\mathrm{d}y}{\mathrm{d}t}=\frac{\mathrm{d}y}{\mathrm{d}\theta}\times\frac{\mathrm{d}\theta}{\mathrm{d}t}=\omega\frac{\mathrm{d}y}{\mathrm{d}\theta} \qquad (4.3)$$

在这里，ω是凸轮的角速度（rad/s），用ω=dθ/dt表示。

然后，速度v的导数即加速度a，表示为：

实际的速度v是变化的速度V和角速度ω的乘积

乘积的微分表示为 $[f(x)g(x)]'=f'(x)g(x)+f(x)g'(x)$

$$a=\frac{\mathrm{d}v}{\mathrm{d}t}=\frac{\mathrm{d}}{\mathrm{d}t}\left(\frac{\mathrm{d}y}{\mathrm{d}\theta}\times\frac{\mathrm{d}\theta}{\mathrm{d}t}\right)=\frac{\mathrm{d}}{\mathrm{d}t}\left(\frac{\mathrm{d}y}{\mathrm{d}\theta}\right)\frac{\mathrm{d}\theta}{\mathrm{d}t}+\frac{\mathrm{d}y}{\mathrm{d}\theta}\times\frac{\mathrm{d}^2\theta}{\mathrm{d}t^2}$$
$$=\left[\frac{\mathrm{d}}{\mathrm{d}\theta}\left(\frac{\mathrm{d}y}{\mathrm{d}\theta}\right)\frac{\mathrm{d}\theta}{\mathrm{d}t}\right]\frac{\mathrm{d}\theta}{\mathrm{d}t}+\frac{\mathrm{d}y}{\mathrm{d}\theta}\times\frac{\mathrm{d}^2\theta}{\mathrm{d}t^2}$$

整理上式，可得

$$\begin{aligned}a&=\frac{\mathrm{d}^2y}{\mathrm{d}\theta^2}\left(\frac{\mathrm{d}\theta}{\mathrm{d}t}\right)^2+\frac{\mathrm{d}y}{\mathrm{d}\theta}\times\frac{\mathrm{d}^2\theta}{\mathrm{d}t^2}\\&=\left(\frac{\mathrm{d}\theta}{\mathrm{d}t}\right)^2\frac{\mathrm{d}^2y}{\mathrm{d}\theta^2}+\frac{\mathrm{d}y}{\mathrm{d}\theta}\times\frac{\mathrm{d}^2\theta}{\mathrm{d}t^2}\end{aligned} \qquad (4.4)$$

最后，将式（4.2）和角速度ω代入式（4.3）以及式（4.4），整理得式（4.5）：

$$\left.\begin{aligned}v&=\frac{\mathrm{d}y}{\mathrm{d}\theta}\times\frac{\mathrm{d}\theta}{\mathrm{d}t}=f'(\theta)\frac{\mathrm{d}\theta}{\mathrm{d}t}=\omega f'(\theta)\\a&=f''(\theta)\left(\frac{\mathrm{d}\theta}{\mathrm{d}t}\right)^2+f'(\theta)\frac{\mathrm{d}^2\theta}{\mathrm{d}t^2}=\omega^2f''(\theta)+f'(\theta)\frac{\mathrm{d}\omega}{\mathrm{d}t}\end{aligned}\right\} \qquad (4.5)$$

在这里，有ω = dθ/dt，dω/dt = dθ^2/dt^2这一关系成立。另外，在角速度ω为常数的场合，由于有dω/dt=dθ^2/dt^2=0这一关系成立，所以式（4.5）就成为式（4.6）：

$$\left.\begin{aligned}v&=\omega f'(\theta)\\a&=\omega^2f''(\theta)\end{aligned}\right\} \qquad (4.6)$$

4.2 当从动件相对于凸轮转角θ（$=\omega t$）的位移能用$y = 0.75$（$1-\cos\theta$）表示时，求解出从动件的速度和加速度。

在这里，假设凸轮以恒定的角速度ω进行旋转。

解答：

由于凸轮的角速度ω为常数，所以从动件的速度v和加速度a为能通过下式表示：

$$\begin{cases} v = \omega f'(\theta) \\ a = \omega^2 f''(\theta) \end{cases}$$

在上式中，将$y = 0.75$（$1-\cos\theta$）代入，可获得速度v和加速度a的表达式如下。

$$\begin{cases} v = \omega f'(\theta) = 0.75\omega\sin\theta \\ a = \omega^2 f''(\theta) = 0.75\omega^2\cos\theta \end{cases}$$

专栏　松弛（或过渡）曲线

在如图4.30（a）所示的位移曲线有转折点的场合，从动件的速度在位移曲线转折点的前后会发生急剧的变化。这时，有可能会产生很大的冲击或者从动件将无法跟随原动件的运动。

松弛曲线是通过采用过渡的曲线将线段光滑地连接，缓解曲线的突然变化[见图4.30（b）]。

圆弧、抛物线以及正弦曲线等常被作为松弛曲线使用。

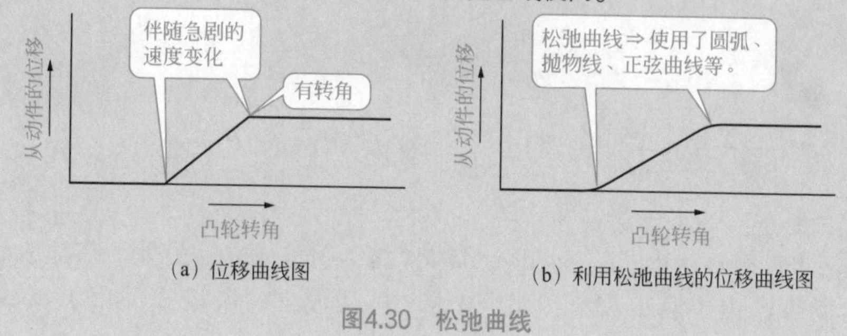

图4.30　松弛曲线

4.5 特殊的凸轮和机构

依靠凸轮的间歇运动

❶ 间歇运动是指周期性地进行旋转、停止、旋转和停止的动作。
❷ 通过使用凸轮能准确迅速地构造出间歇运动机构。

(1) 间歇运动机构

将在间歇运动机构中使用的凸轮称为分度凸轮，而间歇运动机构通常使用的是不完整齿轮、棘轮、槽轮等（图4.31）。但由于这种机构的主动轮和从动轮之间需要留有啮合间隙，因此在转动开始和终止时速度有突变，较大冲击的存在使其难以在高速和重载下使用。

(a) 不完整齿轮机构

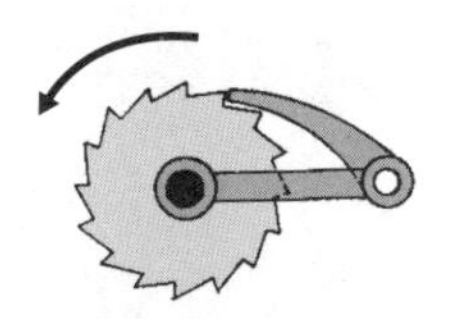
(b) 棘轮机构

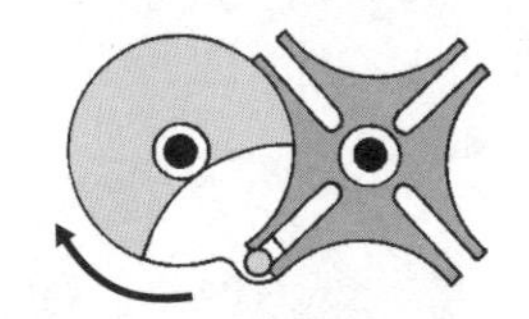
(c) 槽轮机构

图4.31 常见的间歇运动机构

分度凸轮机构中的凸轮能够消除啮合间隙，提高定位精度。这种机构适用于高速和重载的场合，除间歇分度功能之外，还具有定位装置的功能。

换句话说，分度凸轮机构就是将匀速转动的驱动轮（输入轴）的运动，转换为从动轮（输出轴）在规定的角度高精度地完成旋转和停止的周期性运动。

分度凸轮机构含有平行凸轮、滚子齿形凸轮以及圆柱销凸轮（图4.32），采用哪种机构取决于分度数（间歇的往复次数）和两轴的相互位置关系。

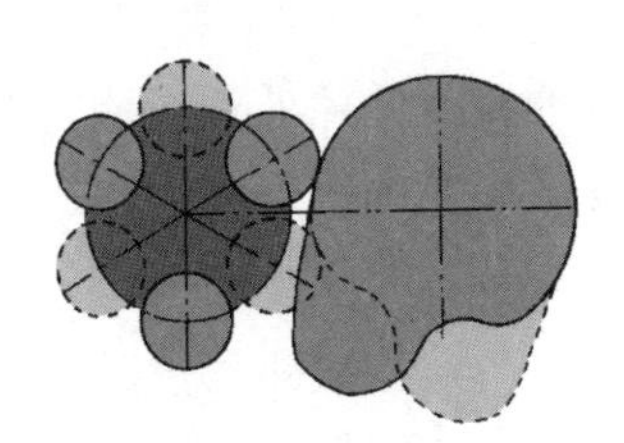
(a) 平行凸轮

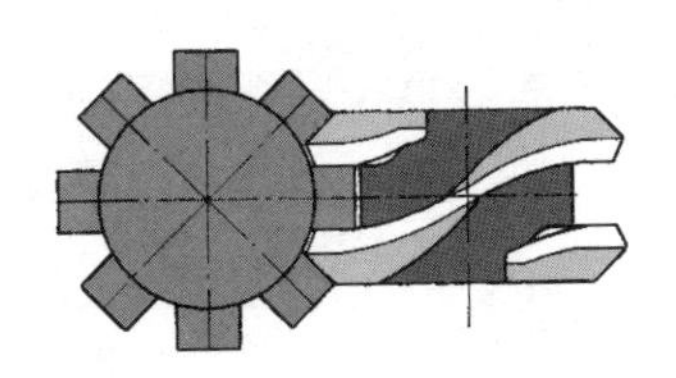
(b) 滚子齿形凸轮

(c) 圆柱销凸轮

图4.32 分度凸轮的类型

平行凸轮适用于分度数较低的场合，滚子齿形凸轮适用于分度数中等的场合，而圆柱销凸轮则适用于分度数较大的场合。

同样，在驱动轮与从动轮的轴的位置关系中，平行凸轮的轴相互平行，而滚子齿形凸轮和圆柱销凸轮的轴都相互正交。

① 平行凸轮

平行凸轮机构是一种通过两个平板凸轮的组合，依次驱动从动轮进行间歇运动的机构（图4.33）。这属于平面凸轮，也是共轭凸轮的一种（参见4.1节）。

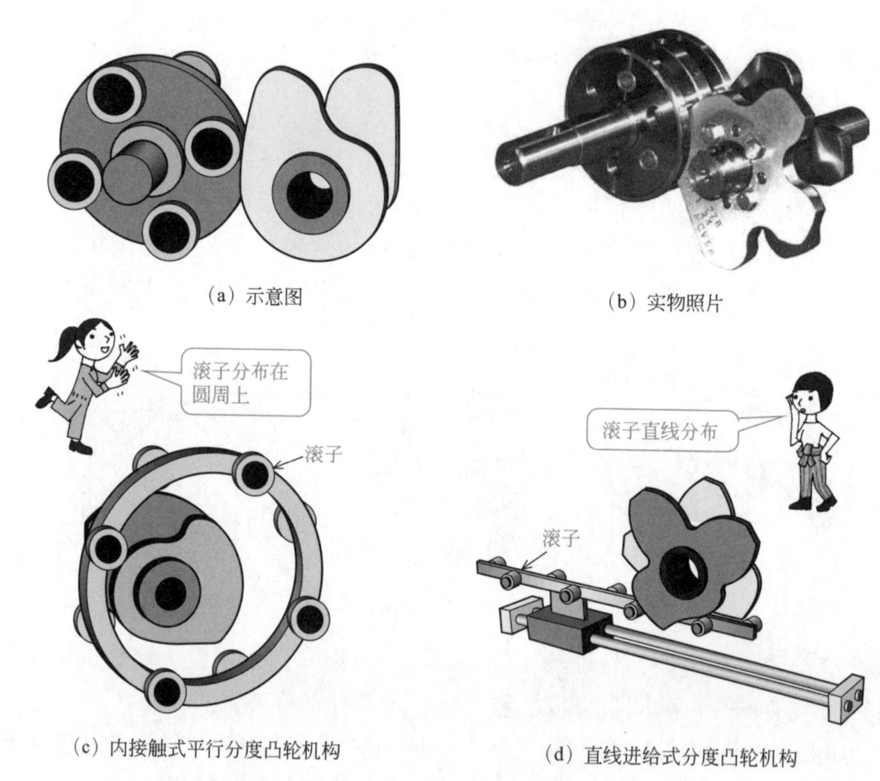

图4.33 平行凸轮机构

另外，由于这是平板凸轮，所以相对滚子齿形凸轮和圆柱体凸轮的加工比较容易，而且结构也比较简单。

凸轮的轮廓由停滞部位的等直径圆弧和运动部位的峰状凸轮曲线组成。两个凸轮的峰值相互交错地组合在一起，如同齿轮那样与从动轮的滚子啮合，进行间歇运动。

进而，当从动轮的两个不同的滚子都处在两个平板凸轮的圆弧部位时，从动轮就能够保持停止状态。因此，从动轮能反复地进行旋转和停止。

这种平行凸轮机构的输入轴平行于输出轴，具有优良的运动特性和位置精度，因此能够用来代替常见的槽轮机构（参见本节专栏）。

同样，根据用途，这种凸轮也能用作与凸轮内接触的内接触式平行分度凸轮机构［图4-33（c）］或者直线进给式分度凸轮机构［图4.33（d）］。

② 滚子齿形凸轮

滚子齿形凸轮机构是一种驱动件的外部形状为鼓形的凸轮，滚子呈放射线状布局安装在从动轮上，两个轴成垂直角度的间歇运动机构（图4.34）。

凸轮的凸起棱是锥形的，被夹在从动轮的两个滚子之间，由于没有啮合间隙，因此这种机构适合于高速运动。

这种机构有两种类型，一种是凸轮的凸起棱被两个滚子夹在中间［图4.34（b）］，另一种是凸轮的两条凸起棱将滚子夹在中间［图4.34（c）］。

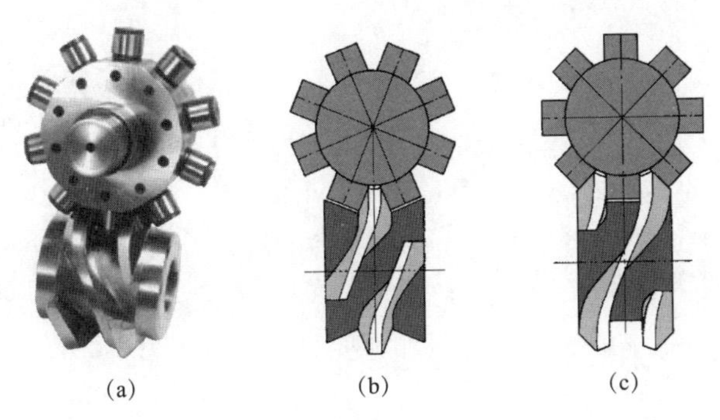

图4.34　滚子齿形凸轮机构

③ 圆柱销凸轮

圆柱销凸轮是圆柱凸轮的一种（参见4.2节），这是一种通过圆柱形的驱动轮的连续旋转使从动轮进行间歇运动的机构（图4.35）。这种机构适用于分度数较多的场合。

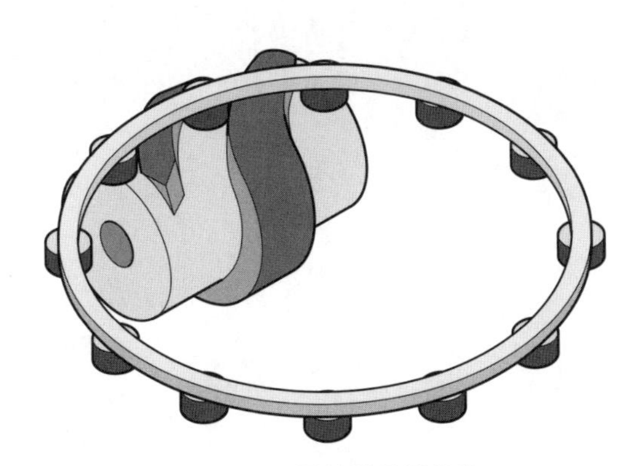

图4.35　圆柱销凸轮机构

专栏　槽轮机构

槽轮机构是执行间歇运动的机构，以前经常在时钟、电影放映机的胶片进给以及照相机等结构中使用。

如图4.36所示，在连续旋转的原动件上有突起的圆柱销，圆柱销一旦进入从动件的径向槽中旋转，从动件就随着原动件一起旋转，一直旋转到圆柱销从径向槽中脱落。这时，由于从动件和原动件的圆弧部位接触，因此从动件停止不动。通过重复地进行这种运动，从动件进行着间歇运动。

这种机构最初用于钟表的弹簧发条机构。

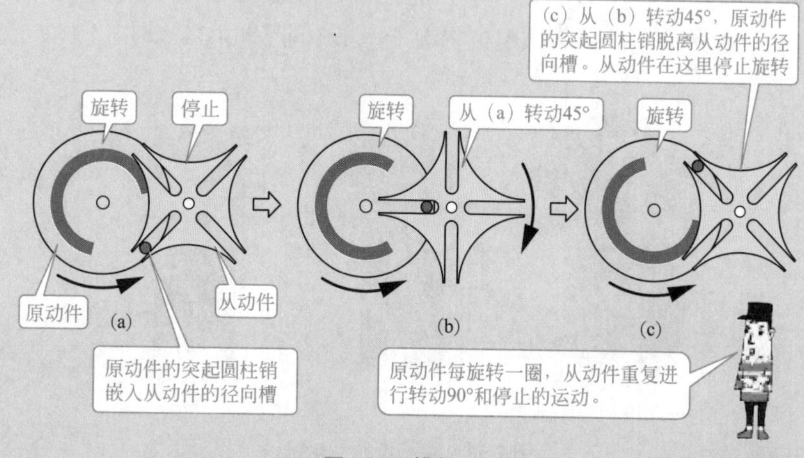

图4.36　槽轮机构

4.6 凸轮机构的使用方法

速度和加速度的变化确实准确!

❶ 凸轮机构用于往复运动是非常有效的机构。
❷ 通过使用凸轮，能够轻松获得旋转和停止这一重复的动作。

凸轮机构与由连杆和齿轮组成的机构相比，具有结构简单、动作准确可靠的优点。因此，凸轮机构经常被用在有预定的往复运动中。

现在，一说到控制，人们想到的就是计算机控制。但是，即使在不采用计算机的情况下，凸轮也足以实现预定的往复运动。

本节将介绍应用在各个领域的凸轮机构。

(1) 工具自动更换装置

工具自动更换装置是指在多功能自动加工中心等上自动更换工具（图4.37）的装置。传统的装置采用液压装置构成，但是运动的执行需要控制装置，且难以实现高速。

若工具自动更换装置上使用凸轮机构，就不再需要控制装置，而且能够平稳、可靠、快速地完成工具的更换。

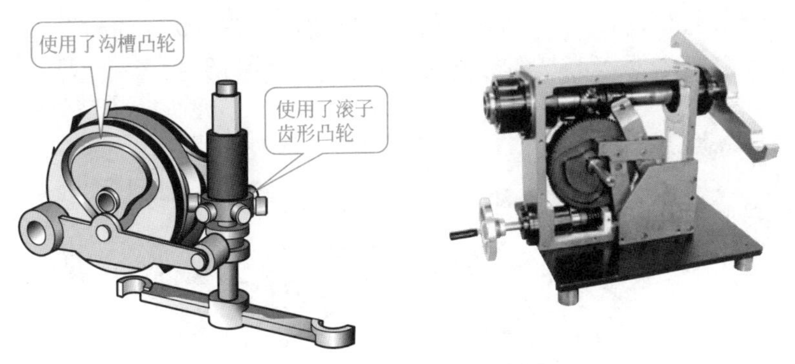

图4.37 工具自动更换装置

(2) 抓取和放置单元

在自动机械或冲压生产中，经常要完成抓住零件将零件在空间移动，然后将零件放置到位这一作业。为此，可以使用抓取和放置单元（图4.38）。

这种机构的作业方式包含直线和旋转两种运动，要实现这一动作可以使用平面凸轮和空间凸轮。

（a）直线运动型抓取和放置单元

（b）旋转运动型抓取和放置单元

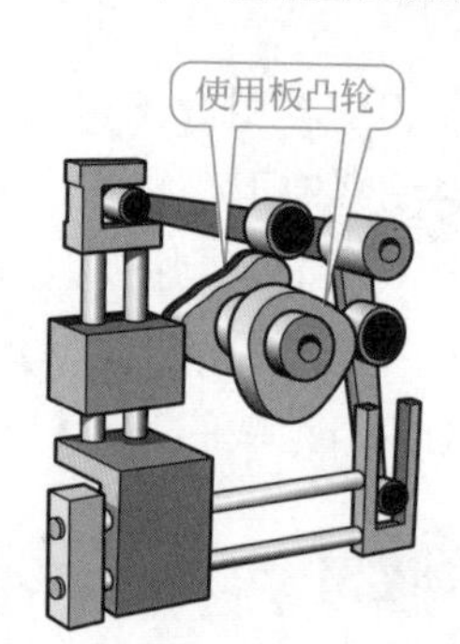

（c）抓取和放置单元的内部机构

图4.38　抓取和放置单元

（3）间歇运动输送带

正如已经说明的那样，利用凸轮机构能够实现准确而快速的间歇运动。间歇性输送带（图4.39）以及卷纸的进纸机构所利用的就是这一功能。

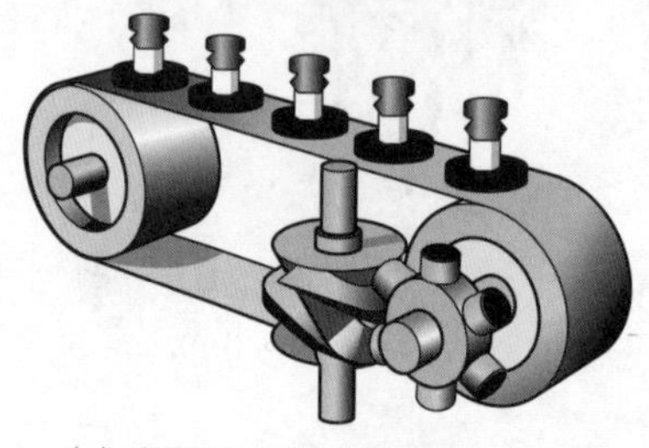

（a）利用滚子齿形凸轮的机构

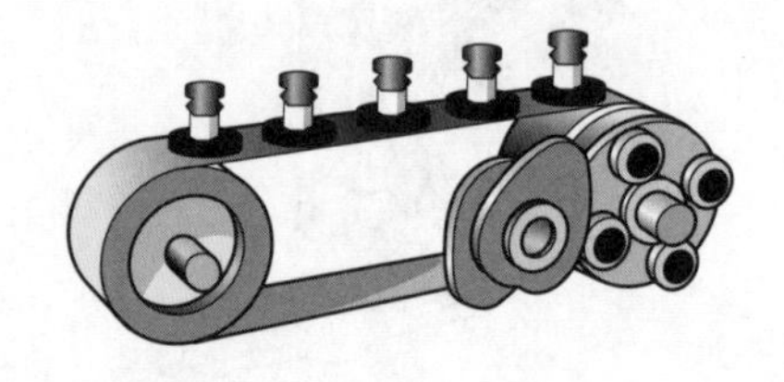

（b）利用平行凸轮的机构

图4.39　间歇输送带机构

（4）自动机械中的应用

通过巧妙使用各种各样的凸轮，能够完成各种动作。图4.40介绍的是使用凸轮的自动机械的示例。由此可见各种凸轮的特性都可以被巧妙地充分利用。

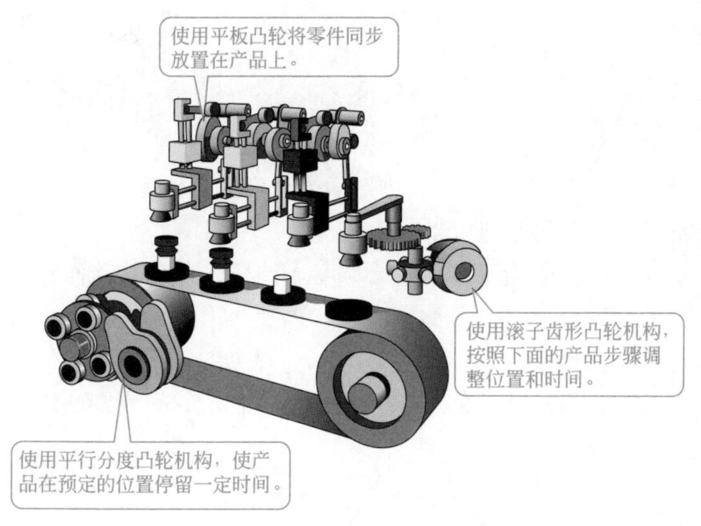

图4.40　凸轮式自动机械的示例

专栏　凸轮式离合器

凸轮式离合器就是利用凸轮构成的一种离合器，这种离合器也被称为单向离合器。

如图4.41所示，凸轮式离合器由凸轮、内圈、外圈、弹簧以及轴承组成。多个凸轮排列在离合器的内圈和外圈之间，依据内圈和外圈的相对旋转方向，处于打滑状态或起到支撑杆的作用，使离合器处于空转或啮合的状态。

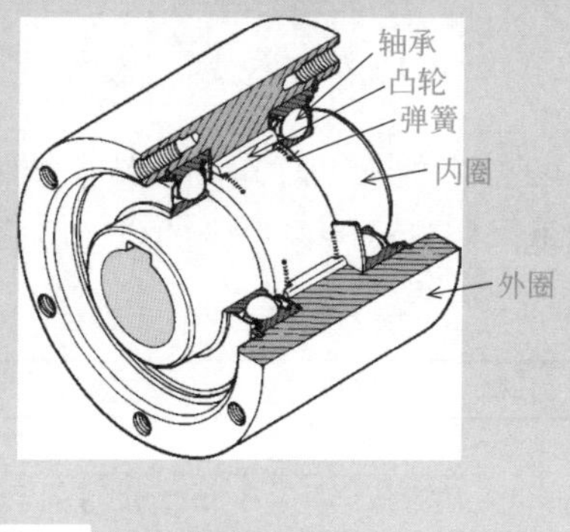

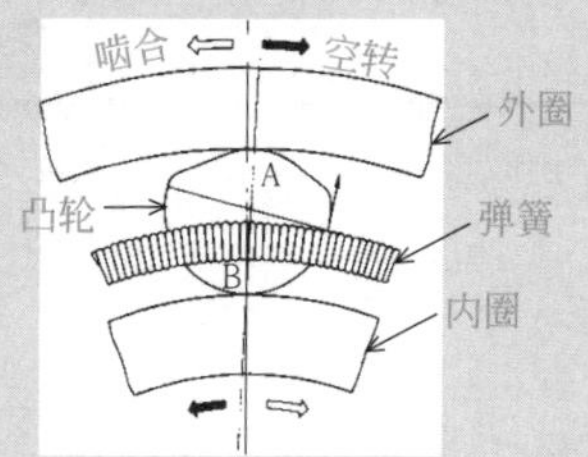

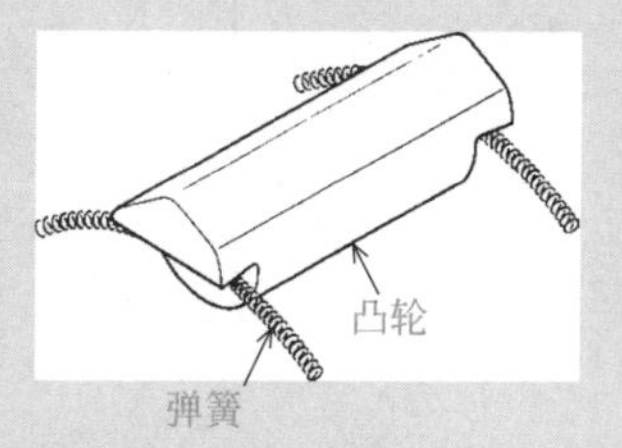

图4.41　凸轮式离合器

习题

习题1 在下面句子的（ ）中，填入适当的短语完成句子。

（1）凸轮根据其运动方向可以分为（ ）和（ ）。

（2）为了设计凸轮的轮廓形状，必须基于凸轮转角和从动件移动量进行运动分析。从动件的运动通过（ ）、（ ）以及（ ）等表示，而表示这种关系的曲线图统称为（ ）。

（3）用垂直轴表示从动件的位移，用水平轴表示时间或者凸轮转角，绘制的曲线称为（ ）或者（ ）。

习题2 某一凸轮具有图4.42所示的位移曲线，试绘制凸轮的轮廓曲线。在这里，假设凸轮为逆时针旋转，而且凸轮的基圆直径为80mm。

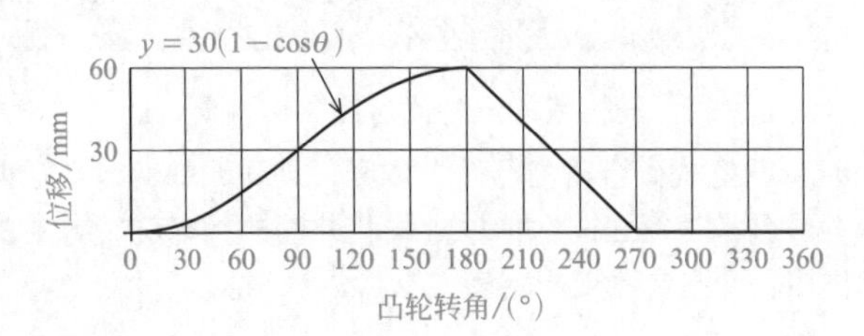

图4.42 凸轮位移曲线图

习题3 试利用表4.2给出的从动件运动条件，绘制凸轮的位移曲线、速度曲线和加速度曲线。在这里，假设凸轮以恒定的角速度旋转。

表4.2 从动件的运动

0°～120°	等速度运动，由0mm上升至50mm
120°～180°	停止
180°～270°	简谐振动 $a\sin(\theta+b)$，下降50mm
270°～360°	停止

第5章 摩擦传动的类型和运动

机器内部进行动力传递时会受到很大的摩擦作用。摩擦的发生会将动力转换为无用的热量，从而导致能量损失，造成效率降低。而另一方面，摩擦传动装置就是利用摩擦的作用来实现动力与运动的传递。

当驱动构件与从动构件直接接触并且在接触点没有滑动出现时，称为滚动接触。这种接触方式被应用于传递动力和运动的机构。

摩擦通常都被视为有害的，但是被广泛应用在高科技设备和汽车等中的摩擦传动装置却是巧妙地利用了这种摩擦性质。

在本章中，我们将学习有关摩擦传动装置的基础知识，进而了解利用摩擦作用的设备。

5.1 摩擦传动和摩擦力的概述

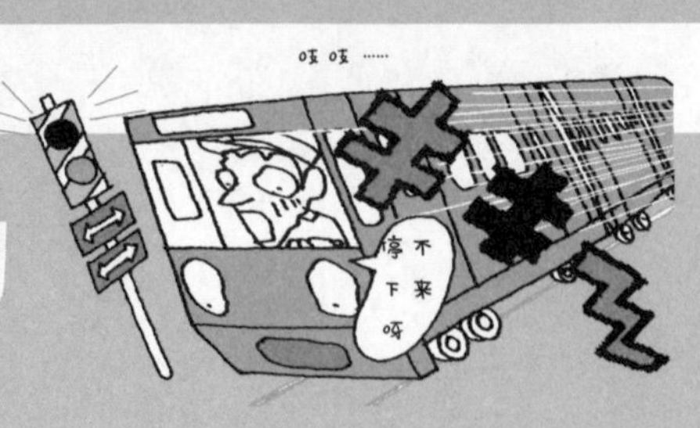

如果没有摩擦，摩擦传动就无法实现

❶ 摩擦传动可以分为滚动接触传动和滑动接触传动两种。
❷ 滚动接触传动装置能够在平行轴、交叉轴以及交错轴中使用。

（1） 摩擦传动的类型

摩擦轮是一种利用圆柱体、圆锥体或者球体在接触时产生的摩擦，通过滚动接触传递动力和运动的机构。另外，常常将驱动侧摩擦轮称为原动轮，而从动侧摩擦轮则称为从动轮。

摩擦轮的动力传递只是利用摩擦力进行的，它与后面介绍的齿轮传动装置等不同。这种传动由于没有因齿所引起的微小波动，所以能用于精密传动。

但是，如果原动轮的转速急剧变化的话，主、从两轮的接触面就会产生滑动，难以稳定准确地进行传动。然而，从另一个角度来看，可以认为这种装置的优点就是原动轮不会引起从动轮负载的急剧波动。

① 滑动接触和滚动接触

当电车（电力牵引的火车）突然刹车时，车轮会被锁定而停止旋转，电车在铁轨上滑行前进。另外，即使汽车安装有较大摩擦力的轮胎，如果在积雪的路面上突然制动的话，轮胎即使被锁定也会出现打滑，这种状态称为滑动接触。

当电车或汽车舒适地行驶时，摩擦力会施加到车轮和轨道或者轮胎和道路的接触部位，而且车轮或者轮胎的旋转会切实地传递到轨道或者道路上（这是理想的状态，实际上多少会有些打滑发生）。这种状态称为滚动接触。

滚动接触似乎容易被认为没有摩擦。但是，如果摩擦为零的话，汽车就无法行驶！！

再有，滚动接触传动是指摩擦轮和接触面之间无滑动的摩擦传动。这时，为了无滑动地传递动力，需要采用摩擦因数大的材料，通过推压摩擦轮或者接触面来获得所定的摩擦力，如图5.1所示。

两个圆柱体（圆盘）接触传递旋转运动分为外切接触传

递旋转运动和内切接触传递旋转运动（图5.1）。但是，无论哪一种都是摩擦力作用在两个圆柱体（圆盘）的接触面上，通过滚动接触传递动力，两种情况的机理是相同的。

因此，摩擦传动装置就是利用摩擦力传递动力的装置。

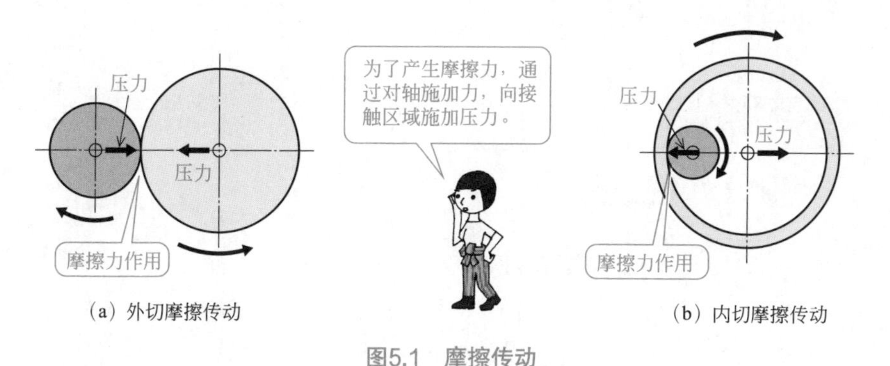

图5.1 摩擦传动

② 滚动接触传动的类型

在通过滚动接触传输动力的场合，原动轮可以做成圆形或者椭圆形。

另外，如图5.2所示，这种旋转运动既可以是同一平面的运动又可以是空间运动。摩擦轮的旋转轴可以是平行的（平行轴）也可以是相交的（交叉轴），也可以是既不平行又不相交的（交错轴）。

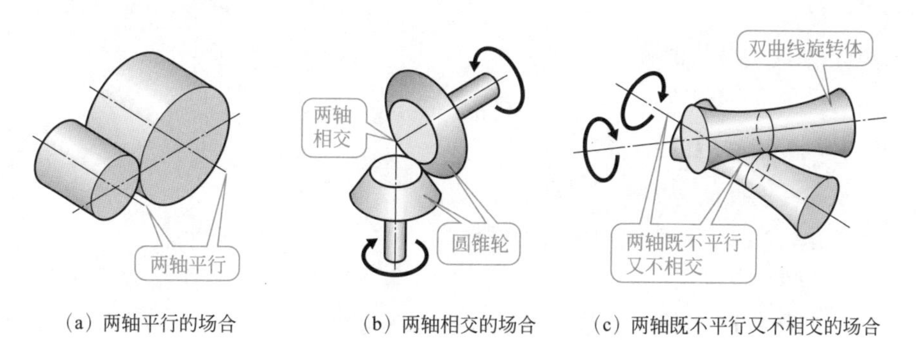

图5.2 滚动接触传动的类型

(2) 摩擦轮的基础知识

如上节所述，在一对摩擦轮中，驱动侧的摩擦轮与从动侧的摩擦轮之间受压，发生摩擦以传递动力和旋转。在这里，我们学习摩擦轮相关的摩擦性质。

① 静摩擦

如图5.3所示，当质量为m的物体A与另一物体B处于表面接触的状态并试图运动时（或者已经开始运动时），接触表面存在阻碍运动的作用力，这种现象称为摩擦，称此刻产生的作用力即为摩擦力。

阻碍静止的物体运动时产生的摩擦称为静摩擦，而这时的作用力称为静摩擦力。图5.3中表示的各个力都是矢量，但在以下的说明中，仅考虑了力的大小，力的方向由图中的箭头表示。

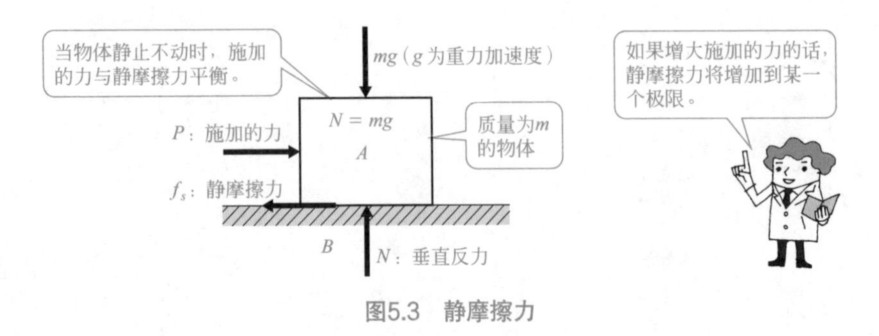

图5.3　静摩擦力

在图5.3中，在静止的物体上施加作用力P，只要这一施加的力较小，物体仍保持静止状态而不会滑动。这是因为产生了与作用力P大小相同、方向相反的静摩擦力f_s，两力处于平衡状态。随着施加的作用力P的增大，静摩擦力f_s也相应地增加。显然，我们可以容易地预测到，当施加的力P超过某一极限值时，物体将开始移动。这是因为静摩擦力的大小是有极限的，所以，这种极限的摩擦力被称为最大静摩擦力。

静摩擦力f_s可以通过下式求得。

$$f_s \leqslant \mu N = \mu mg$$

式中　μ——静摩擦因数；

　　　N——垂直反力。

在这里，f_s的最大值就是最大静摩擦力。

② 动摩擦

运动的物体产生的摩擦是动摩擦（也称为运动摩擦），这时的作用力称为动摩擦力。动摩擦力f_k能够用下式求得。

$$f_k = \mu' N$$

式中　μ'——动摩擦因数；

　　　N——垂直反力。

静摩擦力随施加的力的变化而变化，而动摩擦力则是一定的常数值。另外，有$\mu' < \mu$这一关系存在。

在动摩擦中，除滑动摩擦以外，还包含滚动摩擦。滚动摩擦比滑动摩擦小很多。因此，当移动较重的物体时，经常使用滚柱、滑轮以及带轴承的支架等。

③ 摩擦因数

质量为m的物体静止在图5.4（a）所示的斜坡上。设物体受到来自斜面的法向反力为N，摩擦力为f_s。这种场合，由于各力处于平衡状态，所以各力之间的关系如图5.4（b）所示。由力的平衡关系，得到：

$$\begin{cases} N - mg\cos\theta = 0 & \text{在垂直斜面方向上的力平衡条件} \\ f_s - mg\sin\theta = 0 & \text{在平行斜面方向上的力平衡条件} \end{cases}$$

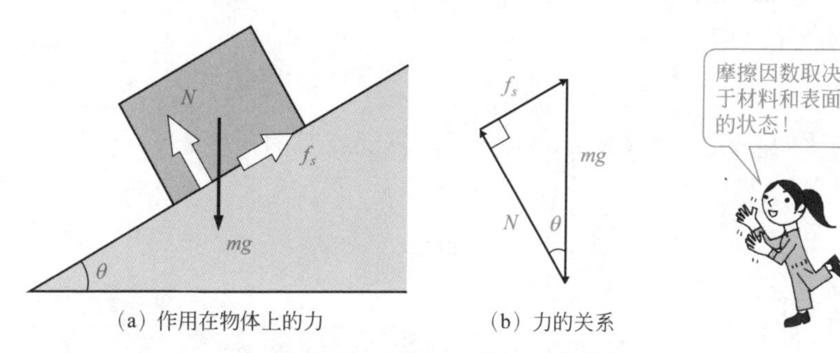

（a）作用在物体上的力　　（b）力的关系

图5.4　放置在斜面上的物体

另外，利用摩擦力和法向反力之间的关系$f_s=\mu N$，得：

$$\mu = \tan\theta$$

在图5.4（a）中，如果逐渐增加斜面的角度θ，将静止的物体开始滑动瞬间的角度设为$\theta=\theta_{max}$，则静摩擦因数可以用下式表示。

$$\mu = \tan\theta_{max}$$

此时的角度$\theta=\theta_{max}$称为摩擦角。

通过测量摩擦角，可以简单地测量静摩擦因数。另外，从图5.4（a）中能够推断出静摩擦因数与两种物体的材料（物体、斜面）以及接触表面的状态有关。

④ 摩擦轮的摩擦力

摩擦轮是通过使两个圆板的圆周表面之间接触，或使圆板的圆周表面和圆板的平面之间接触，或使两圆锥的表面相互接触，利用接触部位产生的摩擦力，实现传递旋转运动和动力的。因此，如前述所阐述，为了产生摩擦力，需要在接触区域施加能产生压力的作用力，除这种推压的作用力以外，摩擦轮的摩擦因数也影响着摩擦力的大小。

为提高摩擦力，采取的措施有接触面应用橡胶或皮革等摩擦因数大的材料或者增加接触表面摩擦因数等。但是，提高摩擦因数也是有极限的，另外，需要注意的是：过分用力推压，也有可能会导致接触部位发生变形或轴发生变形。

例题

5.1 将质量为50kg的物体放置在平板上，逐渐使平板倾斜（图5.5），物体在平板与水平方向倾斜25° 时开始滑动。求出这时的物体与平板之间的静摩擦因数。另外，当在同一水平放置的平板上拉动这一物体时，求出开始移动时所需的力。

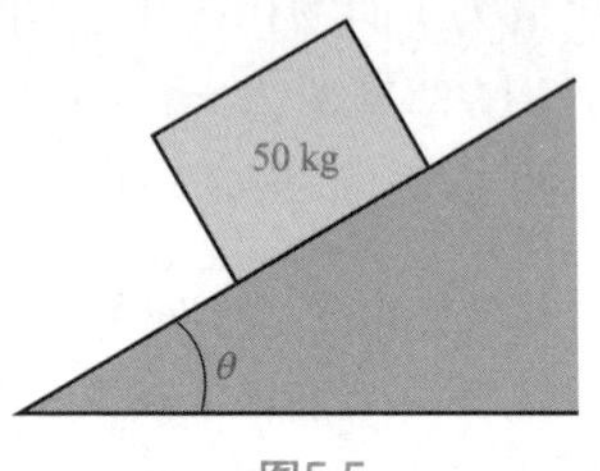

图5.5

解答：

设物体的静摩擦因数为μ，物体开始移动瞬时的角度为$\theta=\theta_{max}$，则有如下的关系成立。

$$\mu=\tan\theta_{max}$$

因为θ_{max}=25°，所以有：

$$\mu=\tan 25^\circ=0.466307\cdots\approx 0.4663$$

为此，静摩擦因数μ为0.4663。

然后，物体放置在水平板上时的最大静摩擦力f_s为：

$$f_s=\mu N=\mu mg$$

在式中代入μ=0.4663，m=50kg，g=9.8m/s^2，得：

$$f_s=\mu mg=0.4663\times 50\times 9.8=228.487\text{kg}\cdot\text{m}/\text{s}^2\approx 228.5\text{N}$$

因此，水平板上物体移动所需的最小力为228.5N。

专栏　车轮的附着力

在铁路车辆中，钢制的车轮和钢轨处于滚动接触状态。因此，当下雨或者下雪时，摩擦因数的减小会导致车轮相对于钢轨容易滑动。这种现象称为车轮空转。

另外，在陡峭的斜坡上运行的登山列车等为增加摩擦因数，会在车轮和轨道之间撒一些沙子，以增加轮轨间的附着力，使车轮难以打滑。

专栏　通过电风扇加深对流体联轴器和液压变矩器的理解

自动挡汽车（AT车）就是采用自动变速器（automatic transmission，AT）的汽车，而自动变速器使用液压变矩器（简称变矩器）。但在市场销售的初期，由于没有离合器踏板而被称为无离合器汽车或者变矩汽车。

这种液压变矩器的主要部件是流体联轴器部件和扭矩增幅装置。图5.6给出了流体联轴器部分的示意模型。图5.6（a）相当于在原动机侧输入轴的泵轮，图5.6（b）相当于从动轮侧输出轴的涡轮。

当图5.6（a）的风扇电源启动时，图5.6（b）的风扇随被扰动空气（介质）的气流旋转。在实际的液力自动变速器中，使用高黏度的油作为介质，由于在图5.6（a）和图5.6（b）之间没有切断动力传递的离合器，因此会出现独特的蠕变现象（当发动机处于空转的状态时，即使不踩油门，汽车也能行驶）。

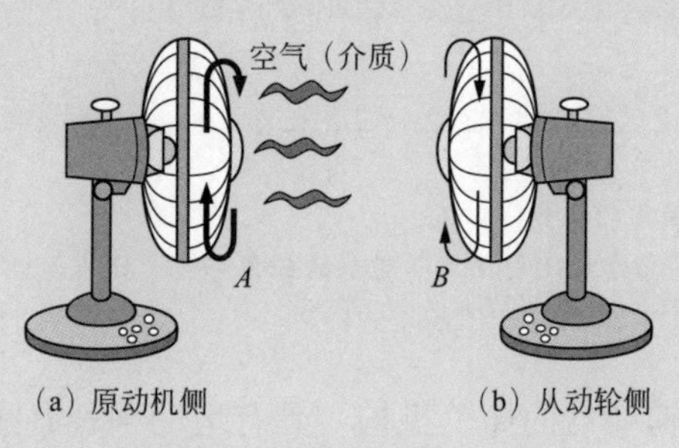

图5.6　流体联轴器的体验

5.2 摩擦轮传动的角速度比

摩擦轮的传动噪声小、平稳

❶ 角速度比是直径比的倒数。
❷ 圆锥形摩擦轮的角速度比用顶角所对应的三角形边长比表示。

摩擦轮是作为传递动力的简单机构，具有运动平稳且噪声小的特点。原动轮以恒定的角速度旋转时，从动轮的角速度根据两轮的轮廓形状不同而不同，可以是恒定的，也可以是变化的。

在这里，我们将学习常见的角速度比恒定的组合式摩擦轮。

(1) 平行轴的圆柱摩擦轮的角速度比

在平行轴上使用的摩擦轮的角速度比通常是恒定的，摩擦轮的轮廓形状为圆柱形或者圆筒形。这种摩擦轮称为圆柱形摩擦轮（圆柱轮）。

① 通过两个圆柱摩擦轮的传动

图5.7（a）给出了外接摩擦轮，图5.7（b）给出了内接摩擦轮。在图5.7中，设原动轮和从动轮的直径分别为D_1和D_2（单位为mm），角速度分别为ω_1和ω_2（单位为rad/s），旋转速度分别为n_1和n_2（单位为r/min）。

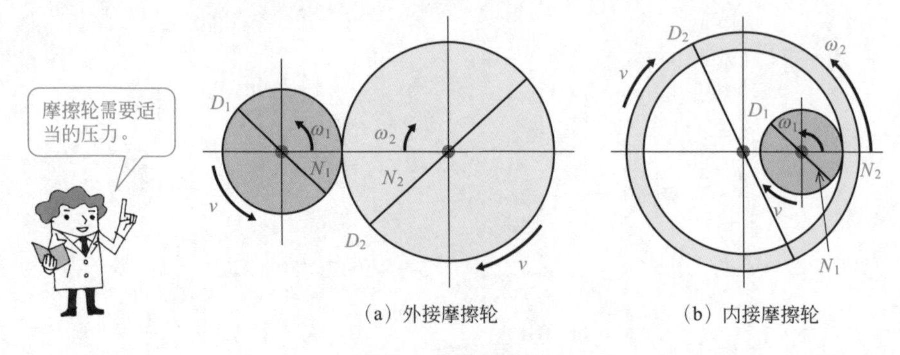

图5.7 摩擦轮的传动

首先，求出摩擦轮在接触点处的圆周速度v（单位为m/s）。由于两个摩擦轮在接触点处的圆周速度大小相等，则有：

$$v = \frac{\pi D_1 N_1}{1000 \times 60} = \frac{\pi D_2 N_2}{1000 \times 60} \quad (\mathrm{m/s})$$

或者　　　　　　　　　　　　　　　　　　　　　　　　　　　　（5.1）

$$v = \frac{D_1 \omega_1}{2 \times 1000} = \frac{D_2 \omega_2}{2 \times 1000} \quad (\mathrm{m/s})$$

由式（5.1），得到如下的关系。

$$D_1 N_1 = D_2 N_2$$
$$D_1 \omega_1 = D_2 \omega_2 \tag{5.2}$$

这里，摩擦传动装置的角速度比ε定义如下。

$$\varepsilon = \frac{（从动轮的角速度）}{（原动轮的角速度）} = \frac{\omega_2}{\omega_1} \tag{5.3}$$

由式（5.2）以及式（5.3），利用摩擦轮的直径、转速以及角速度能推导出角速度比计算式，具体关系式如下所示。

$$\varepsilon = \frac{\omega_2}{\omega_1} = \frac{N_2}{N_1} = \frac{D_1}{D_2}$$

然后，求解应用在解决转动和动力传动问题中的速度传动比i。在一对摩擦轮中的速度传动比定义为原动轮的角速度除以从动轮的角速度的商。因此，在这种情况下，速度传动比i作为式（5.3）的倒数，有如下的关系式成立。

$$i = \frac{\omega_1}{\omega_2} = \frac{N_1}{N_2} = \frac{D_2}{D_1}$$

其次，由图5.7可知两轴之间的距离为l。

外接摩擦轮的两轴间距离

$$l = \frac{D_1 + D_2}{2}$$

内接摩擦轮的两轴间距离

$$l = \frac{|D_1 - D_2|}{2}$$

在式中，数学符号“｜ ｜”表示绝对值。

② 通过串联布置的摩擦轮的传动

三个外接的摩擦轮如图5.8所示，设各个摩擦轮的直径分别为D_1、D_2、D_3，角速度分别为ω_1、ω_2、ω_3，转速分别为N_1、N_2、N_3。

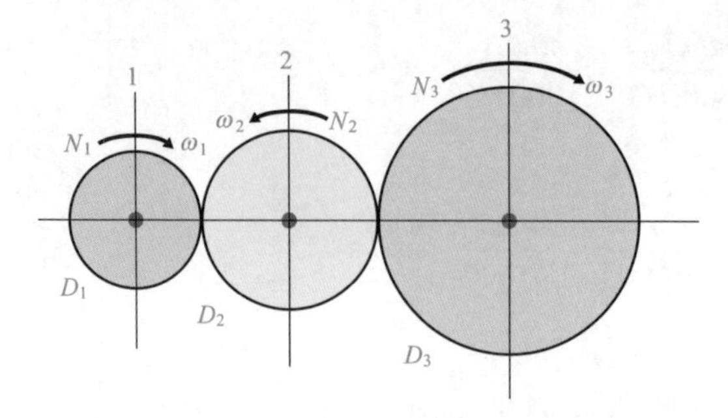

图5.8　串联摩擦轮的传动

首先，分析摩擦轮1和2，其角速度比ε_{12}如下所示。

$$\varepsilon_{12}=\frac{\omega_2}{\omega_1}=\frac{N_2}{N_1}=\frac{D_1}{D_2}$$

其次，分析摩擦轮2和3，其角速度比ε_{23}如下所示。

$$\varepsilon_{23}=\frac{\omega_3}{\omega_2}=\frac{N_3}{N_2}=\frac{D_2}{D_3}$$

最后，分析摩擦轮1、2、3串联布置的情况，其角速度比ε_{13}能够表示成如下的形式。

$$\varepsilon_{13}=\frac{\omega_3}{\omega_1}=\frac{\omega_2}{\omega_1}\times\frac{\omega_3}{\omega_2}$$

这里，可以认为上式为角速度比ε_{12}和角速度比ε_{23}的乘积，因此求出的角速度比如式（5.4）所示。

$$\varepsilon_{13}=\frac{\omega_3}{\omega_1}=\frac{N_3}{N_1}=\frac{D_1}{D_3} \tag{5.4}$$

由式（5.4）可以看出，三个摩擦轮串联布置的角速度ε_{13}不受中间摩擦轮2的影响。这种中间的摩擦轮称为中间轮（也称为过桥轮或惰轮）。

但是，通过插入中间轮，第三个摩擦轮的旋转方向与第一个摩擦轮相同。另外，速度传动比i_{13}如下式所示。

$$i_{13}=\frac{\omega_1}{\omega_3}=\frac{N_1}{N_3}=\frac{D_3}{D_1}$$

根据①和②的分析结果，如果将n个摩擦轮串联布置，就能推测出原动轮和第n个从动轮的角速度比ε_{1n}和速度传动比i_{1n}。

角速度比：

$$\varepsilon_{1n}=\frac{\omega_n}{\omega_1}=\frac{N_n}{N_1}=\frac{D_1}{D_n}$$

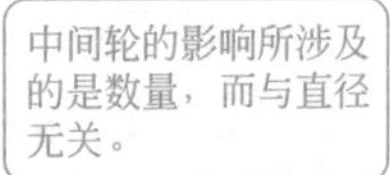

速度传动比：

$$i_{1n}=\frac{\omega_1}{\omega_n}=\frac{N_1}{N_n}=\frac{D_n}{D_1}$$

当n是偶数时，第n个从动轮的旋转方向是与原动轮相反的；而当n是奇数时，第n个从动轮的旋转方向是与原动轮相同的。

③ 带槽摩擦轮的摩擦力

在利用摩擦力传递运动和动力的摩擦轮中，摩擦力越大，传递的效果越好。我们在上节中已经进行了说明，增加摩擦力的方法是选择摩擦因数大的材料或加大接触表面的摩擦因数。

带槽摩擦轮如图5.9（a）所示，这种结构有效地增大了接触面积，显然是增加摩擦因数的一种有效方法。

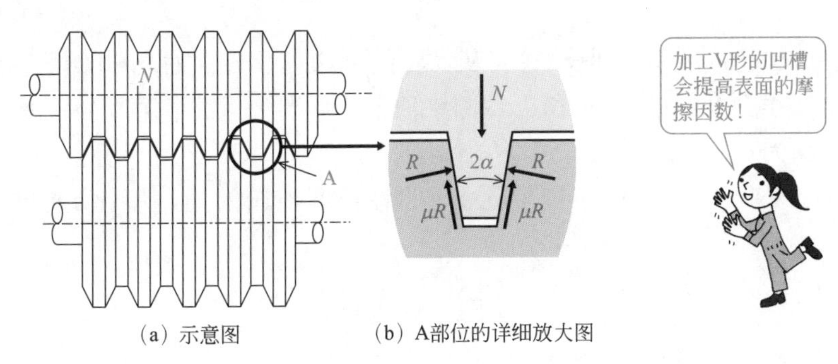

（a）示意图　（b）A部位的详细放大图

图5.9　带槽摩擦轮

图5.9（b）是图5.9（a）中的凹槽的放大图。在这种具有凹槽的摩擦轮上，作用在凹槽上的推压力N、凹槽侧面的法向反力R以及由反力所引起的摩擦力μR处于平衡。在此，设摩擦轮的凹槽角度为2α，摩擦因数为μ。这种情况下，表观的摩擦因数μ'如下式所示。

$$\mu'=\frac{\mu}{\sin\alpha+\mu\cos\alpha}$$

（2） 摩擦轮轴交错时的角速度比

当两轴交叉且角速度比保持恒定时，摩擦轮的轮廓通常采用圆锥形的。这种摩擦轮称为圆锥形摩擦轮。

两个相交的轴所使用的圆锥形摩擦轮如图5.10（a）所示。

假设两个圆锥体的顶部在两个轴的交点上，只要让摩擦轮具有足够的宽度就能获得所需的传输功率。

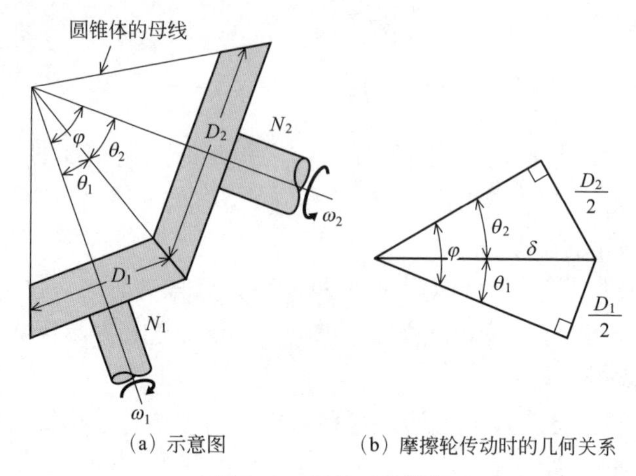

（a）示意图　　（b）摩擦轮传动时的几何关系

图5.10　圆锥形摩擦轮

在图5.10（a）中，设原动轮和从动轮的平均直径分别为D_1和D_2，转速分别为N_1和N_2，角速度分别为ω_1和ω_2，圆锥顶角的一半（圆锥半角）分别为θ_1和θ_2，两轴的交角为φ。

这种圆锥形摩擦轮的角速度比ε与圆柱形摩擦轮的角速度比ε相同，表示如下。

$$\varepsilon = \frac{\omega_2}{\omega_1} = \frac{N_2}{N_1} = \frac{D_1}{D_2}$$

另一方面，由图5.8（b）所示的圆锥形摩擦轮传动的几何关系，可以得到如下的关系。

$$\delta \sin\theta_1 = \frac{D_1}{2} \quad \delta \sin\theta_2 = \frac{D_2}{2} \quad \varphi = \theta_1 + \theta_2$$

利用这种关系，传动的角速度比ε就能够用摩擦轮的圆锥半角θ_1和θ_2表示。

$$\varepsilon = \frac{\omega_2}{\omega_1} = \frac{N_2}{N_1} = \frac{D_1}{D_2} = \frac{\sin\theta_1}{\sin\theta_2}$$

在这里，θ_1和θ_2能够用角速度比ε和两轴的交角φ给出，如下所示。

$$\tan\theta_1 = \frac{\sin\varphi}{\dfrac{1}{\varepsilon} + \cos\varphi} \quad \tan\theta_2 = \frac{\sin\varphi}{\varepsilon + \cos\varphi}$$

在两轴正交的场合（φ=90°），上式可写成

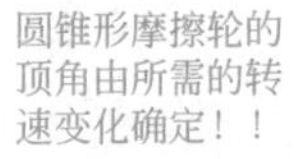

$$\tan\theta_1 = \varepsilon \quad \tan\theta_2 = \frac{1}{\varepsilon}$$

进而，速度传动比i也能用下式表示。

$$i = \frac{\omega_1}{\omega_2} = \frac{N_1}{N_2} = \frac{D_2}{D_1} = \frac{\sin\theta_2}{\sin\theta_1}$$

例题

5.2 两个圆锥形摩擦轮组成机构的轴相交成90°，各自的旋转速度分别为$N_1 = 150\text{r/min}$和$N_2 = 300\text{r/min}$。在这里，求解出圆锥形摩擦轮的圆锥半角θ_1和θ_2，并圆整为整数值。

解答：

圆锥形摩擦轮机构的两轴交角φ=90°，也就是说两轴相互垂直，各摩擦轮的圆锥半角用角速度比ε表示为：

$$\tan\theta_1 = \varepsilon \quad \tan\theta_2 = \frac{1}{\varepsilon}$$

在这里，由于角速度比ε能够由圆锥形摩擦轮的旋转速度给出，因此可以用下式表示。

$$\varepsilon = \frac{N_2}{N_1}$$

在上式中，代入旋转速度$N_1 = 150\text{r/min}$和$N_2 = 300\text{r/min}$，可得到角速度比。

$$\varepsilon = \frac{N_2}{N_1} = \frac{300}{150} = 2$$

由此，得：

$$\tan\theta_1 = 2 \quad \tan\theta_2 = \frac{1}{2} = 0.5$$

最后，分别求各圆锥形摩擦轮的圆锥半角，计算结果如下。

应用智能手机也能
进行逆三角函数或
三角函数的计算

$$\begin{cases} \theta_1 = \arctan 2 = 1.107148\cdots\text{rad} \approx 1.1071\text{rad} \approx 63.43° \\ \theta_2 = \arctan 0.5 = 0.4636476\cdots \approx 0.4636\text{rad} \approx 26.57° \end{cases}$$

由此，圆锥顶角为

$$2\theta_1 = 127° \quad 2\theta_2 = 53°$$

[注意] 在例题中，1.1071rad或者63.43°是基于1.107148…rad计算的近似数。这种场合，当求解63.43°时，并不使用已经进行数值圆整的1.1071rad。这是因为反复地由概数求概数的话，计算的误差就会重复叠加。通常，在使用概数计算时，最好使用有效数值比所要求的结果多1～2位有效数字的数。

专栏 速度比？变速比？速比？

在图5.11所示的传动机构中，参阅机构学、机械设计以及机械零件等书籍和汽车产品目录等资料之后，我们就会留意到变速比、速度比、速比、减速比以及增速比等各类符号。

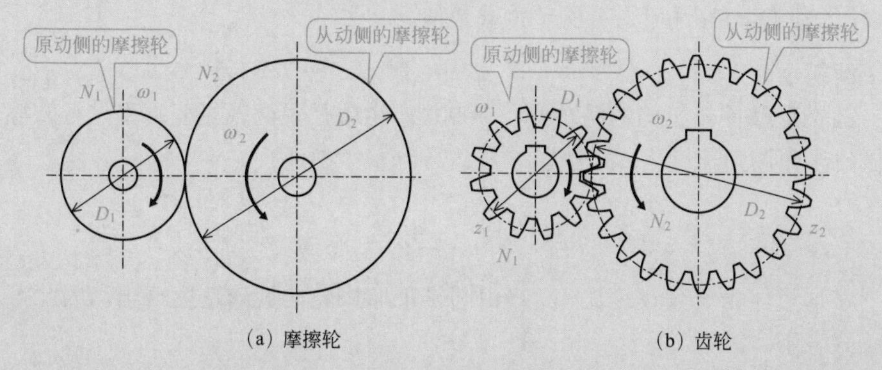

(a) 摩擦轮 (b) 齿轮

图5.11 摩擦轮或齿轮等的传动机构

无论哪一种，都是用原动轮与从动轮两者的转速、直径以及角速度之比的形式表示。此外，在齿轮啮合的情况下，还可以增加齿数比的表示方法。为参考方便，在图5.11所示的传动装置中，采用两个轮各自的转速之比进行表示，就可以获得如下的表达式。

$$速度传动比=N_1/N_2$$

$$变速比=N_1/N_2$$

$$速度比（转速比）=N_2/N_1$$

$$速比=N_2/N_1$$

分别比较上述的方程式，不同之处就在于原动侧的转速是分母还是分子。推断性结论归结为这种差异的起因在于书籍或材料的出版年代以及行业处理方式的不同，而书中的定义以及文章的脉络都没有问题。

在促进机械零件和工业产品标准化和通用化的JIS（日本工业标准）中，规定了动力传动中所使用的齿轮、带轮以及带等的术语和定义等。

此外，有关动力传动的变速，明确定义了速度传动比、齿数比以及速度比。

・速度传动比是将输入轴（本书所示的原动侧的轴）的角速度除以输出轴（本书所示的从动侧的轴）的角速度后所得的值。

・齿数比是用大齿轮的齿数除以小齿轮的齿数所得的值。

・速比定义为基于带轮的节圆直径之比计算出的带轮的角速度之比。

用计算式表示的速度传动比、角速度比以及齿数比如下所示。

速度传动比 = 输入轴的角速度/输出轴的角速度

齿数比 = 大齿轮的齿数/小齿轮的齿数

角速度比 = 输出轴的角速度/输入轴的角速度

在本书中，统一为速度传动比、齿数比以及角速度比进行使用。

5.3 摩擦轮的使用方法

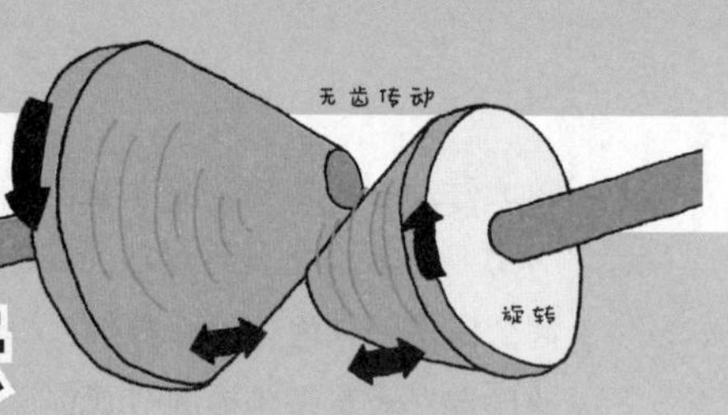

通过摩擦轮圆滑地传递转速

❶ 如能巧妙地利用摩擦，就能自如地进行动力传动和变速。
❷ 如果使用摩擦轮，无级变速就能实现。

在这里，我们介绍一种采用摩擦轮作为变速机构或减速机构的示例。它们成功地应用了摩擦轮的特性，可以无级地改变转速。

(1) 无级变速机构

无级变速机构（CVT）是在保持输入侧转速恒定的情况下，使输出侧的转速连续变化的机构。

许多的无级变速机构都采用摩擦传动，采用的方式有皮带、钢球、圆锥体、圆盘以及圆环传动等。在这里，列举采用摩擦圆盘的无级变速机构，如图5.12所示。

图5.12 利用摩擦圆盘的无级变速机构

利用摩擦圆盘的无级变速机构就像是将行星齿轮机构的齿轮用圆盘代替。让我们看一下这种变速机构的结构（图5.13）。

输入轴的旋转运动传递到固定的太阳轮和移动的太阳轮。行星轮被固定的太阳轮和在碟形弹簧作用下移动的太阳轮夹住圆盘的内侧，而圆盘的外侧被夹在固定圆环和移动凸轮之间。

当太阳轮旋转时，行星轮在自转的同时还沿着固定的公转轨道进行旋转。这种公转通过安装在回转臂凹槽上的行星金属环传递到输出轴。

这种变速是通过调节固定圆环与移动凸轮之间的间距并改变行星轮的公转轨道半径来完成的。

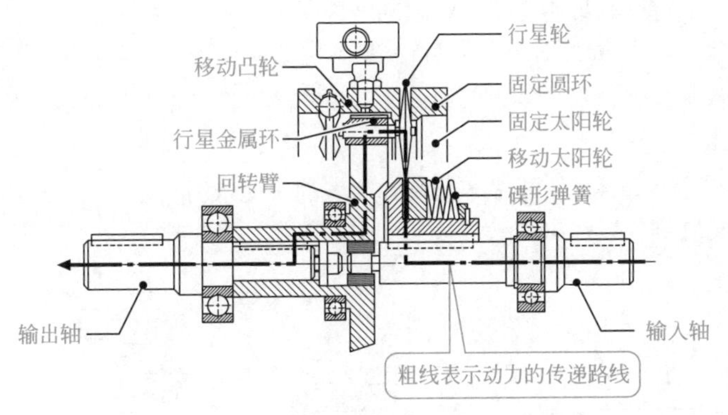

图5.13 利用摩擦圆盘的无级变速机构的结构

（2） 汽车的变速装置（环形机械无级自动变速器）

汽车的变速装置（变速箱）可以划分为手动操作换挡的手动变速箱和自动变速的自动变速箱。

在早期的自动变速箱中，发动机输出轴的旋转是通过液力变矩器（流体联轴器）传递到行星齿轮（行星齿轮装置，请参见6.4节），以进行驱动或者换挡。但是，其在进行变速的换挡时，会产生轻微的冲击（换挡冲击）。

作为平稳进行无级变速的机械机构，环形机械无级自动变速器（图5.14）是利用摩擦力来传递动力的。

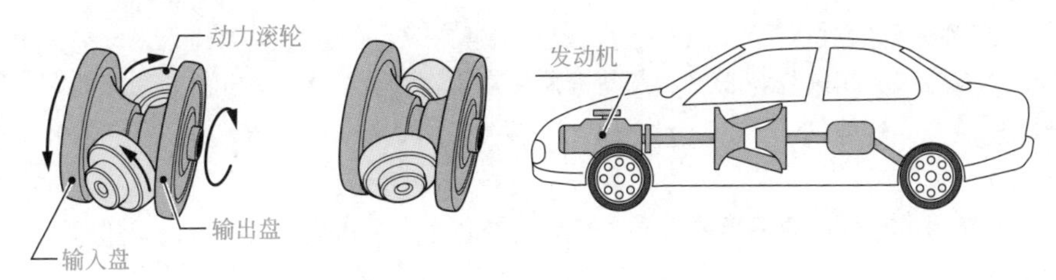

图5.14 环形机械无级自动变速器

这种环形无级自动变速器机构具有可以自由摆动的动力滚轮，动力滚轮布置在相互面对的输入锥形盘与输出锥形盘之间，致使滚轮与锥形盘的接触角度连续变化，通过滚轮和圆盘之间的摩擦力就能实现无级变速。这种机构不会发生换挡冲击，有助于获得更好的加速特性和更好的燃油经济性。

相对于液压变矩器而言，最近的汽车更多地采用无级自动变速器！！

专栏　无级变速装置的基本原理

随着技术的进步，现在完全可以制造出具有大功率和大扭矩的摩擦式无级变速装置。尽管装置的基本原理很简单，但将其商品化却略有难度，但也不是不可能的。

对于工程师来说，学习基本原理是非常重要的，将基本原理扩展，并设法将其付诸于实际应用。

图5.15所示为基本的摩擦式无级变速装置的原理示例。如何将这种原理应用在摩擦圆板、摩擦圆锥轮以及皮带等结构上并推进应用，取决于每个人的智慧。

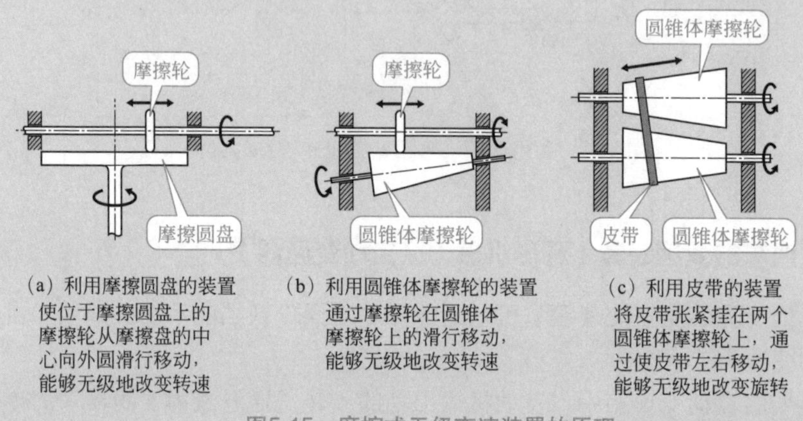

图5.15　摩擦式无级变速装置的原理

专栏　转盘

图5.16所示的转盘看起来似乎类似于回转工作台、电唱机或电子微波炉的转盘。

在CD音乐播放器广泛流行之前，电唱机通常采用的是播放唱片（近年来，电唱机的音质再次引起关注，爱好者数量有所增加）。为播放唱片，按照唱片的类型，需要将播放机的转速切换为$33\frac{1}{3}$r/min（LP唱片）、45r/min（迷你专辑或EP唱片）以及78r/min（SP唱片）。

最初的电唱机主要采用皮带或摩擦轮的传动方式对转速进行控制，但随着电动机技术的发展，现多采用直接驱动的方式来进行传动。

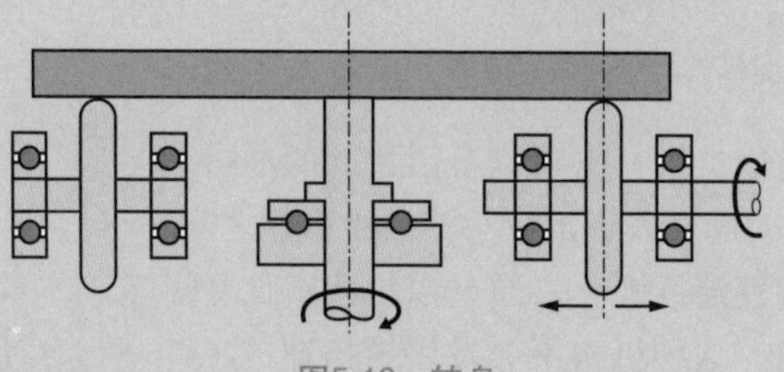

图5.16　转盘

在电唱机中，由于转盘的侧面有频闪闪光灯的标记（条纹状的花纹），因此能够用荧光灯的光亮度对转速进行微调。

专栏　机器人的自由度

机器人的自由度就是利用数字表示关节运动（回转、屈伸以及缩伸等）的数量。

膝盖的屈伸运动是1个自由度，胯骨的运动有前后、左右以及转动，这是3个自由度。脚踝可以前后和左右运动，是2个自由度。

然而，关节的每一个自由度的运动都要有一个驱动器（将供给的能量转换为物理运动的机械零件）。换句话说，机器人的实际自由度的数量取决于驱动关节运动的驱动器的数量。因此，我们可知人类的自由度总体上是相当大的。试想一下，即使仅考虑人的手指的话，也拥有相当多的自由度。

习题

习题1 在下面句子的（　　）中，填入适当的短语以完成句子。

（1）摩擦现象大致区分为（　　）和（　　）。

（2）在无滑动的状态下，通过摩擦轮和接触面之间的摩擦传递动力称为（　　）。

习题2 相互接触的两个摩擦轮的速度传动比为1.4，中心距为102mm。此时，分别求出驱动轮和从动轮的直径。

习题3 用摩擦轮传递两个距离为300mm的平行轴的转动。当转速从800r/min变为200r/min时，分别求出驱动轮和从动轮的直径。

习题4 某摩擦轮的摩擦因数为0.2，当用400N的力压紧摩擦轮并使其旋转时，求出能传递的最大摩擦力。

习题5 凹槽角度为60°的槽形摩擦轮用于传递动力，当摩擦轮的摩擦因数为0.35时，求出表面的摩擦因数。

习题6 摩擦传动的原动轮和从动轮的中心距离l=300mm，两轮的转速分别为N_1=400r/min和N_2=100r/min，求出以下两种情况中的圆筒形摩擦轮的直径D_1和D_2。

（1）外接圆筒形摩擦轮

（2）内接圆筒形摩擦轮

第6章

齿轮传动机构的类型和运动

摩擦轮在通过摩擦传递动力的过程中，由于多少都会发生打滑，所以在需要精确的转速传递和大负载传动等应用中受到限制。

在摩擦轮的接触表面上设置齿，以实现准确地传递动力的装置就是齿轮传动机构。与摩擦传动相比，齿轮传动能够进行重负荷的运动传递，这种传动方式并不像滚动接触那样用压紧来获得摩擦力，而是通过齿面的滑动接触或滚动接触进行传递运动。

在本章中，我们除了需要学习齿轮的类型和特性、标准齿轮的概念以及动力传动机构的速度传动比之外，还将学习特殊齿轮的知识。

6.1 齿轮的类型和名称

齿轮关系与人际关系一样都取决于相互间的磨合

❶ 齿轮的齿廓曲线一般采用渐开线曲线。
❷ 齿轮传动机构通过滑动接触和滚动接触传递动力。

(1) 齿轮和齿廓曲线

摩擦轮传动具有平稳、低噪声的特点，而且结构也简单。但是，由于不能避免接触的摩擦轮之间存在打滑，因此难以传递大的动力和准确的转速。

如图6.1所示，为了消除这种缺陷开发出了齿轮。齿轮是在摩擦轮的外缘设置等间距的凸起，并切除两个凸起之间的部分以形成凹槽，使两个齿轮中的另一个齿轮的凸起能够恰好咬合这一凹槽。齿轮利用这种表面的凸凹就能够实现更精确的转速和动力传递。

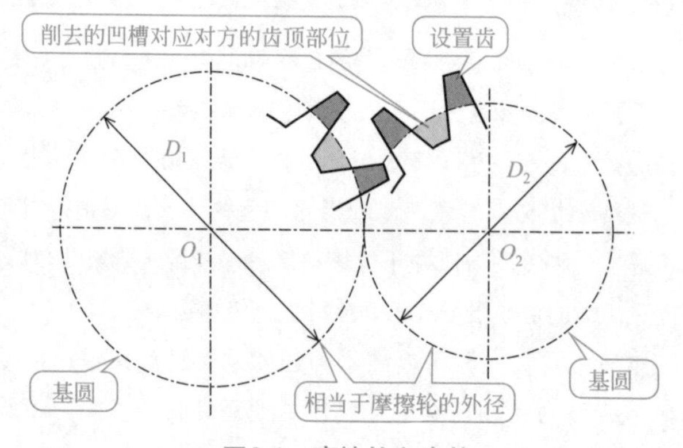

图6.1 摩擦轮和齿轮

但是，如果这种凸凹的形状不合适的话，相互啮合的齿轮就将出现不转动、打滑、过大的异常声、转动不稳定以及振动等。因此，通过多年对齿廓形状进行研究，设计了渐开线曲线和摆线曲线，并在以下进行说明。

渐开线曲线如图6.2（a）所示，拉紧缠绕在圆柱体上的线绳的端点A，让该线绳始终保持与圆柱体相切的状态，当从A点拉到A'点时，线绳的端点A所描绘的曲线就是渐开线曲线。注意，绘制渐开线曲线的圆柱体的直径称为基圆（基圆直径）。

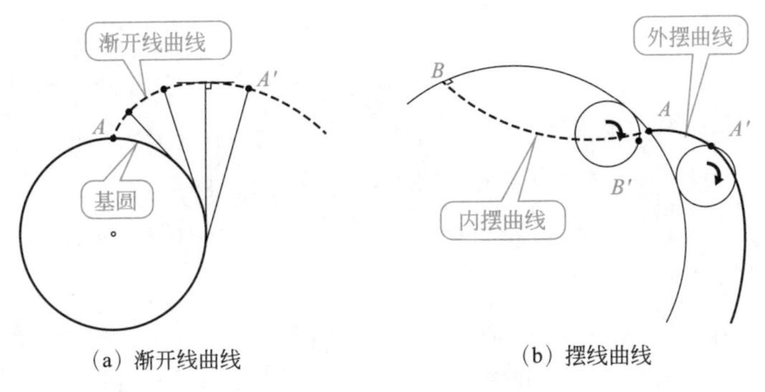

（a）渐开线曲线　　（b）摆线曲线

图6.2　齿廓曲线

摆线曲线通常是指一个圆在平面上沿直线滚动时，圆周上的一个点所描绘的曲线。但是，图6.2（b）所示的是当圆柱体在圆弧上做纯滚动时，圆柱体上的一个点所描绘的轨迹曲线则是齿廓曲线。当圆柱体在圆弧的外缘上做纯滚动时（$A \rightarrow A'$），所描绘的曲线称为外摆线，而当圆柱体在圆弧的内缘上做纯滚动时（$B \rightarrow B'$），所描绘的曲线则称为内摆线。在这里，描绘外摆线曲线和内摆线曲线所使用的圆柱体的直径相当于齿轮的基圆（基圆直径）。

齿廓曲线为渐开线曲线的齿轮称为渐开线齿轮，其主要特征如下。

① 齿廓间啮合形状用一条渐开线曲线表示，因此齿轮对传动极为有利。

② 即使啮合齿轮之间的轴距略有变化，变速比也不会发生变化。

③ 由于齿轮的形状简单，使用齿条刀具（参见第6.2节）就能相对简单地进行齿轮加工，从而提高了齿轮的互换性。

④ 由于齿轮的齿根粗大，因此其强度得到提高。

齿廓曲线为摆线的齿轮称为摆线齿轮，其主要特征如下。

① 对于轮齿的齿顶和齿根，由于齿轮的一处是外摆曲线，另一处会是内摆曲线或其他的曲线，因此加工很复杂。

② 由于啮合齿间的滑动均匀，因此静音效果较好。

③ 啮合的齿轮之间的轴距即使发生很小的变化，传动速度比都会受到影响。

当渐开线齿轮的啮合齿轮对中有一个损坏时，不必进行成组更换！！

基于上述的原因，一般的齿轮齿廓都采用渐开线曲线。

（2）齿轮的分类和类型

用于传递动力或转动的齿轮通常固定在转动轴上，或者当齿轮直径较小时，加工成与转动轴一体的齿轮轴形式使用。

然而，根据两个齿轮轴之间的相对位置关系（有时驱动侧称为驱动轴，从动侧称为被驱动轴），可以将齿轮分为平行轴间的齿轮、交叉轴间（两个轴的中心线相交）的齿轮、交错轴间（两个轴的中心线不相交）的齿轮。另外，在两个相互啮合的齿轮中，有时将齿数多的齿轮称为大齿轮，齿数少的齿轮称为小齿轮。

平行轴传动的齿轮中，有直齿圆柱齿轮、齿条、内齿轮、斜齿轮、斜齿齿条以及人字齿轮等。另外，相交轴的齿轮有直齿锥齿轮和曲线齿锥齿轮等。交错轴的齿轮有蜗轮和螺旋齿轮等。

① 平行轴传动的齿轮

图6.3所示为平行轴传动所使用的齿轮。

a. 直齿圆柱齿轮（简称直齿轮）

直齿轮是在圆盘的轮缘有齿，并且齿向平行于轴线的齿轮。齿轮的强度设计通常也是以这种齿轮为基准。这种齿轮具有制造容易、互换性好、不产生轴向力（作用在轴向上的力）的特点。在标准的齿轮传动的场合，一般这种齿轮的压力角为20°（请参阅6.2节），平稳转动的理论极限齿数为17，实际上最小能取14（请参阅6.2节）。速度传动比的最大极限为7左右，也称为正齿轮。

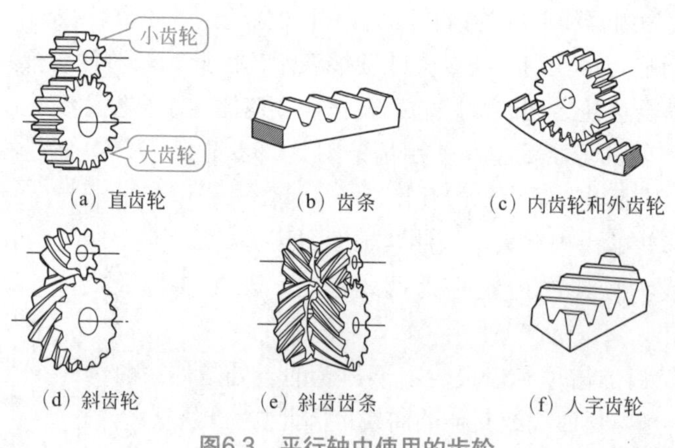

图6.3　平行轴中使用的齿轮

b. 齿条

齿条是在笔直的条形体上等间隔地设置形状相同的齿形成的，等同于直齿圆柱齿轮的基圆直径无限大（∞）。

齿条应用在将旋转运动转换为线性运动或者将线性运动转换为旋转运动的场合，分为齿向垂直于齿条轴线的直齿齿条和齿向与齿条轴线成角度的斜齿齿条。与齿条配对使用的小齿轮是常用的圆柱齿轮，这种机构被称为齿条和小齿轮。

c. 内齿轮和外齿轮

内齿轮是指在圆柱或者圆锥的内圆上有齿的齿轮，与此相应，在外缘具有齿的齿轮统称为外齿轮。内齿轮的配对啮合对象一定是外齿轮，常用于行星齿轮机构。另外，将齿分布在圆锥体的内圆的齿轮两轴将不能平行，配对啮合的就是锥齿轮（伞齿轮）。

在一般的齿轮对（一对齿轮）中，齿轮的旋转方向相反，但内齿轮啮合的旋转方向相同。

d. 斜齿轮

斜齿轮是齿向呈螺旋线状（这种齿看上去只是单纯的倾斜，但实际上是螺旋形的）的圆柱齿轮。这种齿轮与直齿轮相比，由于啮合的重合度大，所以强度高。此外，斜齿轮与直齿轮相比，具有啮合平稳、振动小、适用于高速和高负载传动的优点。但是，其存在会产生轴向力的缺点，也称之为螺旋齿轮。

e. 斜齿齿条

斜齿齿条是一种齿向倾斜、齿廓为直线、与斜齿圆柱齿轮配对使用的条形零件。换句话说，这是斜齿轮的基圆半径无限大时形成的齿轮。

轮齿的倾斜虽然会产生轴向推力，但比普通的齿条传动更平稳。

f. 人字齿轮

人字齿轮能够克服斜齿轮产生轴向推力的缺点，这是由两个左右螺旋的斜齿轮组合构成的圆柱齿轮。

② 相交轴传动的齿轮

图6.4所示的是相交轴中使用的齿轮。

a. 直齿圆锥齿轮

直齿圆锥齿轮是锥齿轮的一种，这是齿向为直线且与圆锥母线方向相同的齿轮（参见5.2节的图5.10）。这种齿轮的加工比较容易，最大速度传动比大约能达到5，常在差动齿轮机构（请参见6.4节）等中使用。

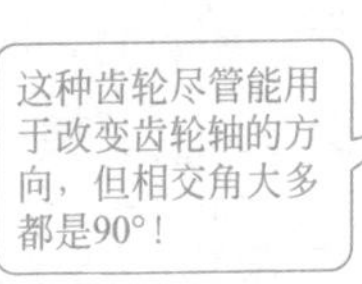

b. 曲线齿圆锥齿轮

曲线齿（螺旋）圆锥齿轮是圆锥齿轮的一种，其齿向是曲线。其相啮合齿轮对的齿的接触面积大于锥齿轮，因此具有强度高和耐用性强的优点。

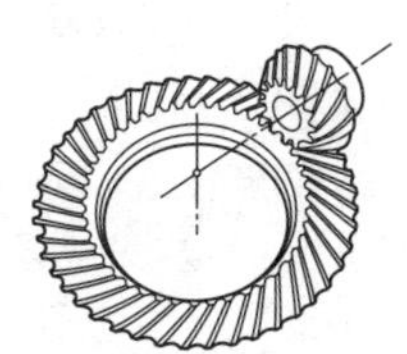

（a）直齿圆锥齿轮　（b）曲线齿圆锥齿轮

图6.4　相交轴使用的齿轮

尽管这种齿轮能够获得比直齿圆锥齿轮大的速度传动比，但必须要注意，小齿轮中产生的轴向力的方向会根据齿向的螺旋方向变化。

③ 交错轴传动的齿轮

图6.5所示的是交错轴中使用的齿轮。

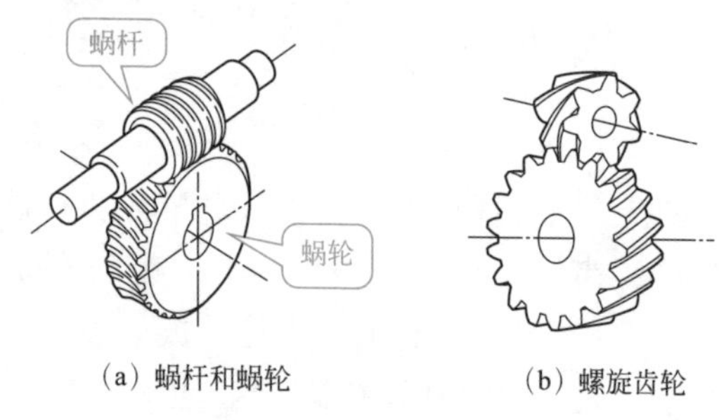

（a）蜗杆和蜗轮　　（b）螺旋齿轮

图6.5　交错轴中使用的齿轮

a. 圆柱蜗杆齿轮

圆柱蜗杆齿轮是由圆柱蜗杆［图6.5（a）］及其配对啮合的蜗轮组成的齿轮对的总称，两轴的交角大多为直角，简称为蜗轮蜗杆。这种机构的速度传动比能达到10～30。另外，通常是蜗杆驱动蜗轮，而反向驱动很困难。利用这一传动不可逆的特点，蜗轮蜗杆机构能够在防止逆转装置或链滑车等上应用。

这是特殊的齿轮，由于摩擦力大，因此润滑剂是必备的。

当蜗杆旋转一周时，蜗轮只旋转相当于蜗杆头数的齿数。为此，在计算蜗轮蜗杆的速度传动比时，常使用蜗杆的头数。

b. 螺旋齿轮

螺旋齿轮类似于斜齿轮，是指能够在交错轴之间传递运动的一对啮合的齿轮。因此，这种齿轮不仅能用于减速，也能用于加速，但由于相互啮合的齿面有滑动出现，所以只用于转动和动力的传递，不适合大功率的传递。另外，这种齿轮容易磨损，为了减少磨损，需要使用润滑剂。

专栏　电车和列车为什么能转弯

汽车使用差速齿轮机构，通过使左右两个轮胎的转速变化，可实现平稳的曲线行驶（转弯）。

由于列车的车轮固定在车轴上，因此，不能改变左右两车轮的转速。但是，通过使用图6.6所示形状的车轮就能够解决这一问题。这就是将车轮制造成外侧的直径小、而内侧的直径大的缘故。

列车直线行驶如图6.6（a）所示，左右两轮以相同的位置与轨道接触而滚动，因此接触点处的车轮直径相同，结果是车轮直线行驶。

与此相应的，列车在曲线行驶时，以某种程度的速度行驶在弯曲的轨道上的列车就会产生离心力，这种离心力的作用使车轮向外侧摆动。因此，外侧的车轮就以直径较大的内侧与轨道接触，而内侧的车轮就以直径较小的外侧与导轨接触。

由此，外侧的车轮在车轴滚动一圈所行驶的距离上大于内侧的车轮，从而使车轮沿弯曲线路平滑地行驶成为可能。

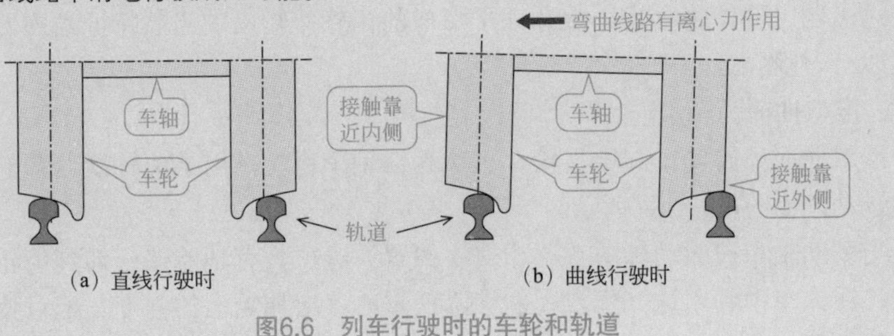

图6.6　列车行驶时的车轮和轨道

④ 特殊的齿轮

特殊的齿轮如图6.7及图6.8所示，这个与按齿轮轴进行分类的齿轮略有不同，其特征如下所述。

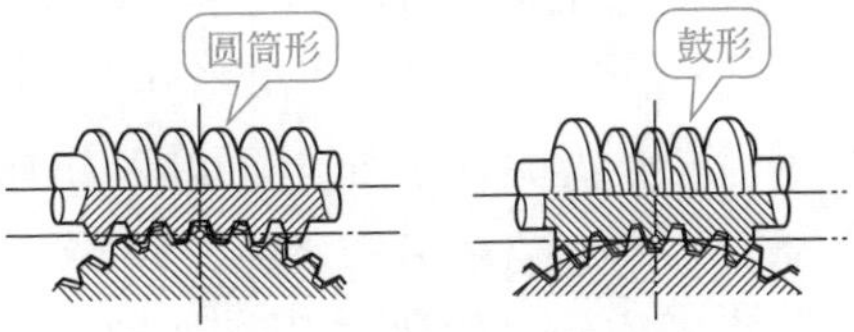

圆筒形　鼓形

图6.7　鼓形蜗轮齿轮

a. 鼓形蜗轮齿轮

普通蜗杆都是圆柱形的，但为了增加齿轮的啮合率，按照配合的蜗轮的形状，将蜗杆的齿中央减薄而齿根和齿顶处逐渐加厚（图6.7），成为凹鼓形齿面的蜗杆。这种蜗杆和蜗轮组成的啮合轮对称为鼓形蜗轮齿轮。

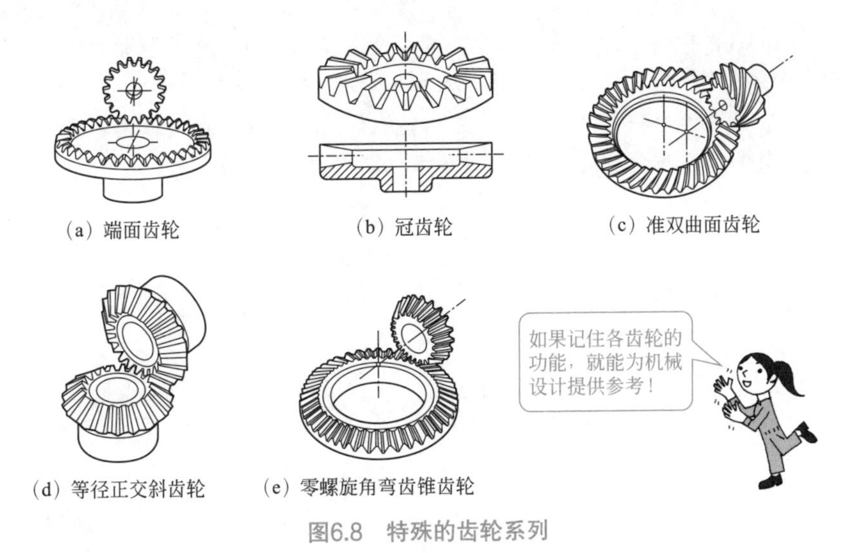

图6.8　特殊的齿轮系列

b. 端面齿轮和冠齿轮

端面齿轮是一种基圆锥的锥表面（参见图5.10，等效于5.2节的圆锥摩擦轮的锥面）成为平面（基圆锥的分度圆锥角为90°）的锥齿轮。这是一个看起来像环形齿条的齿轮，比普通的锥齿轮更易于组装，并具有与直齿轮配对使用能够将回转轴改变90°的优点。但是，这种齿轮由于诸如轮齿干涉之类的原因，故很少使用。

冠齿轮可看作将伞齿轮散开铺平形成的齿轮，轮齿的齿高特征是内侧低（稍后叙述）、外侧高。

c. 准双曲面齿轮

准双曲面齿轮属于圆锥齿轮，也称为偏轴伞齿轮，用于两轴线偏置的轴之间传递运动，如图6.8（c）所示。

当驱动轴和被驱动轴两者不相交（偏置）时，具有轴能够延伸到齿轮两侧的优点。在汽车中利用这一优点，能够降低重心，增加轮齿的强度。配对使用的小齿轮称为准双曲面小齿轮。这种齿轮的速度传动比的最大限度达10左右。

d. 等径正交斜齿轮

等径正交斜齿轮是指两个正交轴上的齿数相等的一对圆锥齿轮，如图6.8（d）所示。在不需要变速而改变回转轴的旋转方向时使用。基准锥面的圆锥角为45°。

e. 零螺旋角弯齿锥齿轮

零螺旋角弯齿锥齿轮是扭转角（偏离图5.10所示的母线）约为0°的曲线齿锥齿轮，如图6.8（e）所示。这是一种兼顾直齿锥齿轮和曲线齿锥齿轮功能的特殊锥齿轮，看起来就像直齿锥齿轮，但获得的运动比直齿锥齿轮平稳。

专栏　减速比和增速比

JIS（日本工业标准）如何规定减速比或增速比？用如图6.9所示的齿轮装置来举例进行说明，图中输出轴（被驱动轴）的角速度ω_b小于输入轴（驱动轴）的角速度ω_a的齿轮对或者齿轮系称为减速齿轮（此时的速度传动比称为减速比）。

另外，在与图中相反的场合下，输出轴的角速度ω_b大于输入轴的角速度ω_a的齿轮对或齿轮系称为增速齿轮（此时的速度传动比的倒数称为增速比）。

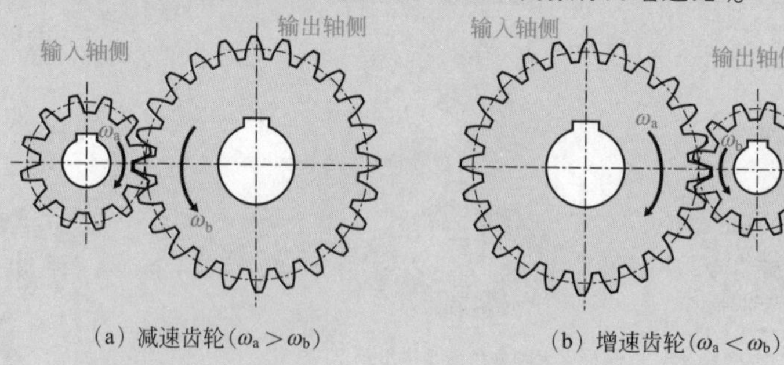

（a）减速齿轮（$\omega_a > \omega_b$）　（b）增速齿轮（$\omega_a < \omega_b$）

图6.9　减速齿轮和增速齿轮

6.2 标准直齿轮

直齿轮是了解齿轮的敲门砖

❶ 直齿轮各部位的名称和标准直齿轮的尺寸是基础知识。

❷ 在齿轮加工中，有一种使用齿条工具加工方法。

❸ 齿轮的轮齿尺寸由模数决定。

（1） 齿轮各部位的名称和齿的大小

① 齿轮各部位的名称

在机械部件或机械零件中，齿轮是较复杂的零件之一。要熟悉齿轮，就有必要知道最基本的齿轮的各部位名称和术语。因此，在图6.10中以典型的直齿圆柱齿轮为例，给出齿轮各部位的名称。

当一对齿轮相互啮合时，接触的齿轮状态如图6.1所示，可以说齿轮就如同是在摩擦轮的圆柱表面上设置凹凸。把相当于这个摩擦轮的轮缘表面的假想圆柱面称为基圆面（直齿轮中，基圆和分度圆重合）。另外，相当于摩擦轮的外圆的假想圆称为节圆。

齿轮啮合时，相啮合的面称为齿面，分度圆外侧的齿面称为齿顶面，而分度圆内侧的齿面称为齿根面，通过齿顶的假想圆为齿顶圆，通过齿根的假想圆称为齿根圆。另外，齿在轴向上的长度称为齿的宽度。

分度圆外侧的齿高h_a称为齿顶高，分度圆内侧的齿高h_f称为齿根高，从齿顶到齿根的合计高度h（$=h_a+h_f$）称为齿高（齿全高）。

在分度圆上，从某一个齿中心到相邻齿中心的弧长p称为齿距（有时也用圆弧齿距表示），分度圆上齿的厚度s称为齿厚，在分度圆上测得的齿和齿的间隔w称为齿槽宽。

JIS（日本工业标准）标准规定，在齿面上的某点（通常是分度圆上的点P）处，通过P点的半径线（通过分度圆的中心）与齿面在这一点的切线所构成的角度为压力角α。

在图6.10中，压力角α和啮合角α'相等这一关系成立。

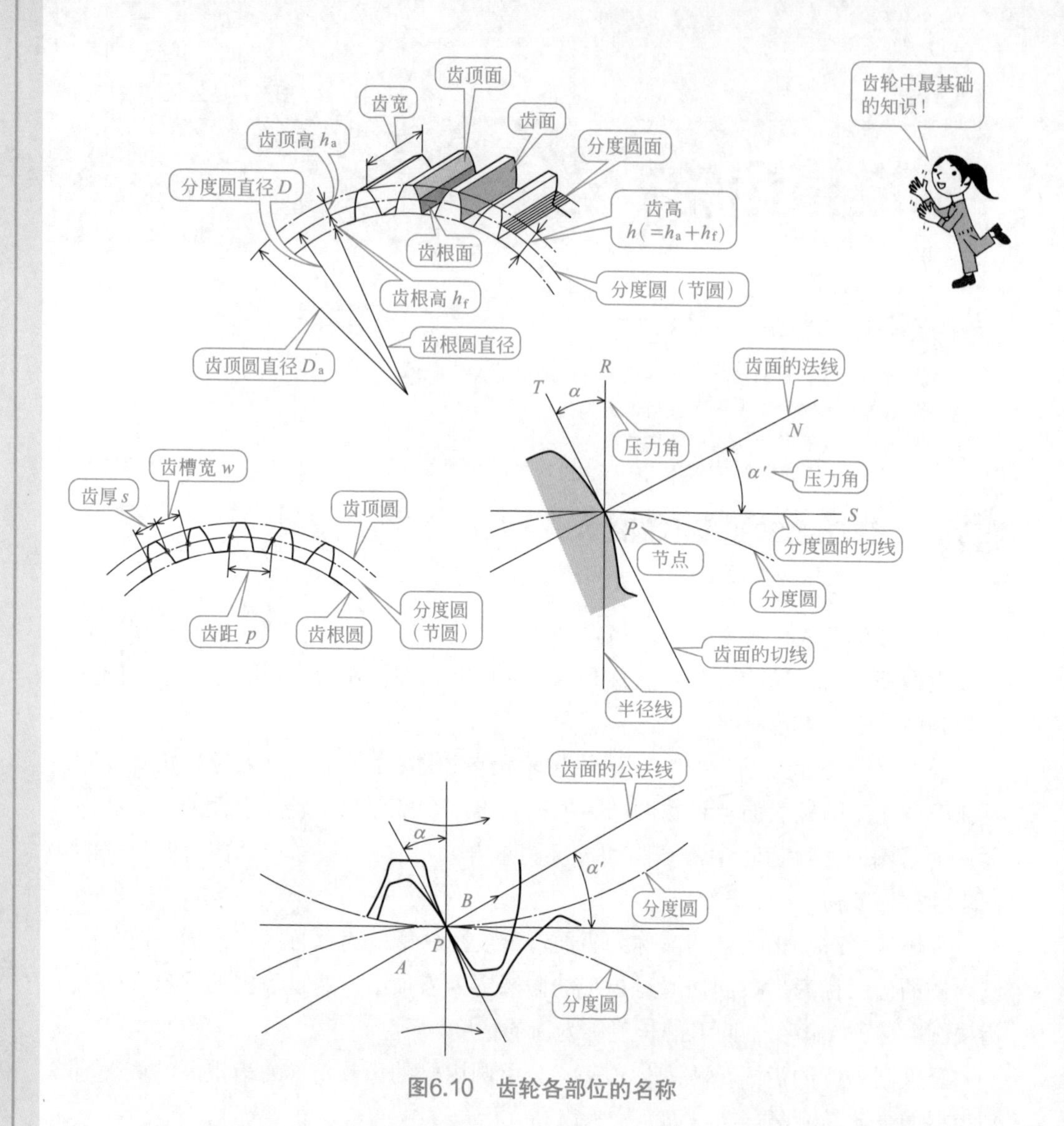

图6.10 齿轮各部位的名称

另外，在节点处，驱动轮的轮齿推动从动轮上的齿，推动方向为沿着节点处的齿面的公法线方向。这就是说，公法线的方向就是作用力的方向，即压力施加的方向，称为压力角。最初，压力角有14.5°，15°，17.5°，20°以及22.5°等，但现在由JIS统一规定为标准的20°。

② 齿的大小

齿距p可以用分度圆的周长除以齿数而获得，并且能够表示成如下形式。

$$p=\frac{\pi D}{z} \tag{6.1}$$

式中 D——分度圆的直径；

z——齿数。

模数是表示齿轮尺寸的重要基准参数。JIS标准规定了模数的数值，表6.1表示1mm以上的模数的标准值，而表6.2表示小于1mm的模数的标准值。

模数m可用分度圆直径除以齿数获得，具体计算式如下所示。

$$m = \frac{D}{z} = \frac{p}{\pi} \quad (\mathrm{mm}) \tag{6.2}$$

一般常用的标准尺寸的齿称为通用齿，通用齿中的齿顶高和模数的数值相同。

表6.1　模数的标准值（1mm以上）

mm

1mm 以上的标准值	
1	8
1.25	10
1.5	12
2	16
2.5	20
3	25
4	32
5	40
6	50

注：选自JIS B 1701-2:2017。

表6.2　模数的标准值（小于1mm）

mm

小于 1mm 的标准值
0.1
0.2
0.3
0.4
0.5
0.6
0.8

注：选自JIS B 1701-2:2017。

（2）标准基本齿条

加工直齿轮的方法中有一种是以齿条为工具加工的方法。齿条工具的齿高、齿距、齿厚以及压力角等都定义为标准的齿条型刀具称为标准基本齿条。图6.11所示为JIS标准所规定的标准基本齿条的形状。

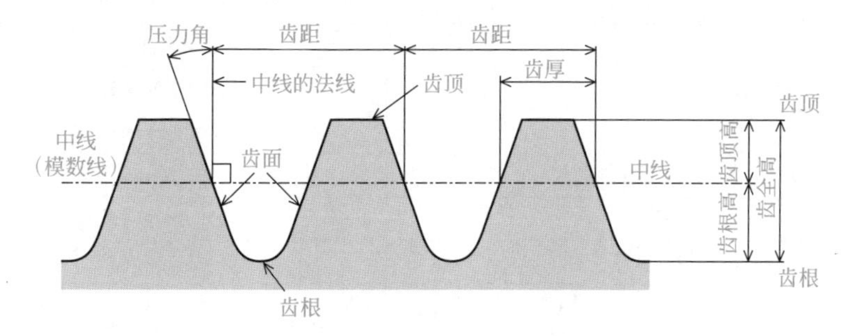

图6.11　标准基本齿条的齿形

将这种标准基本齿条的模数线和齿轮的分度圆彼此相切时所制造的齿轮称为标准直齿轮。用标准基本齿条加工的标准直齿轮的齿形如图6.12所示。这时，齿全高（全齿高）h=2.25m，例如，在m=3mm的场合，h=6.75mm。

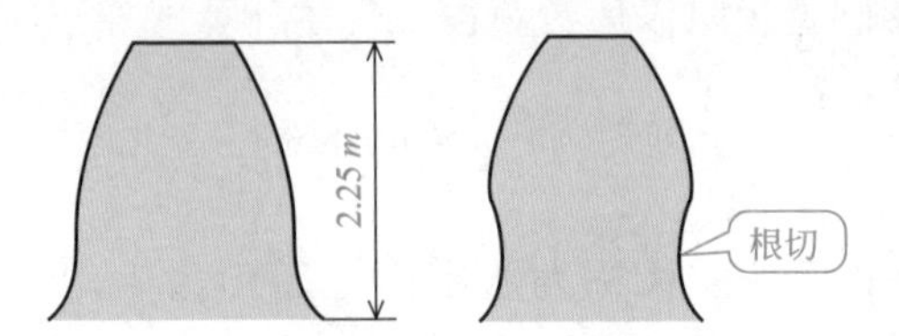

图6.12　齿的大小和形状

相同的模数时，如果齿数较多的话，齿廓形状就会接近标准基本齿条的形状，但是齿数较少的话，齿根部就会变窄（称为根切或底切）。当极端的根切现象发生时，齿根就变得薄弱。另外，即使是通过铸造或者锻造方法所制造出具有发生根切的齿数的齿轮，这种齿轮的啮合对也不能正常回转。

变位是防止齿轮根切的一种有效方法。变位齿轮是通过使用标准基本齿条的中线和要制造的齿轮的分度圆偏离而进行切齿（切削加工齿轮）的齿轮。另外，如果使用变位齿轮的话，可能会使齿轮对的两轴之间的距离发生变动。

有关变位的详细信息，请参阅关于齿轮的更专业的书籍。

(3)　标准直齿轮

标准直齿轮的标准尺寸（表6.3）是以模数为基准，设定齿顶的高度与模数相同。

表6.3　标准直齿轮的各部位名称、符号及尺寸

直齿轮的各部位名称	符号和尺寸
模数	m
齿数	z
齿顶高	$h_a=m$
齿根高	$h_f \geqslant 1.25m$
齿全高（全齿高）	$h=h_a+h_f \geqslant 2.25m$
齿距	$p=\pi m$
分度圆直径（基准节圆直径）	$D=mz$
齿顶圆直径	$D_a=D+2m=(z+2)m$
齿根圆直径	$D_f=D-2.5m=(z-2.5)m$
顶隙	$c \geqslant 0.25m$
齿厚	$s=p/2=\pi m/2$

齿轮是用相同模数的标准基本齿条加工的，理论上当然能够实现相互啮合。但是，实际上由于制造误差或者运转过程中的温度变化，齿轮的尺寸也会随之变化，往往会导致齿轮不能平稳转动。因此，为了避免这种现象的发生，通常在齿轮的齿和配对齿轮的齿之间留有间隙。这种间隙就是齿侧间隙（请参见6.2节的专栏）。

同样，啮合齿轮的齿顶和配合齿轮的齿根之间的间隙称为顶隙。在表6.3所示的标准直齿轮的基本尺寸中，JIS规定顶隙c为$0.25m$以上，实际上将最小值$c=0.25m$作为标准尺寸。

专栏　齿侧间隙

为了使啮合齿轮能够平稳地转动，相啮合齿轮的齿面之间需要留有空隙，这种空隙称为齿侧间隙（图6.13）。

尽管人们认为最好是不要留有齿侧间隙，但是由于制造精度的原因，完全消除安装误差或偏心（回转中心轴的偏移）几乎是不可能的，而且热膨胀或负载将会导致挠度的发生，因此，如果没有齿侧间隙的话，平稳转动就不可能实现。

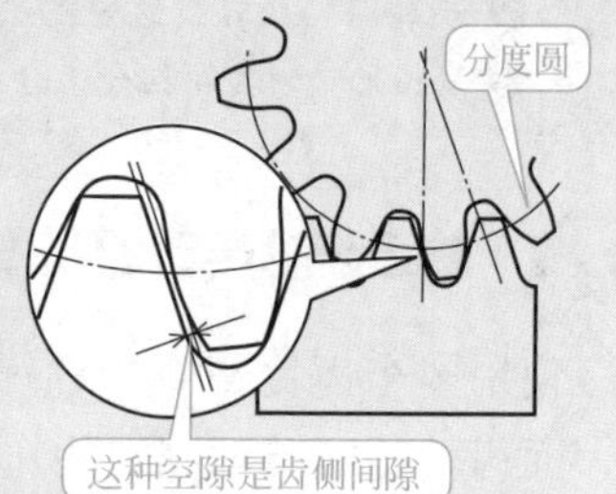

图6.13　齿轮的齿侧间隙

专栏　汽车的变速比

汽车的产品样本中会给出变速箱的变速比和最终减速比。所谓最终减速比（终端齿轮比，差动齿轮比）是图6.14所示的差动齿轮装置（差动器）（请参阅6.4节）的变速比，这种差动齿轮的齿轮比由驱动的小齿轮和齿圈齿数确定。

在发动机前置后轮驱动的车辆（FR车）中，变速箱和差速齿轮装置是分开布置的，但在发动机前置前轮驱动的车辆（FF车辆）中，差速齿轮装置被集成在变速箱的箱体中，做成一体化。

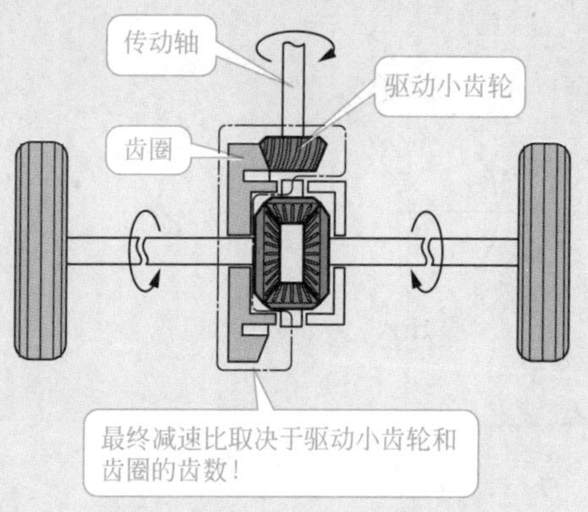

图6.14　差速齿轮装置

6.3 齿轮轴固定的齿轮传动

齿轮传动能够准确地传递动力

❶ 齿轮传动从轻载到重载都能够准确地进行动力传递。

❷ 依据配对的齿轮组合，分为中心轴固定和中心轴运动两种齿轮机构。

（1）单级齿轮传动的基本形式

使用多个齿轮相啮合进行齿轮传动，以增加或者减小转速的齿轮组合称为轮系，而齿轮的回转轴固定的轮系称为中心轴固定的轮系。

另外，在啮合的齿轮中，将运动向外传递的齿轮称为主动齿轮，将主动齿轮传递的运动传出的齿轮称为从动齿轮。这时，主动齿轮和从动齿轮的齿距和模数必须相等。

只有一对相啮合齿轮的称为单级齿轮机构。注意，在这种情况下，驱动齿轮和从动齿轮的转动方向相反。

图6.15所示的就是一对相啮合的齿轮对，设齿轮的模数为m，齿距为p，主动齿轮的分度圆直径为D_a(单位为mm)、齿数为z_a，从动齿轮的分度圆直径为D_b(单位为mm)、齿数为z_b，则有如下的关系成立。

$$D_a=mz_a\,(\text{mm}) \tag{6.3}$$

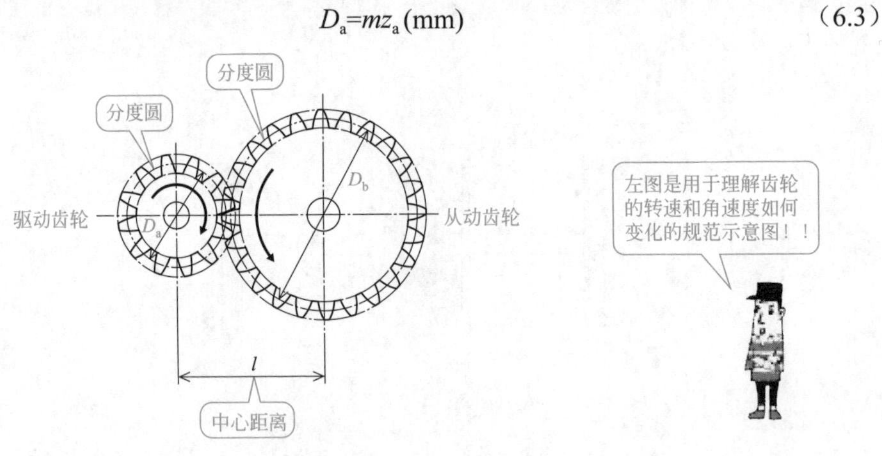

图6.15　单级齿轮传动机构（1）

$$D_b=mz_b \text{(mm)} \tag{6.4}$$

$$p=\pi m \text{ (mm)} \tag{6.5}$$

另外，两齿轮的中心距离能够用式（6.6）求出。

$$l=\frac{D_a}{2}+\frac{D_b}{2}=\frac{m(z_a+z_b)}{2} \quad \text{(mm)} \tag{6.6}$$

（2） 单级齿轮传动的速度传递比

在图6.16所示的齿轮对中，设齿轮的模数为m，驱动齿轮的角速度为ω_a(rad/s)、分度圆直径为D_a(mm)、转动速度为N_a(r/min)、齿数为z_a，从动齿轮的角速度为ω_b(rad/s)、分度圆直径为D_b(mm)、转动速度为N_b(r/min)、齿数为z_b。

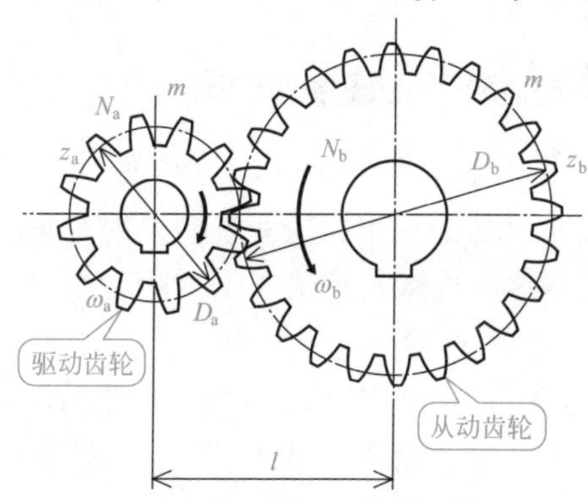

图6.16 单级齿轮传动机构（2）

这种情况下，相互啮合的一对齿轮的速度传动比i定义为驱动齿轮的角速度除以从动齿轮的角速度而获得的商。

$$i=\frac{\omega_a}{\omega_b} \tag{6.7}$$

其次，从分度圆直径与齿轮的模数和齿数的关系式（6.3）和式（6.4）以及两个齿轮在分度圆上的圆周速度（m/s）相等的条件出发，能够得到如下的关系式。

$$m=\frac{D_a}{z_a}=\frac{D_b}{z_b} \text{（两齿轮的模数相等）} \quad ①$$

$$v=\frac{D_a\omega_a}{2\times1000}=\frac{D_b\omega_b}{2\times1000} \text{（m/s）（用分度圆直径和角速度表示的圆周速度）} \quad ②$$

$$v=\frac{\pi D_a N_a}{1000\times60}=\frac{\pi D_b N_b}{1000\times60} \text{（m/s）（用分度圆直径和转动速度表示的圆周速度）} \quad ③$$

由上述的公式①～③，就能够推导出下面的关系式。

$$\frac{D_b}{D_a}=\frac{z_b}{z_a},\quad \frac{D_b}{D_a}=\frac{\omega_a}{\omega_b},\quad \frac{N_a}{N_b}=\frac{D_a}{D_b} \qquad (6.8)$$

因此，由式（6.7）和式（6.8）可得速度传动比 i：

$$i=\frac{\omega_a}{\omega_b}=\frac{D_b}{D_a}=\frac{N_a}{N_b}=\frac{z_b}{z_a} \qquad (6.9)$$

还有，将大齿轮的齿数除以小齿轮的齿数所得的商称为齿数比。

在图6.16所示的齿轮对中，由于有 $D_a \leqslant D_b$，所以齿数比用下式的形式表示。

$$齿数比=\frac{z_b}{z_a}$$

（3） 多个齿轮并列的齿轮系的速度传动比

在相啮合的齿轮对中，驱动齿轮和从动齿轮的旋转方向是彼此相反的。但是，在某种场合下，要求机器的输出齿轮的转动方向与驱动齿轮的方向相同。图6.17所示的齿轮组合就是这种要求的解决方法，通过并列排列三个齿轮就能实现这种要求。

在图6.17所示的齿轮组A、B以及C中，设A为主动齿轮，齿轮A的角速度为 ω_a，分度圆直径为 D_a，转动速度为 N_a，齿数为 z_a；齿轮B的角速度为 ω_b，分度圆直径为 D_b，转动速度为 N_b，齿数为 z_b；齿轮C的角速度为 ω_c，分度圆直径为 D_c，转动速度为 N_c，齿数为 z_c。

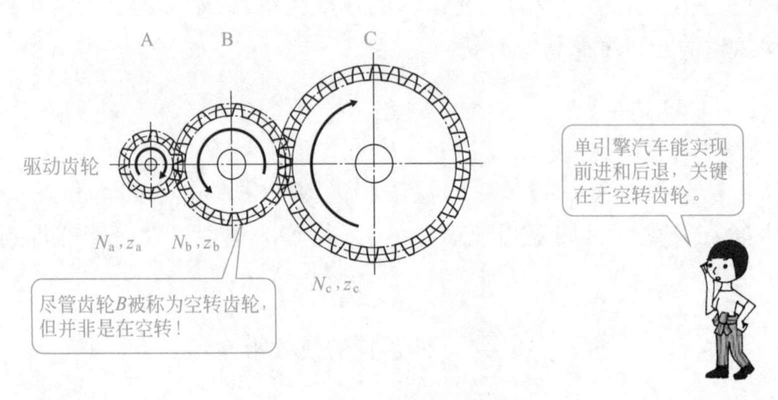

图6.17 三个齿轮组合的场合

首先，就齿轮A和齿轮B组成的齿轮对，参照式（6.9）计算速度传动比 i_{AB}，则

$$i_{AB}=\frac{\omega_a}{\omega_b}=\frac{D_b}{D_a}=\frac{N_a}{N_b}=\frac{z_b}{z_a}$$

其次，就齿轮B和齿轮C组成的齿轮对，计算速度传动比i_{BC}，则

$$i_{BC}=\frac{\omega_b}{\omega_c}=\frac{D_c}{D_b}=\frac{N_b}{N_c}=\frac{z_c}{z_b} \tag{6.10}$$

齿轮组A、B和C的速度传动比i_{ABC}用齿轮A的角速度ω_a除以齿轮C的角速度ω_c获得的值来定义，用下式表示为：

灵活地变换角速度比的计算式很重要！

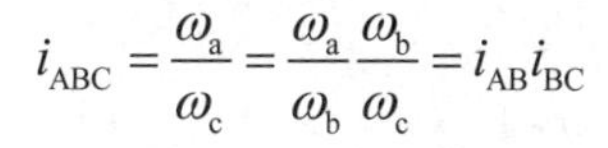

$$i_{ABC}=\frac{\omega_a}{\omega_c}=\frac{\omega_a}{\omega_b}\frac{\omega_b}{\omega_c}=i_{AB}i_{BC}$$

整理上式，得：

$$i_{ABC}=\frac{\omega_a}{\omega_c}=\frac{D_c}{D_a}=\frac{N_a}{N_c}=\frac{z_c}{z_a} \tag{6.11}$$

上述最终的传动比与齿轮A和齿轮C直接啮合的结果相同。这就是说中间齿轮B对最终速度传动比没有影响，但是齿轮B却起着使齿轮A和齿轮C旋转方向相同的作用。这种中间齿轮称为空转齿轮。

（4）多级齿轮传动

由上述的结果能清楚地知道，无论多少个齿轮并列安装，都无法获得较大的速度传动比。为了获得相对较大的速度变化（要改变齿轮的转动速度），就要使用多个齿轮对的组合来构成多级齿轮机构（图6.18）。

齿轮一旦形成多级传动，间隙和噪声之类的问题就会发生，但多级传动容易进行减速和增速，因此这种机构被用于机床或汽车的变速装置和减速器等。

图6.18　直齿轮构成的多级齿轮机构的示例

(5) 多级齿轮传动的速度传动比

在如图6.19所示的多级齿轮传动装置中，驱动齿轮为A，设齿轮A、B、C及D的各自角速度为ω_a、ω_b、ω_c及ω_d；分度圆直径分别为D_a、D_b、D_c及D_d；转速分别为N_a、N_b、N_c及N_d，齿轮的齿数分别为z_a、z_b、z_c及z_d。则齿轮A与齿轮B之间的速度传动比i_{AB}为：

$$i_{AB}=\frac{\omega_a}{\omega_b}=\frac{D_b}{D_a}=\frac{N_a}{N_b}=\frac{z_b}{z_a} \quad ①$$

同样地，齿轮C和齿轮D之间的速度传动比i_{CD}为：

$$i_{CD}=\frac{\omega_c}{\omega_d}=\frac{D_d}{D_c}=\frac{N_c}{N_d}=\frac{z_d}{z_c} \quad ②$$

通过将齿轮A的角速度ω_a除以齿轮D的角速度ω_d，可以得到轮系从齿轮A到齿轮D的速度传动比i_{ABCD}，这一方程式通过变换转化最终可以变为下式的形式。

$$i_{ABCD}=\frac{\omega_a}{\omega_d}=\frac{\omega_a}{\omega_b}\times\frac{\omega_b}{\omega_d}=\frac{\omega_a}{\omega_b}\times\frac{\omega_b}{\omega_c}\times\frac{\omega_c}{\omega_d} \quad ③$$

其次，在图6.19所示的轮系中，由于齿轮B和齿轮C固定在同一轴上，所以有$\omega_b=\omega_c$和$N_b=N_c$成立。整理之后，可知速度传动比i_{ABCD}能用i_{AB}和i_{CD}的乘积表示。

$$i_{ABCD}=\frac{\omega_a}{\omega_d}=\frac{D_b}{D_a}\times\frac{D_d}{D_c}=\frac{N_a}{N_d}=\frac{z_b}{z_a}\times\frac{z_d}{z_c} \quad (6.12)$$

因此，由于两级齿轮系的速度传动比是由各级的速度传动比的乘积获得的，所以多级齿轮系的速度传动比也由各级的速度传动比的乘积求得。在轮系的数据（角速度为ω，分度圆直径为D，转动速度为N，齿数为z）中，由于在设计

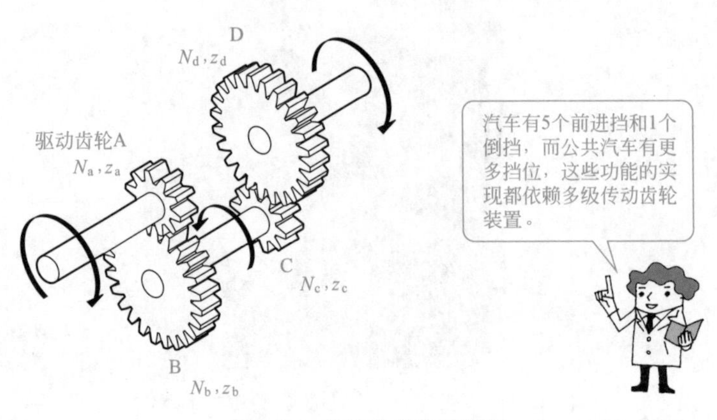

图6.19　多级齿轮传动装置

时明确的只有齿数，所以速度传动比的计算式也可以利用齿数进行归纳为如下的表达式。

$$\text{多级轮系的整体速度传动比}=\frac{\text{各级的驱动齿轮的齿数的乘积}}{\text{各级的从动齿轮的齿数的乘积}}$$

6.1 有一对标准直齿轮的传动比i=3、模数m=2mm、小齿轮的齿数z_1=30，求出齿轮的中心距l和啮合的另一个齿轮的齿数z_2。

解答：

由于啮合齿轮对的速度传动比i和其中一个齿轮的齿数z_1是已知的，所以用式$i=z_2/z_1$求解。将计算式变换为$z_2=i\times z_1$，代入i=3和z_1=30，则有：

$$z_2=iz_1=3\times 30=90$$

然后，利用求解中心距离l的计算式，有以下的结果。

$$l=\frac{m\left(z_1+z_2\right)}{2}=\frac{2\times(30+90)}{2}=120\text{mm}$$

例题

6.2 在一对齿轮模数m=5mm的齿轮装置中，当驱动轴的转动速度N_1=1000r/min时，从动轴的转动速度N_2=250r/min。在主动齿轮的齿数为z_1=30，求出从动齿轮的齿数z_2、速度比i和中心距离l。

解答：

首先，转速N_1=1000r/min和N_2=250r/min，速度传动比i为：

$$i=\frac{N_1}{N_2}=\frac{1000}{250}=4$$

由速度传动比i=4和齿数z_1=30，通过速度传动比$i=z_2/z_1$求z_2，有：

$$z_2=iz_1=4\times 30=120$$

其次，由于模数m=5mm、齿数z_1=30以及z_2=120，因此中心距离l为：

$$i=\frac{m\left(z_1+z_2\right)}{2}=\frac{5\times(30+120)}{2}=375\text{mm}$$

6.4 齿轮轴运动的齿轮传动

无论是行星运动还是齿轮机构的运动都是回转运动

❶ 在齿轮轴运动的齿轮机构中，降低齿轮的数量，可以提高减速比或增速比。
❷ 在行星齿轮机构中，能够自如地进行减速、增速、正转或反转。

(1) 差动齿轮机构

在固定轴的轮系中，各齿轮的轴都是固定的。另一方面，使其他的齿轮都围绕一个齿轮进行转动的机构称为差动齿轮机构。

在图6.20所示的差动齿轮机构中，将中心轮称为太阳轮，公转齿轮称为行星轮，连接两齿轮轴的连杆称为系杆。

当固定太阳轮A时，如果使系杆B转动的话，行星轮C既能够绕太阳轮A进行公转又能够绕自己的轴自转。系杆B转动一周的话，这种场合的行星轮C将会自转多少周？

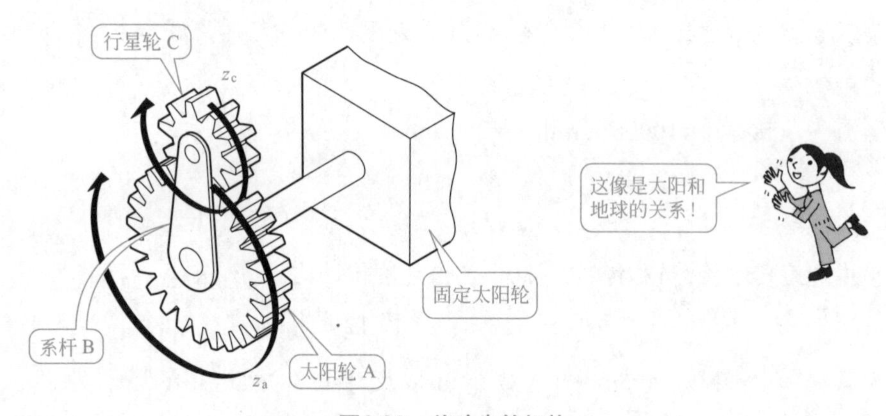

图6.20 差动齿轮机构

如设太阳轮的齿数为z_a、行星轮的齿数为z_c的话，行星轮C的转速N_c通过下式能够求出。

$$N_c = \frac{z_a + z_c}{z_c} N_a$$

但是，如果太阳轮A、系杆B以及行星轮C都能转动的话，则自由度增加，这种情况如果不能确定其中的两个旋转运动的话，剩余的一个运动也就无法确定。

这种机构的一种应用为如图6.21所示的用于汽车的差动齿轮装置。

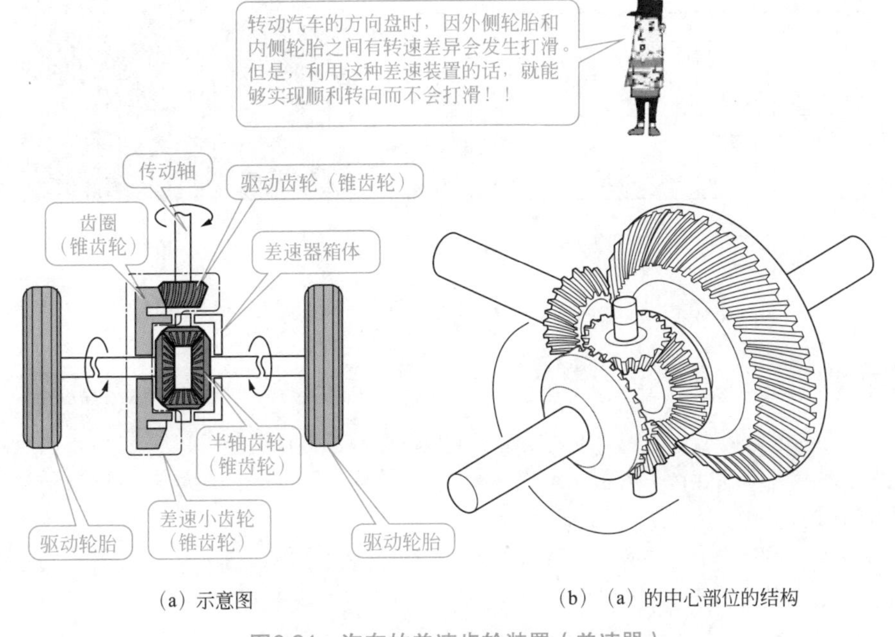

（a）示意图　　（b）（a）的中心部位的结构

图6.21　汽车的差速齿轮装置（差速器）

汽车转向行驶时，为了防止轮胎打滑，外侧轮胎的行驶距离一定要比内侧轮胎长（外侧轮胎的转动速度要大于内侧轮胎的转速）。这种情况下，左右轮胎受到路面作用的阻力有所不同。通过使用这种装置，转弯行驶时通过适应来自路面作用于左右轮胎的阻力之间的差异，左右轮胎能够以不同的转速转动。

（2）行星齿轮机构

在行星齿轮机构中，公转齿轮称为行星轮，中心齿轮称为太阳轮。进而，与行星轮啮合的齿轮称为内齿圈（图6.22）。行星齿轮的速度传动比和转动方向要根据输入、输出以及固定的零件确定。

另外，这种装置能够制造得相对轻量和小型化，因此也可在汽车的自动变速器上使用。

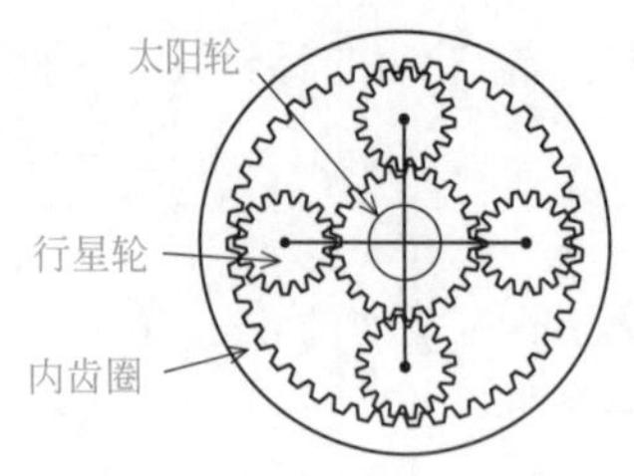

部件名称	状态					
	减速时		增速时		反转时	
太阳轮	固定	输入	固定	输出	输入	输出
行星轮	输出	输出	输入	输入	固定	固定
内齿圈	输入	固定	输出	固定	输出	输入

（a）示意图（上）和功能分类的各齿轮的状态

（b）实物图

图6.22　行星齿轮装置

专栏　齿轮径节（DP）

ISO（国际标准化组织）中，规定长度的基本单位是m（米），但是在以前使用in（英寸，1in=25.39mm）的国家（或地区），将径节（DP）作为相当于齿轮标准中的模数使用。

径节定义为圆周率π除用英寸表示的齿距所得的商。这就是说，径节用每英尺分度圆直径上的齿数表示。

专栏　时钟为什么右转

即使是现代社会，掌握季节或时间对于从事农业或渔业工作的人们来说，仍然是十分重要的。流传的一种说法是当山上的积雪变为鸟或狗的形状时，就到了插秧和播种的季节了。

如果我们追溯这些说法，就会知道古代人通过观察月亮、太阳以及星星等的周期性运动来判断季节，从天体的运动获知播种的季节和收获的季节、雨水多的季节或晴朗的季节等。

目前，尚不清楚表示时间的“时钟”是在什么时代出现的，可能在6000年前或者1万年前。据说古代的“日晷”是最早的时钟。

日晷是在板面上竖立一根称为“阳光棍”的棍子，观察棍子所投下的阴影位置，即可知道从日出到日落的时间。在远古时代，不难想象只要一个棍子就形成的日晷是时钟的主流。

现在，由日晷的影子可以知道，棍子的阴影向右（顺时针）移动。这是因为我们居住在地球的北半球，太阳从东方升起，通过南方向西下沉。

物体的回转方向可以用顺时针或逆时针表示，但据说时钟表针的右转就是基于日晷的影子右转得来的（图6.23）。

假如地球南半球的土地多于北半球的话，时钟的表针回转方向也许就会朝相反的方向转动。

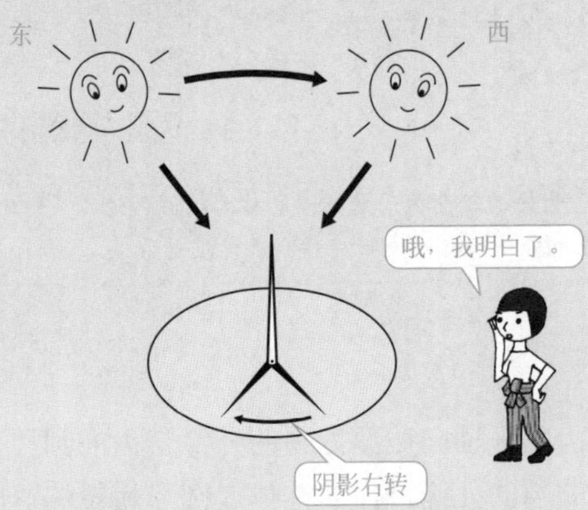

图6.23　时钟的表针朝哪个方向转动

6.5 非圆齿轮机构

齿轮轻松自如变换速度和加速度

❶ 在非圆齿轮中，齿轮的轴向截面是椭圆的称为椭圆齿轮。
❷ 利用椭圆齿轮机构能够轻松地进行速度和加速度的变换。

(1) 非圆齿轮

通常使用的圆形齿轮是轴向截面为圆的外缘带齿的圆柱体。与此相应的，非圆齿轮是轴向截面为非圆的外缘带齿的柱体。圆形齿轮的速度比是常数（匀速运动），但非圆齿轮依其形状能够获得各种速度（非匀速运动），因此使用非圆齿轮就能够实现以前用凸轮或连杆机构才能实现的动作。

如图6.24所示，在非圆齿轮中，具有单向长轴（或单个突出角）的称为偏心齿轮（驱动轮转动一圈，从动轮速度周期变化一次），具有双向长轴（或两个突出角）的称为椭圆齿轮（驱动轮转动一圈，从动轮速度周期变化两次），具有三个长轴（三个突出角）的称为三角形齿轮（驱动轮转动一圈，从动轮速度周期变化三次）以及具有四个长轴（或四个突出角）的称为四角形齿轮（驱动轮转动一圈，从动轮速度周期变化四次）。所谓单向长轴是指长轴上的轮缘比其他部分更远离回转中心。

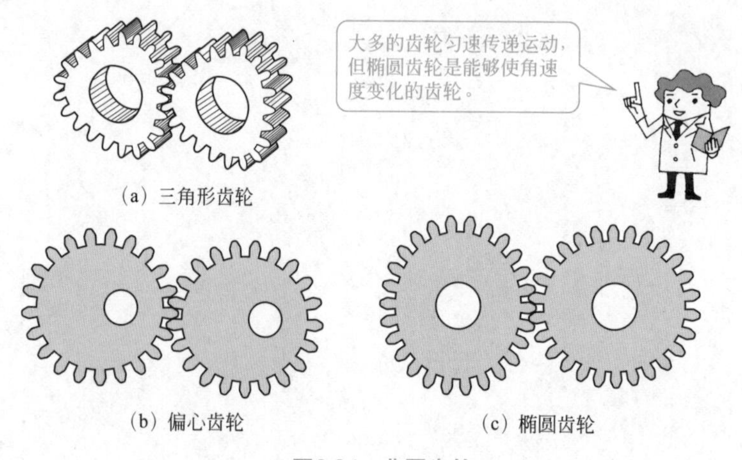

图6.24 非圆齿轮

（2） 非圆齿轮的运动

如上面所述，在相啮合的非圆齿轮对中，如果使其中的一个齿轮匀速旋转的话，另一个齿轮就能够获得非匀速运动。在这种场合，偏心齿轮每转动一圈，速度就会出现一次周期性变化，如图6.25（a）所示。椭圆齿轮每转一圈出现两次速度变化［图6.25（b）］，三角形齿轮每转一圈出现三次速度变化，四角形齿轮每转一圈出现四次速度变化。周期性非匀速运动的变化次数取决于突出角的数量。

如果将椭圆齿轮对组装在箱体中的话，齿轮对就能在流体压力的作用下连续旋转，因此能够用于流量计中。

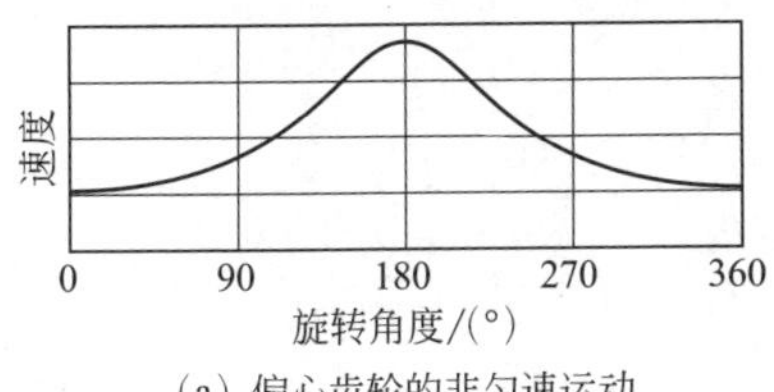

（a）偏心齿轮的非匀速运动

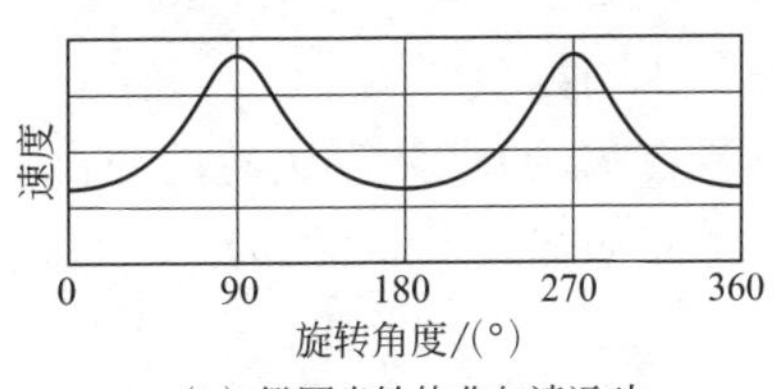

（b）椭圆齿轮的非匀速运动

图6.25 非圆齿轮和非匀速运动

专栏 分度圆和节圆

在齿轮和齿轮对的描述中，由于其他的书籍和材料角度不同，所以我们能看到将相同的圆表示成分度圆或者节圆。但JIS标准和日本机械工程师协会的标准文本大致进行如下的说明（图6.26）。

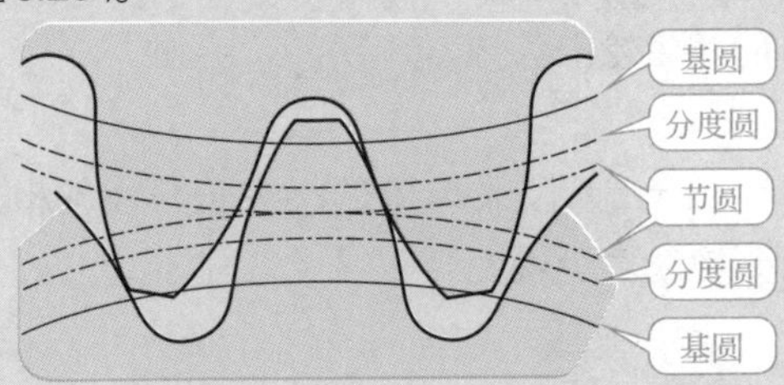

图6.26 齿轮的基圆、分度圆及节圆

基圆是形成渐开线齿廓的假想圆，如图6.2（a）所示，这是一个为了形成曲线而缠绕着线的圆。

与此相对，分度圆是定义齿轮的轮齿尺寸的基准。例如，齿轮直径是模数和齿数的乘积。

另外，节圆是在给定的啮合齿轮中所考虑的圆，最好视其为相应的摩擦轮的外径。在标准直齿轮的标准使用方法中，分度圆和节圆是相同的，但是同一齿轮对，如果试图改变齿轮的中心距离，两者就不同了。

习题

习题1　某相啮合的一对标准直齿轮的模数m=3mm。齿轮1和2的齿数分别为z_1= 18和z_2= 45。在这种情况下，回答以下的问题。

（1）求出齿轮1和2的分度圆直径D_1和D_2。

（2）求出齿轮对的中心距离l。

（3）求出齿距p。

（4）在齿轮1为主动齿轮的场合，求出速度传动比i。

（5）求出齿轮1和2的齿顶圆直径D_{a1}和D_{a2}。

习题2　有一个直齿轮的模数为4，齿数为40。这种情况下，求出分度圆直径和齿顶圆直径。

习题3　在驱动齿轮的齿数z_a=30和从动齿轮的齿数z_b=90的啮合齿轮对中，求出这对齿轮的速度传动比。另外，确定这一齿轮对是减速齿轮还是增速齿轮。

习题4　当一对直齿轮的模数m=3mm、中心距离l=210mm以及速度传递比i=2.5时，求出齿轮对的各齿轮的齿数。

习题5　某模数m=1.5mm、齿数z=19的小齿轮与齿条相互啮合。为使齿条移动250mm，小齿轮需要转动多少圈？

第7章

挠性传动的类型和运动

挠性传动是以皮带或者链条为媒介将驱动件的转动传递到从动件，且不需要像齿轮传动那样构成齿轮系，特别适合在相对较长轴间距离上传递动力。

本章中，我们将学习挠性传动中的V带传动、齿形带传动以及链条传动，熟悉这些传动机构的类型、特征以及运动。

理解各种挠性传动机构的特征，依据用途正确地选择和应用挠性传动机构是设计师展示亮点的最好方法。

7.1 挠性传动的类型

挠性传动的优势是能用于远距离轴间距之间的传动

❶ 利用摩擦力的传动介质有平带和V带。
❷ 可靠的传动介质有齿形带和链条。

(1) 带传动的特征

将带、链条或者绳索张紧在带轮、链轮以及滑轮等上进行运动或动力传递的机构称为挠性传动机构。

过去，一说到挠性传动，许多人就会马上想起平带。这是因为挠性传动中的平带很早以前就在工厂和农场中使用。但是，V带、齿形带以及链条等最近才被广泛使用。在本章，我们学习各种挠性传动的特性。

① 平带传动

平带的横截面是扁矩形，使用的材料有皮、橡胶、塑料以及钢材等。平带传动是利用带和带轮之间的摩擦来传递回转运动，传动类型有如图7.1所示的平行张紧挂带（也称为开口式传动）方式、交叉张紧挂带（也称为交叉式传动）方式。

图7.1 带的张紧方式

无论采取哪种安装方式都不可避免地会发生一些滑动，但是，这种滑动能够吸收过大的载荷和冲击，其使用的便利程度取决于它的用途。平带在两轴间距很远的场合或者两轴不平行（交错）的场合也能够进行动力传递。此外，由于带传动能够交叉传动（也称斜着交叉），所以，带传动具有能够简单地改变旋转方向的特点。

由于这种平带传动通过摩擦来传递动力，因此，必须施加一定的拉紧力（初始拉力），以使带与带轮能够紧密地接触。当平带以一定的力张紧在带轮上，并且在两轴之间传递动力时，要注意平带的跑偏（偏离带轮的中心位置）现象的发生。我们知道平带经常使用的带轮形状是如图7.2所示的中间略有凸起的圆弧形，称为中高或者凸面。由于平带具有向张力大的位置移动的特性，所以这种结构能够防止平带跑偏。

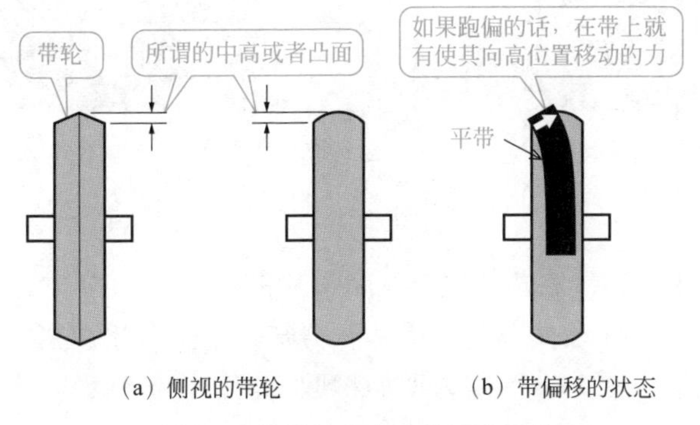

图7.2　带轮的中高（凸面）结构

带张紧在带轮上的角度称为包角（图7.3）。在交叉传动的情况下，尽管传递的回转方向是相反的，但由于带轮的包角增加，所以打滑现象也有所减少，这种传动方式与平行传动相比具有能够传递更大动力的特点。

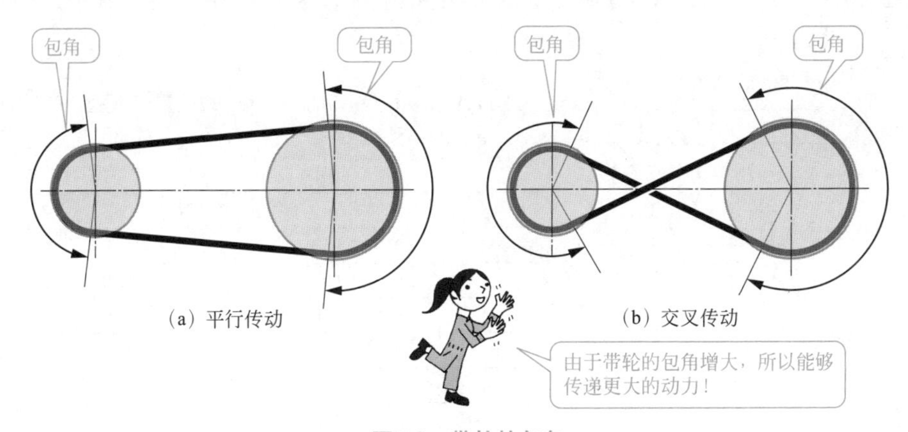

图7.3　带轮的包角

②V带传动

用芯线、橡胶以及布料制成的V带具有楔状（V形）的梯形截面，将其张紧在具有梯形截面凹槽的V带轮上使用，这种传动称为V（或三角）带传动。

由于三角带像楔子一样嵌入在V带轮的凹槽中（楔子作用），因此，这种V带传动与平带传动相比，具有更大的摩擦力和更少的滑动，适合传递较大的动力（图7.4）。

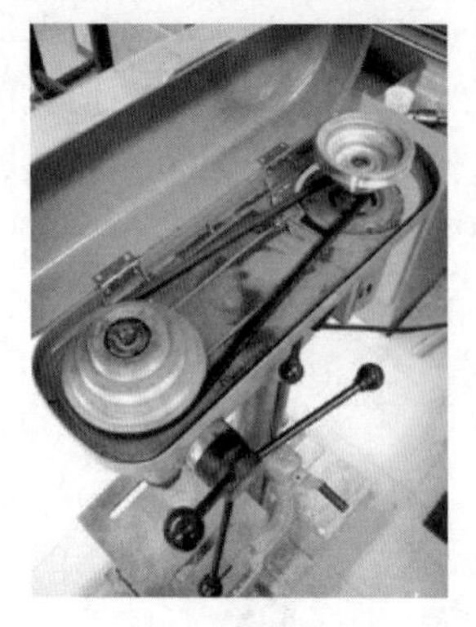

（a）钻床的动力传动

（b）车床的动力传动

图7.4　V带传动

在V带传动中，V带的两侧面与V带带轮的凹槽侧面接触，通过两者之间的摩擦力来传递动力。通过简单的分析即可得知，平带是单面接触，而V带是与V形槽的两侧面接触，因此，摩擦力增加将近一倍。换句话说，V带传动的能力也相应地倍增。

V带通常是无接头的环形带，V形槽的角度为40°。在JIS标准中，V带分为通用型和窄幅型两类。按照截面尺寸的不同，通用型V带分为M、A、B、C以及D五种类型，窄幅型V带分为3V、5V以及8V三种类型，各类型的断面形状和尺寸如图7.5、表7.1以及表7.2所示。除JIS标准以外，制造商还会制造汽车用的薄型、广角等V带。

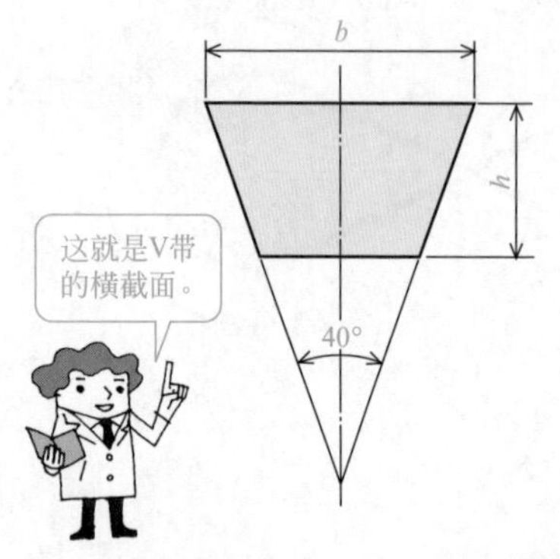

图7.5　V带的断面形状

表7.1　通用型V带的截面尺寸

mm

类型	b	h
M	10.0	5.5
A	12.5	9.0
B	16.5	11.0
C	22.0	14.0
D	31.5	19.0

（摘自JIS K 6323:2008）

表7.2　窄幅型V带的截面尺寸

mm

类型	b	h
3V	9.5	8.0
5V	16.0	13.5
8V	25.5	23.0

（摘自JIS K 6328:1999）

V带传动只适用于平行传动而不能用于交叉传动，经常用在轴间距离较短且速比较大的场合。当传递较大的动力时，多根V带也可以并列使用。

专栏　传动过程中的V带

V带必须与V带轮的凹槽形状相符。但是，由于传动过程中V带是沿着V形带轮的圆弧弯曲的，V带的外层因被拉伸而变窄，内层因被压缩而变宽（图7.6）。这种现象在带轮的直径越小时越显著。

因此，V形带轮的槽角通常略小于V带的40°楔角，以保证变形后的V带两侧工作面与带轮的凹槽两侧工作面紧密贴合。对应V形带轮直径的大、中以及小，带轮的槽角一般为38°、36°以及34°。另外，窄幅型V形带轮的带轮槽角已经被标准化为42°、40°、38°以及36°。

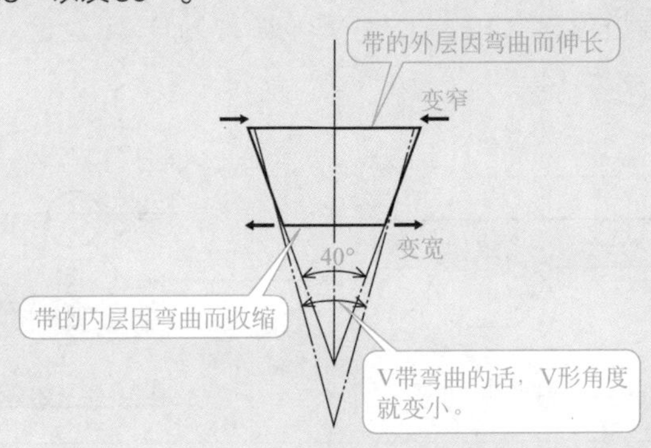

图7.6　传动过程中的V带

③ 齿形带传动

齿形带传动与那些通过摩擦力传递动力的平带及V带的传动方式不同，它通过带与轮缘带齿的带轮的啮合进行动力传递，因此也被称为同步齿形带（图7.7）。由于这种带的传动没有滑动现象，并且机构与链传动相比较轻[（请参阅本节（2）]，因此最近逐渐取代了平带和链传动，在家用电器、汽车、OA设备、通用机械、自动机械、办公机器以及医疗设备等众多领域广泛应用。

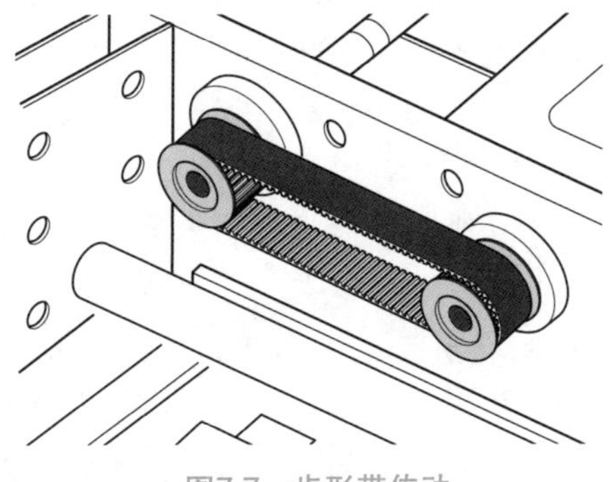

图7.7　齿形带传动

在通过齿形带进行的动力传递中，由于齿形带的齿与带轮的齿相互啮合，因此这种传动机构能够可靠地传递动力而不会发生打滑现象，并且也不会发生速度的变化。齿形带传动不需要润滑，而且按照用途可以使用较小直径的带轮、应用在轴间距离较近的场合以及选择带的幅宽。此外，由于齿形带的自身重量很轻以及与链传动和齿轮传动装置相比噪声小，所以适合应用在高速旋转。

JIS标准中规定了以下类型的齿形带。

·通用的齿形带（5种）：XL、L、H、XH、XXH。

·轻负载用齿形带（2种）：MXL、XXL。

·通用的圆弧齿齿形带（12种）：齿形有3种为H、P及S（图7.8），公称齿距有4种分别为3，5，8及14。

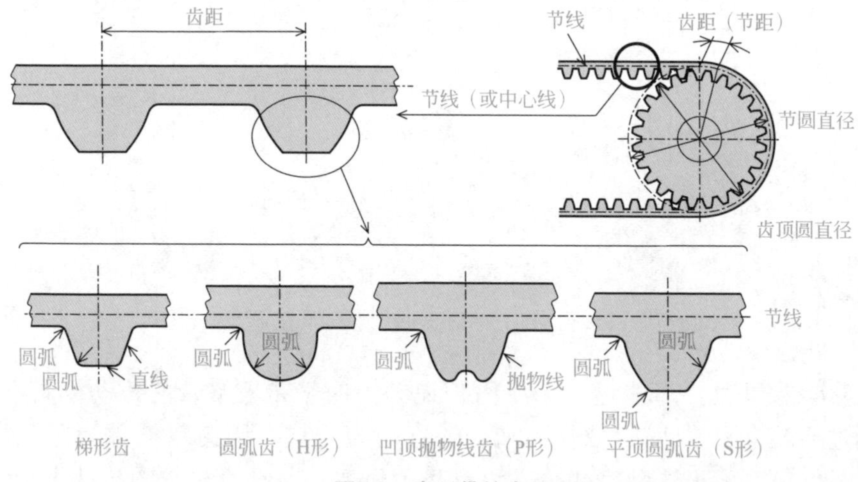

图7.8　齿形带的齿形

通用齿形带和轻载荷用齿形带是梯形齿，齿厚按MXL、XXL、XL、L、H、XH以及XXH的顺序逐渐增加，齿距固定在0.08in～1.25in（1in=25.39mm）的范围内。通用的圆弧齿齿形带的公称齿距是以毫米为单位的齿距。比较新颖的弧形齿齿形带（含H、P及S）与梯形齿齿形带相比具有如下特点：①啮合平稳，噪声低；②能够减小齿侧间隙，定位精度高；③通过减小齿距，能够降低回转的不均匀性误差。

齿形带如图7.9（a）、（b）所示，是在无缝的环形平带上制造出具有等间隔的梯形或者弧形的齿。另外，在带的两面都制造出齿也是可能的，图7.9（c）的使用方法就是如此。

齿形带传动通过齿的啮合进行动力传递，理论上要求的初始张力为零。但是，为平稳传递和防止跨齿传递，需要施加一定的张力。实际上，需要注意的是张力如果过小，齿的啮合就会变得不匹配；而张力如果过大，就会产生噪声或者使带缩短寿命。

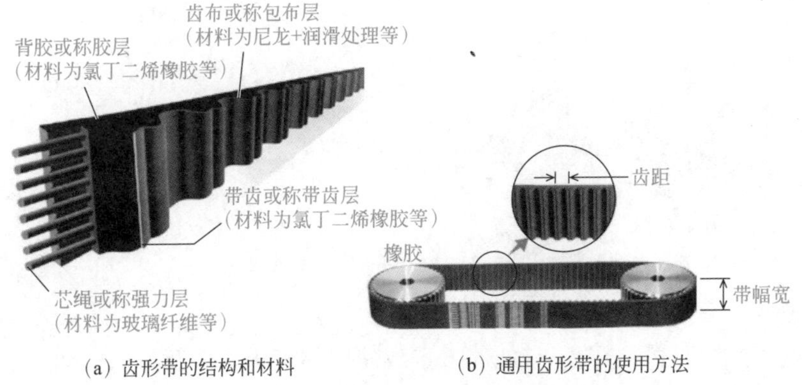

（a）齿形带的结构和材料　　（b）通用齿形带的使用方法

（c）带的两面具有对称齿的齿形带

图7.9　齿形带

（2）链传动的特征

链传动（图7.10）是将环状的链条悬挂在链轮的齿上（链轮如图7.11所示，缠绕链条的齿轮状的轮）来传递动力。由于这种传动无滑动，能够准确可靠地传递动力，因此被广泛地应用。

（a）滚子链　　（b）无声链

图7.10　链传动

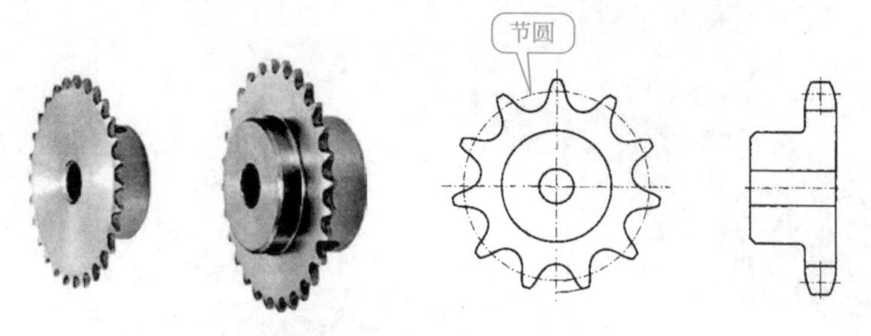

图7.11 链轮

链条是用钢材制造的，有低速、重载使用的滚子链以及高速转动时低噪声的无声链等。

另外，链轮的齿廓形状是通过多条曲线连接而成的，节圆是通过链条的滚子中心的圆。链轮的齿数至少应为17枚，而高速使用时最好为21枚以上。在两个链轮的尺寸没有差异的场合，建议尽量选择齿数多的奇数齿。

链传动具有如下的特征：①能够获得较大的传动比；②轴间距离的自由度较大；③链条的两面均可使用；④相对于齿轮具有缓和冲击的能力。另一方面，由于链传动存在多边形运动引起速度波动，需要润滑，磨损引起链条伸长等诸多问题，因此，在设计选定时需要谨慎分析。

由图7.12可以得知，链由链板和连接链板的销轴构成。销轴的部位能够转动，而链板是刚性不变形的构件。因此，即使链条缠绕在链轮上，链条也不是光滑的圆弧形而是多边形，致使链条的运动是多边形运动。运动由销轴传递到链

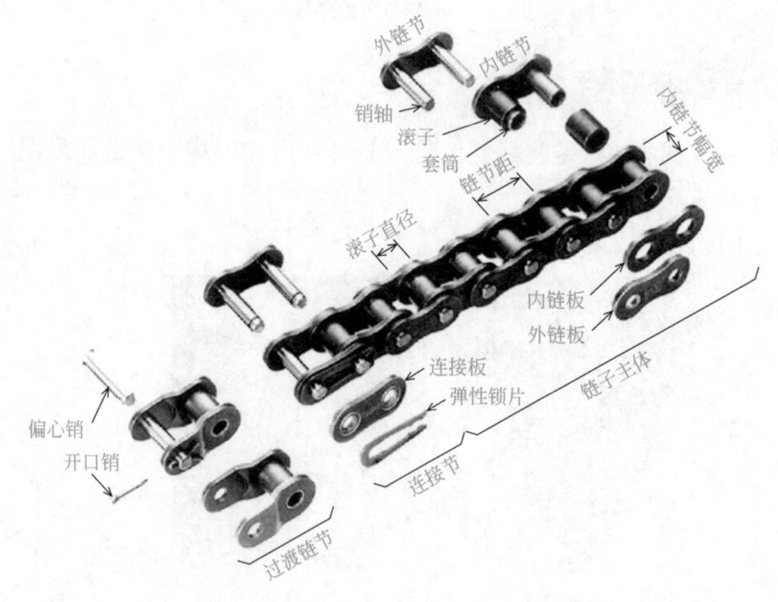

图7.12 滚子链的结构和各部的名称

板，再由链板传递到销轴，不断传递过程中，速度会发生变化。

常用的滚子链由内链节和外链节交替组合而成，接头要使用连接节。因此，整个滚子链的链节数量通常为偶数，但是链节数为奇数时，除了连接链节之外，还要使用过渡链节进行连接。

在链传动中，通常不需要初始张力。但是，如果链条张得过紧或者松弛边垂度过大，就会使链条产生振动或者缩短链条和链轮的寿命，因此，链条需要适当的松紧。

在水平布局中，最好采用如图7.13所示的松弛边在下的方式。但是，在需要松弛边在上的场合，就需要稍微施加一点张力。另外，在轴间距离较长的场合，最好采取使用惰性链轮或者张紧链轮等措施。

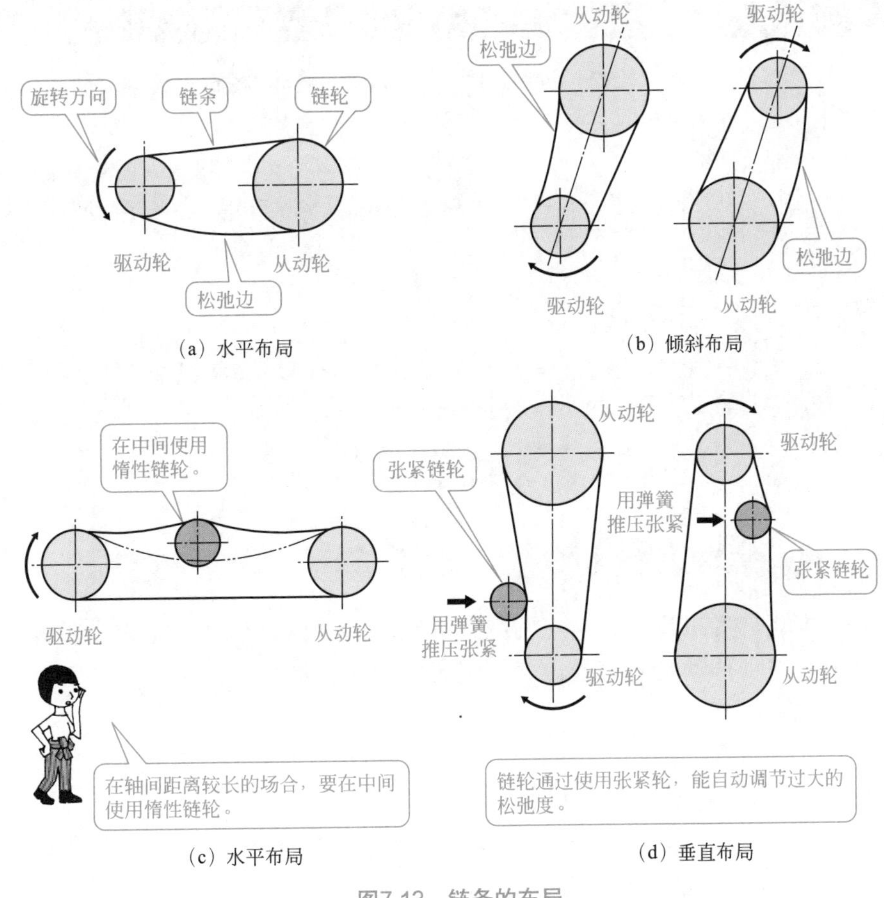

图7.13　链条的布局

此外，使用新链条的场合，随着链条和链轮各部件的磨损，链条会伸长，因此这一点需要注意。

链条的包角在缠绕使用时要求为120° 以上，而在悬挂使用时要求为90° 以上（图7.14）。

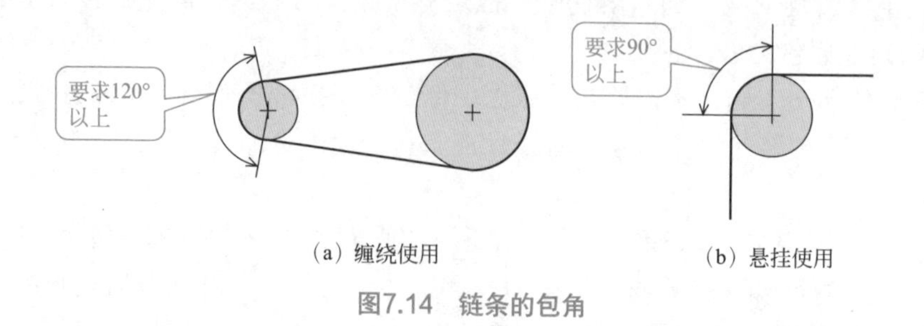

（a）缠绕使用 （b）悬挂使用

图7.14 链条的包角

专栏 滚子链的标准链号

JIS标准规定的滚子链的标准链号有13种类型，具体为25，35，40，41，50，60，80，100，120，140，160，200，240。

滚子链的节距应为其标准链号的十位及以上的数字（2，3，4，5，6，8，10，12，14，16，20，24）与3.175mm（这是1/8in，1in=25.4mm）的乘积。例如，35号链条的节距为：

$$3 \times 3.175 = 9.525\text{mm}$$

因此，链条的节距为9.525mm。

另外，尾数为5的25号和35号链条是无滚子链，而41号链条是40号链条的轻量型（但是，在市场上几乎看不到41号链条）。

40号以上的链条的各部分尺寸基本上成比例关系。

（3） 绳索传动的特征

绳索传动是将布或皮革制造的绳或者钢丝绳（称为钢丝）等紧绕在滑轮上传递动力，这种传动具有容易改变力的方向和大小的特点，是一种生活中常见的机构。

通常，钢丝绳被应用在起重机、电梯、索道以及升降机等装置中，这些装置用于重物运输或长距离的动力传输。

绳索传动是使用滑轮的动力传动装置，也称为滑轮传动装置。位置被固定的滑轮称为定滑轮，位置能移动而不固定的滑轮称为动滑轮。

如图7.15所示，在定滑轮中，力的方向能够改变，但力的大小不变。而动滑轮不会改变力的方向，但能够使所施的拉力减半。另外，如果增加动滑轮的数量，就可能用更小的力拉动滑轮。

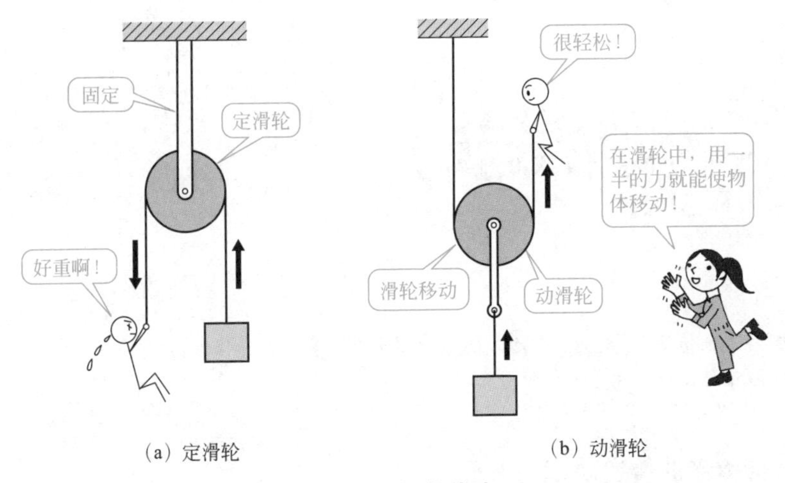

（a）定滑轮　　（b）动滑轮

图7.15　滑轮传动

组合使用定滑轮和动滑轮的示例如图7.16所示，这种机构在改变所施加力的方向的同时，能够减小所需要的拉力。

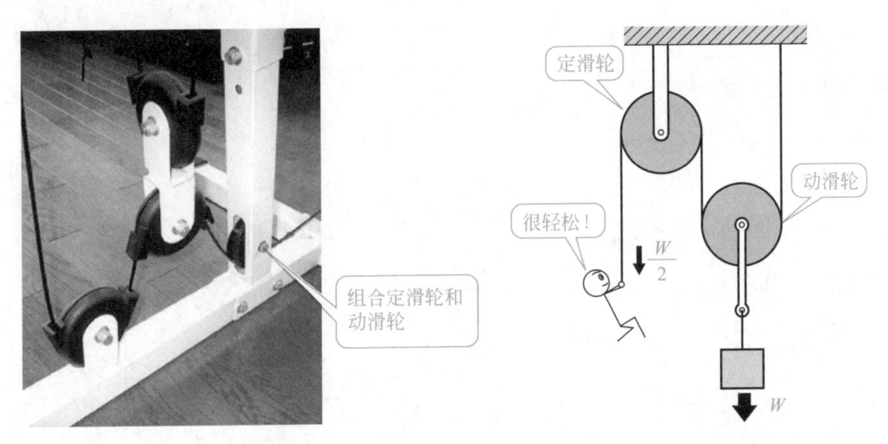

图7.16　定滑轮和动滑轮的组合机构

专栏　中心距离和轴间距离

在齿轮传动和带传动中，通常使用中心距离（部分称为中心距）这一术语，而在链传动中经常使用轴间距离这一术语。

在JIS标准中，轴间距离用于链传动和V带传动，而中心距离用于齿轮和齿形带传动。

在本书中，摩擦轮和齿轮的传动采用中心距离，挠性传动使用轴间距离。

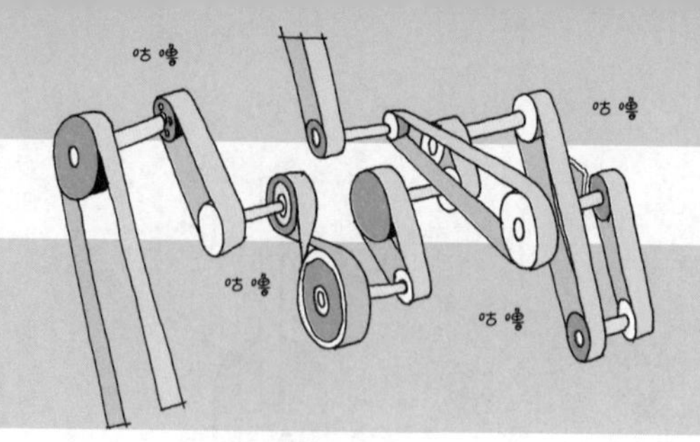

7.2 挠性传动的运动

挠性传动中，距离和方向都不是问题

❶ 在挠性传动中，有利用摩擦来进行传动和利用齿来进行传动两种类型。
❷ 在带传动中，注意张力和包角。

（1）带传动的传递功率

在挠性传动中，动力传递机构由带和带轮组成。

如图7.17所示，假设带的张紧边（张紧的边通常在下边）的张力为T_1，松弛边（松弛的边通常在上边）的张力为T_2，包角（带与带轮接触部分的角度）为β，分析带与带轮之间接触的某一微小部分。

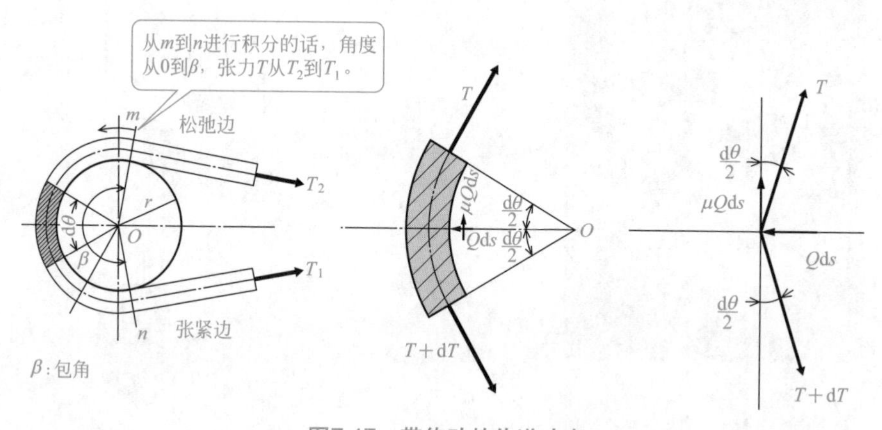

图7.17　带传动的传递功率

设带轮的半径为r，对应带轮微小包角$\mathrm{d}\theta$的带长度为$\mathrm{d}s$，松弛边的张力为T，张紧边的张力为$T+\mathrm{d}T$（这是因为张紧边的张力更大）。当带由于这种张力而被紧压在带轮上时，带轮会产生反作用力，并以同样大小的反力推动带。当这种微小单位的张力为$Q\mathrm{d}s$时，如果设静摩擦因数为μ的话，带和带轮之间作用的摩擦力就为$\mu Q\mathrm{d}s$。我们分别在半径方向和圆周方向上分析这些力的平衡。

首先，半径方向上的力平衡，则有：

$$Q\mathrm{d}s = T\sin\frac{\mathrm{d}\theta}{2} + (T+\mathrm{d}T)\sin\frac{\mathrm{d}\theta}{2} = 2T\sin\frac{\mathrm{d}\theta}{2} + \mathrm{d}T\sin\frac{\mathrm{d}\theta}{2} \tag{7.1}$$

在这里，由于$d\theta$和dT都是微小的，则有：

$$\sin\frac{d\theta}{2}\approx\frac{d\theta}{2}\quad dT\sin\frac{d\theta}{2}\approx dT\frac{d\theta}{2}\approx 0$$

将其代入式（7.1），则式（7.1）为：

$$Qds=Td\theta \tag{7.2}$$

其次，圆周方向上的力平衡，则有：

$$(T+dT)\cos\frac{d\theta}{2}=T\cos\frac{d\theta}{2}+\mu Qds \tag{7.3}$$

同样，由于$d\theta$是微小的，所以$\cos\frac{d\theta}{2}\approx 1$，则式（7.3）变为：

$$\mu Qds=dT \tag{7.4}$$

由式（7.2）和式（7.4），可得：

$$dT=\mu Td\theta$$
$$\therefore\quad \frac{dT}{T}=\mu d\theta \tag{7.5}$$

将上式从点$m(\theta=0)$到点$n(\theta=\beta)$进行积分，于是有：

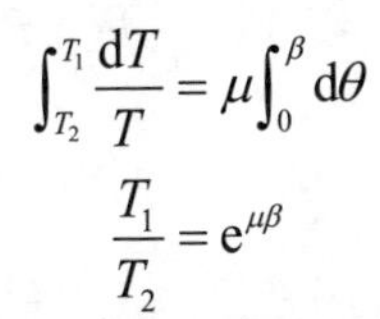

$$\int_{T_2}^{T_1}\frac{dT}{T}=\mu\int_0^{\beta}d\theta$$
$$\frac{T_1}{T_2}=e^{\mu\beta}$$

因为T_1和T_2之间的差是带的有效拉力（使带转动的力），所以有$T=T_1-T_2$。求解拉力T_1和T_2就有如下的计算式。

$$T_1=\frac{e^{\mu\beta}}{e^{\mu\beta}-1}T\quad T_2=\frac{1}{e^{\mu\beta}-1}T \tag{7.6}$$

式（7.6）是已经被大家熟知的Eytelwein公式。这一公式是假定带轮低速转动获得的，从而忽略了作用在带上的离心力。在带轮高速转动的场合，必须在此基础上考虑离心力的存在。这也就是说，最好将离心力所增加的带的张力分别添加到式（7.6）中的拉力T_1和T_2中。在这里，设每单位长度带的质量为m。

$$\begin{cases}T_1=\dfrac{e^{\mu\beta}}{e^{\mu\beta}-1}T+mv^2\\[2ex]T_2=\dfrac{1}{e^{\mu\beta}-1}T+mv^2\end{cases} \tag{7.7}$$

假设带的传动速度为v，带的有效拉力为T（$T=T_1-T_2$），就能够应用式（7.8）求解出挠性传动所能传递的功率P。

$$P = Tv = (T_1 - T_2)v \tag{7.8}$$

(2) 带长的计算

图7.18所示的是平行张紧带的传动（开口式传动），试求解带的长度L_p。在这里，假设带轮1和2的直径分别为D_1和D_2，带轮1和2的轴间距离为l。另外，假设带的包角分别为β_1和β_2、带的平行线与两轴连线的夹角为γ。

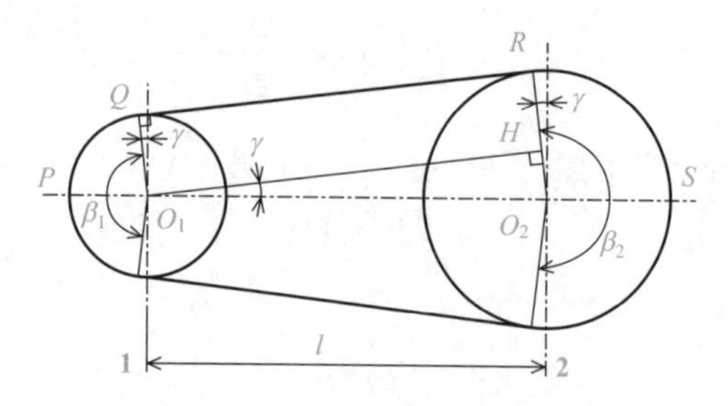

图7.18 平行张紧带的传动

首先，由图7.18，可知带的长度L_p为：

$$L_p = 2(\widehat{PQ} + QR + \widehat{RS})$$

在这里，根据图中所示的几何关系，可由下列的计算式给出各圆弧的长度。

$$\widehat{PQ} = \frac{D_1}{2}\left(\frac{\pi}{2} - \gamma\right),\ \widehat{RS} = \frac{D_2}{2}\left(\frac{\pi}{2} + \gamma\right)$$

连接带与两个带轮切点的线的长度为：

$$QR = O_1H = O_1O_2\cos\gamma = l\cos\gamma$$

由此可知，带的长度L_p为：

$$L_p = D_1\left(\frac{\pi}{2} - \gamma\right) + D_2\left(\frac{\pi}{2} + \gamma\right) + 2l\cos\gamma = 2l\cos\gamma + \frac{\pi(D_1 + D_2)}{2} - \gamma(D_1 - D_2)$$

其次，分析$\triangle O_1O_2E$，可知倾斜角度γ为：

$$\sin\gamma = \frac{O_1H}{O_1O_2} = \frac{O_2C - O_1Q}{O_1O_2} = \frac{D_2 - D_1}{2l}$$

$$\gamma = \arcsin\left(\frac{D_2 - D_1}{2l}\right)$$

进而，根据三角函数关系$\cos\gamma = \sqrt{1 - \sin^2\gamma}$，得到：

$$\cos\gamma=\sqrt{1-\sin^2\gamma}=\sqrt{1-\left(\frac{D_2-D_1}{2l}\right)^2}$$

在带传动中，通常由于两轴之间的距离远大于带轮的直径，并且带轮直径之间的差比较小，因此，倾斜角γ一般都比较小。在这种情况下，有如下的关系成立。

$$\sin\gamma\approx\gamma\frac{D_2-D_1}{2l}$$

$$\cos\gamma\approx 1-\frac{\gamma^2}{2}\quad(\gamma\approx 0)$$

利用 $\sqrt{1-\gamma^2}\approx 1-\frac{\gamma^2}{2}$ 计算cosγ也可以！！

利用上式的关系，进行计算可得：

$$\cos\gamma\approx 1-\frac{\left(D_2-D_1\right)^2}{8l^2}$$

根据以上结果，可得带的长度L_p为：

$$L_p=2l+\frac{\pi\left(D_1+D_2\right)}{2}+\frac{\left(D_2-D_1\right)^2}{4l}$$

然后，带的包角β_1和β_2由以下的方程式给出。

$$\beta_1=\pi-2\gamma,\quad \beta_2=\pi+2\gamma$$

同样，让我们尝试求解图7.19所示的交叉张紧带传动（交叉式传动）中的带的长度L_p。在交叉张紧带传动中，带的长度L_p为：

$$L_p=D_1\left(\frac{\pi}{2}+\gamma\right)+D_2\left(\frac{\pi}{2}+\gamma\right)+2l\cos\gamma$$

$$=2l\cos\gamma+\frac{\pi\left(D_1+D_2\right)}{2}+\gamma\left(D_1+D_2\right)$$

另外，倾斜角γ由下式得到。

$$\sin\gamma=\frac{\left(D_2+D_1\right)}{2l}$$

$$\gamma=\arcsin\left(\frac{D_2+D_1}{2l}\right)$$

同样，在倾斜角γ较小的场合，带的长度L_p用下式计算。

$$L_p=2l+\frac{\pi\left(D_1+D_2\right)}{2}+\frac{\left(D_1+D_2\right)^2}{4l}$$

带的包角β_1和β_2由下式给出。

$$\beta_1 = \beta_2 = \pi + 2\gamma$$

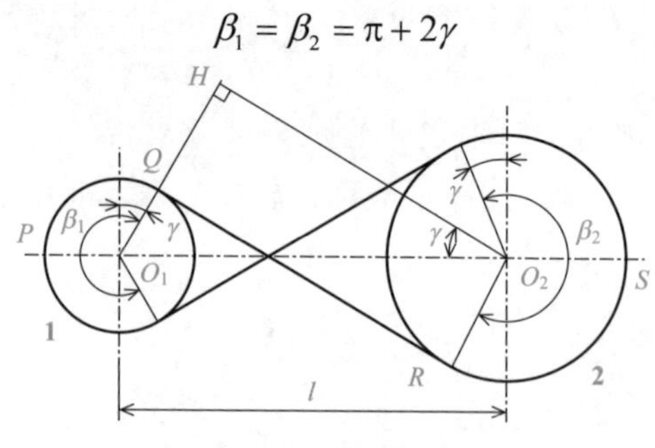

图7.19 交叉张紧带传动

需要注意：上面所述的只是求解带长度的基本知识，以下阐述的是各种类型带的带长的计算步骤和特点。

① 平带

在带的厚度t不能忽略的带传动中，将大带轮（两个带轮中尺寸较大的带轮）的外径D_2用（D_2+t）表示，小带轮的外径D_1用（D_1+t）表示给定的轴间距离用l表示，并将其都代入带的长度计算公式中，就能够求解出带的长度L_p。如果带的厚度t可以忽略的话，则可以直接使用公式进行计算。

② V带

在V带传动中，由于带的厚度大，而且轴间距离也短，因此，无法获得准确的带长。另外，由于使用的是市场上的商品，所以只能知道大致的长度。因此，假设大带轮的公称外径D_o为D_2，小带轮的公称外径d_o为D_1，将设定的直径和给定的轴间距离l代入公式，就能够求解得到带长L_p，这种求解得到的带长为近似的基准带长L_p'。

其次，按照JIS标准规定的带长（实际上是商品目录）来确定与近似带长L_p'最接近的基准带长L_o。利用这一基准带长L_o计算B，确定与所选择的V带相适宜的轴间距离l。在这里，有$B = L_o - \frac{\pi}{2}(D_o + d_o)$ 。

$$l = \frac{B + \sqrt{B^2 - 2\left(D_o - d_o\right)^2}}{4}$$

另外，在实际应用中，通常根据所选的V带来调整轴间距离（移动带轮）。

③ 齿形带

在图7.20所示的齿形带传动的场合，由于轴间距离相对较短，所以难以获得准确的带长。另外，因为齿形带与V带同样使用市场销售的商品，所以只能知道大致的带长。假设大带轮的节圆直径D_p为D_2，设小带轮的节圆直径d_p为D_1，用给定的轴间距离l求带的长度（节线带长）L_p，设求出的长度为近似的基准带长L_p'。

在JIS标准的基准带长L_p表（实际上是商品目录）中选出与近似的基准带长L_p'最接近的基准带长L_o。用这一选定齿形带的基准带长L_o计算B，求出与所选齿形带匹配的轴间距离l。

$$B = L_o - \frac{\pi}{2}\left(D_p + d_p\right)$$

$$l = \frac{B + \sqrt{B^2 - 2\left(D_p - d_p\right)^2}}{4}$$

实际上与V带一样，齿形带传动也可以通过调整带轮的位置来适应所选择的带长。

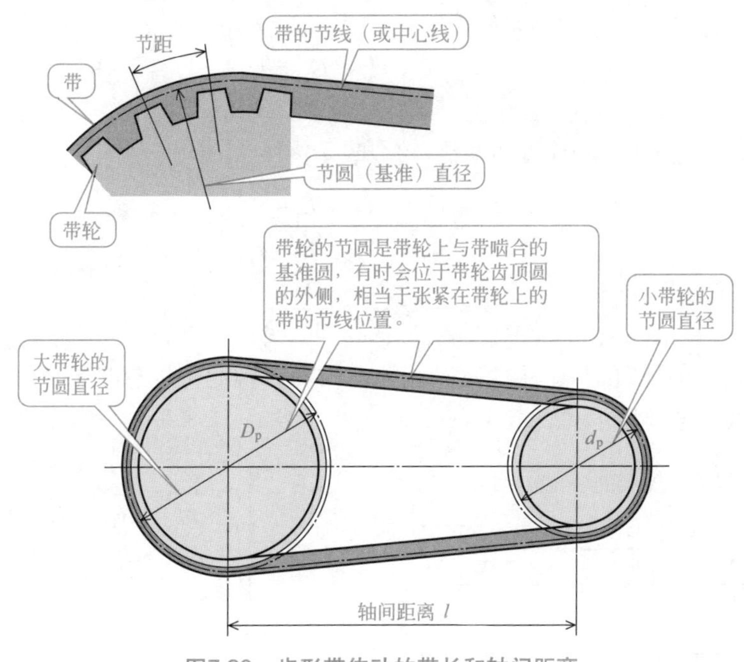

图7.20　齿形带传动的带长和轴间距离

（3）带传动的速度传动比

在图7.21中，假设驱动带轮和从动带轮的直径分别为D_1和D_2，角速度分别为ω_1和ω_2，转动速度分别为N_1和N_2，带轮之间的带被拉紧，带和带轮之间没有滑动。

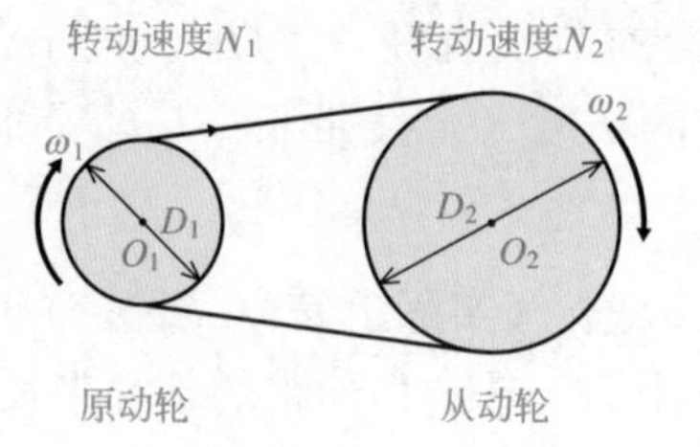

图7.21　平带传动过程中的速度比

这时，两个带轮的角速度比ε和速度传动比i可以通过原动轮的角速度以及从动轮的角速度，定义为如下的形式。

$$\varepsilon = \frac{\omega_2}{\omega_1} = \frac{N_2}{N_1},\quad i = \frac{\omega_1}{\omega_2} = \frac{N_1}{N_2}$$

① 平带

假设带的厚度为t，带的中性层（带中不因弯曲而产生伸缩的层）处的速度v为：

$$v = \left(\frac{D_1}{2} + \frac{t}{2}\right)\omega_1 = \left(\frac{D_2}{2} + \frac{t}{2}\right)\omega_2$$

由此，角速度比ε和速度传动比i可以表示为：

$$\begin{cases} \varepsilon = \dfrac{\omega_2}{\omega_1} = \dfrac{N_2}{N_1} = \dfrac{D_1 + t}{D_2 + t} \\ i = \dfrac{\omega_1}{\omega_2} = \dfrac{N_1}{N_2} = \dfrac{D_2 + t}{D_1 + t} \end{cases}$$

通常，带的厚度t与带轮的直径相比非常小，因此可以忽略不计。为此，上面的表达式就能够用下式表示。

$$\begin{cases} \varepsilon = \dfrac{\omega_2}{\omega_1} = \dfrac{N_2}{N_1} \approx \dfrac{D_1}{D_2} \\ i = \dfrac{\omega_1}{\omega_2} = \dfrac{N_1}{N_2} \approx \dfrac{D_2}{D_1} \end{cases}$$

② V带

基于驱动带轮的公称外径d_o，假设$D_1 = d_o - 2k$，在从动带轮的公称外径D_o的基础上，设$D_2 = D_o - 2k$，因此两带轮的角速度比ε和速度传动比i可以进行如下表示。但是，$2k$值取决于V带的类型，通过查表7.3确定。

表7.3　V带的$2k$值

mm

类型	$2k$
M	5.4
A	9.0
B	11.0
C	14.0
D	19.0
3V	1.2
5V	2.6
8V	5.0

（摘自日本标准JIS B 1854:1987以及JIS B 1855:1991）

$$\begin{cases} \varepsilon = \dfrac{\omega_2}{\omega_1} = \dfrac{N_2}{N_1} = \dfrac{D_1}{D_2} \\ i = \dfrac{\omega_1}{\omega_2} = \dfrac{N_1}{N_2} = \dfrac{D_2}{D_1} \end{cases}$$

③ 齿形带

在图7.20所示的齿形带传动装置中，假设主动带轮的节圆直径D_p为D_1，齿数为z_1，从动带轮的节圆直径D_p为D_2、齿数为z_2，则角速度比ε和速度传动比i可以用下式表示。在这里，带轮的齿顶圆的直径定义为节圆直径减去$2a$，$2a$的具体数值查表7.4确定。

表7.4 齿形带的$2a$值

mm

类型	$2a$
3M	0.762
5M	1.144
8M	1.372
14M	2.794

注：摘自日本标准JIS B 1857-2:2015。

$$\varepsilon = \frac{\omega_2}{\omega_1} = \frac{N_2}{N_1} = \frac{D_1}{D_2} = \frac{z_1}{z_2}$$

$$i = \frac{\omega_1}{\omega_2} = \frac{N_1}{N_2} = \frac{D_2}{D_1} = \frac{z_2}{z_1}$$

（4） V带的摩擦力

如前所述，在平带传动过程中，带轮和平带之间的打滑是不能避免的。采用V带传动能在一定程度上减少平带传动的打滑。在这里，我们学习利用V带，了解V带能提高摩擦力到何种程度以及其减少带打滑的能力。

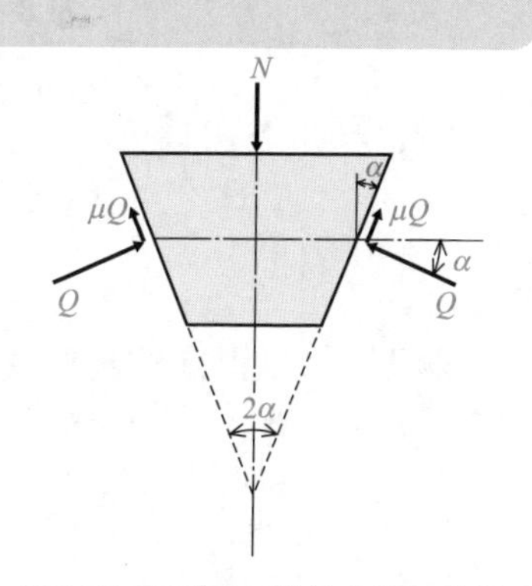

图7.22 V带和V带轮之间的摩擦力

现在，假设V带由张紧推压在带轮凹槽上的压力为N，凹槽的角度为2α，将V带受到的来自带轮凹槽侧面的反力设为Q，来自凹槽侧面的摩擦力设为μQ。所有的力都是矢量，这里仅考虑力的大小，方向由图中的箭头指示。在图7.22中，考虑径向力的平衡条件，有下式成立。

$$N = 2(Q\sin\alpha + \mu Q\cos\alpha)$$

由上式可知，V带受到的来自带轮V形槽侧面的力Q能用下式表示。

$$Q = \frac{N}{2(\sin\alpha + \mu\cos\alpha)}$$

因此，V带和V带轮之间在圆周方向的摩擦力F为：

$$F=2\mu Q=\frac{\mu N}{\sin\alpha+\mu\cos\alpha}$$

(5) 链传动中的链节长度和速度波动

链条的滚子之间的连接链板（滚子间连线）都是直线型的，因此，缠绕在链轮上的链条恰好成为多棱形柱的状态。此时，即使链轮以恒定的角速度转动，但由于链条具有多角形运动关系，链条的周速度是反复波动的。因此，在链条传动中容易发生振动。但是，通过增加链轮的齿数能够在某种程度上降低这种影响。

① 链的速度

现在，假设链的节距为p，分度圆直径为D，链轮的齿数为z（图7.23）。

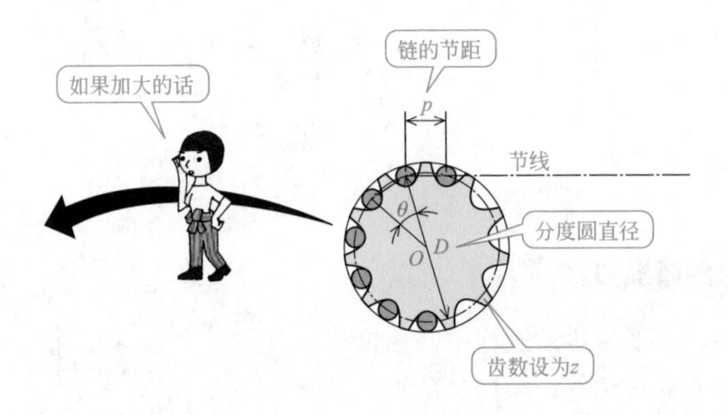

图7.23 链的速度波动

假设链轮以恒定的角速度ω转动，参照图7.24得知$\theta=2\pi/z$，利用三角函数的关系，下式成立。

$$\frac{AB}{2}=\frac{D}{2}\sin\frac{\theta}{2}$$

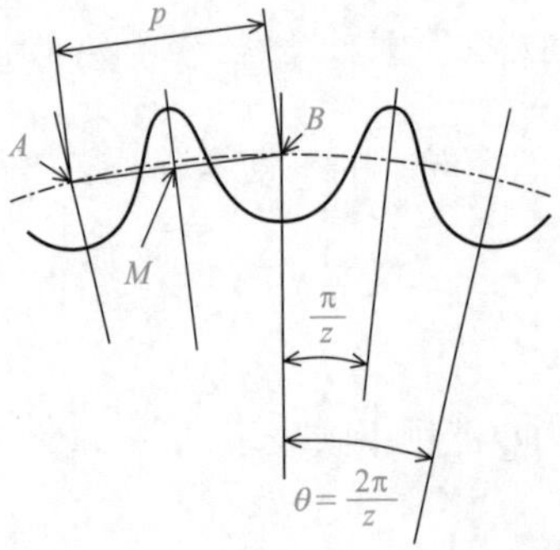

利用弧长和链节相等的关系$AB=p$，则得到下式。

$$D=\frac{p}{\sin\frac{\theta}{2}}\qquad p=D\sin\frac{\pi}{z}$$

图7.24 链轮

其次，分析链的节线和链轮转动中心O之间的距离，由图7.24可知，线段OA长度和线段OB长度最大，而线段OM长度最小。由于链条的速度可以由圆周速度=半径×角速度求解得出，因此，可知圆周速度在A点处最大，在M点处最小。我们得知，即使是驱动链轮的角速度恒为ω，链条的圆周速度也周期性地变化。

在这里，如果求解链条在A点处的最大圆周速度V_{max}和在M点处的最小圆周速度V_{min}，就有下式成立。

$$\begin{cases} v_{max} = OA \times \omega = \dfrac{D\omega}{2} \\ v_{min} = OM \times \omega = \dfrac{D}{2}\cos\dfrac{\theta}{2}\omega = \dfrac{D\omega}{2}\cos\dfrac{\theta}{2} \end{cases}$$

另外，求解最大圆周速度v_{max}和最小圆周速度v_{min}的比值的话，有下式成立。

$$\frac{v_{min}}{v_{max}} = \cos\frac{\theta}{2} = \cos\frac{\pi}{z}$$

如果增加链轮的齿数趋于无穷大，就有下式成立。

$$\cos\left(\frac{\pi}{z}\right) \to 1 \quad v_{max} \approx v_{min}$$

实际上，由链轮的齿数就能够推测出链条的圆周速度变化很小。

② 链条的长度计算

让我们尝试求解出链传动中的链条长度（链节数）。

在传动的两个链轮中，假设预定的轴间距离为l、两个链轮的齿数分别为z_1和z_2，如果用链条节数表示轴间距离l，对应的链条节数设为C'_p的话，则近似的链条节数L_p用下式表示。

$$L_p = \frac{z_1 + z_2}{2} + 2C'_p + \frac{(z_2 - z_1)^2}{4\pi^2 C'_p}$$

在这里，C'_p用下式表示。

$$C'_p = \frac{\text{轴间距离}}{\text{链条的节距}} = \frac{l}{p}$$

求解得出的链条节数L_p的小数（小数点后面的数）要被向上进位为整数。其次，利用求解得到的近似链条节数L_p，可以求解出所需的轴间距离l和链条节数C_p。首先，设有下式成立。

$$B = L_p - \frac{z_1 + z_2}{2}$$

于是，链条节数由下式计算。

$$C_p = \frac{1}{4}\left(B + \sqrt{B^2 - \frac{2(z_2 - z_1)^2}{\pi^2}}\right)(l = pC_p)$$

当计算出的链条节数为奇数时，为避免使用过渡链节，可以将链节数圆整为偶数（参见7.1节）。当需要通过调整轴间距离来解决链的松弛问题，或者轴间距离无法调整时，最好使用中间惰轮或者张紧轮解决链的松弛问题。

另外，当改变链轮的齿数或轴间距离时，需要重新计算链节的数量。链传动中的措施之一就是获得偶数链节。

例题

7.1 通过张紧在高速转动的带轮上的带传递动力时，求解带轮的传递功率。在这里，假设带张力边的张力$T_1 = 300\text{N}$，包角θ=120°，摩擦因数μ=0.3，带的速度v=10m/s，单位长度带的质量m=0.2kg/m。

解答：

考虑带的离心作用，在带的张力上只增加了惯性mv^2部分。

$$mv^2 = 0.2\text{kg}/\text{m} \times (10\text{m}/\text{s})^2 = 20\text{kg}\cdot\text{m}/\text{s}^2 = 20\text{N}$$

$$\mathrm{e}^{\mu\theta} = \mathrm{e}^{0.3\times\frac{120}{180}\pi} \approx 1.874$$

$$T_1 = \frac{\mathrm{e}^{\mu\theta}}{\mathrm{e}^{\mu\theta} - 1}T + mv^2$$

$$T = \frac{(T_1 - mv^2)(\mathrm{e}^{\mu\theta} - 1)}{\mathrm{e}^{\mu\theta}} \approx 130.6\text{N}$$

因此，传递功率为

$$P = Tv = 130.6\text{N} \times 10\text{m}/\text{s} = 1306\text{N}\cdot\text{m}/\text{s}$$

由附录1，得：

$$1306\text{N}\cdot\text{m}/\text{s} = 1306\text{J}/\text{s} = 1306\text{W} = 1.306\text{kW}$$

③ 链传动的速度传递比

在图7.25中，假设驱动链轮和从动链轮的齿数分别为z_1和z_2，转动速度分别为N_1(r/min) 和N_2(r/min)、链条节距为p(mm) 的话，则速度传递比i和平均链速v_m(m/s) 能够用下式获得。

$$i = \frac{N_1}{N_2} = \frac{z_2}{z_1}$$

$$v_\text{m} = \frac{pz_1N_1}{1000\times60} = \frac{pz_2N_2}{1000\times60}$$

$$或者\ \frac{\pi z_1 N_1}{1000 \times 60} = \frac{\pi z_2 N_2}{1000 \times 60}(\mathrm{m/s})$$

在链传动中，平均链条速度v_m最高为7m/s，但希望的速度是2～3m/s。

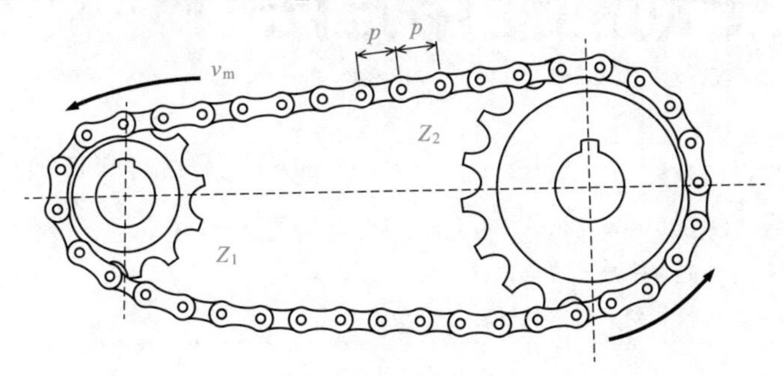

图7.25　链传动

7.3 挠性传动的使用方法

究竟选择哪种带取决于工程师

❶ 由于V带传动是利用摩擦力，因此能够实现无级变速。
❷ 齿形带传动能够准确无声地传递转动。
❸ 链条传动从轻载到重载都能够进行传动。

(1) 带传动装置

平带和V带传动都是利用摩擦力来进行动力传动的，因此，可以通过改变带轮的直径，轻松地进行变速，适合于轴间距离较大场合的传动。V带也适用于重负荷的传动。

近年来，在汽车变速器中使用了被称为金属带式无级变速器（CVT）的传动装置。这种金属带式无级变速器使用了金属带代替V带，具有可以使变速比连续变化的优点。而且，无级变速器与液压变矩器不同，换挡时无冲击，能够平稳变速，具有出色的加速性能和较高燃油效率。

图7.26所示的金属带式无级变速器由输入端带轮（初级带轮）、输出端带轮（第二级带轮）以及传递动力的金属带组成。每个带轮都由一个固定的带轮和一

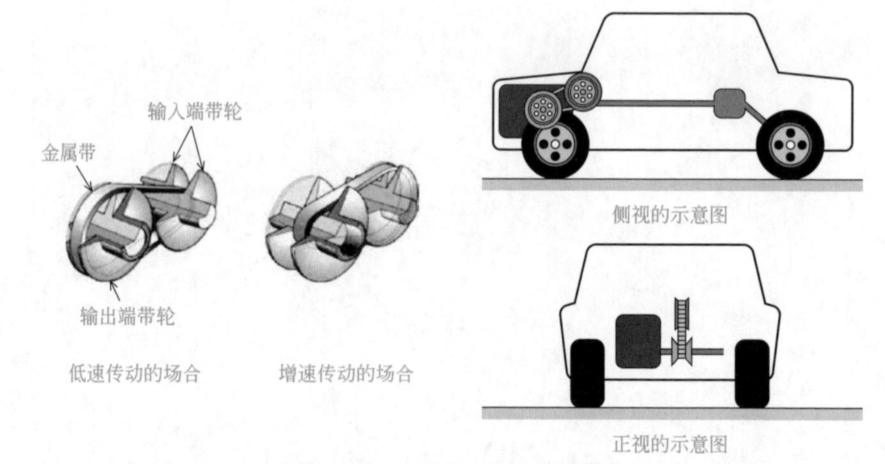

图7.26　金属带式无级变速器

个活动的带轮组成，金属带被夹在固定带轮的倾斜面和活动带轮的倾斜面之间，通过摩擦来传递动力。

金属带式无级变速器的变速是通过改变接触金属带的输入带轮和输出带轮的直径实现的。因此，其不仅能够得到连续的传动比，而且还能够扩大变速范围，如今这种装置已被广泛应用到小型车和大型车上。

(2) 齿形带传动装置

齿形带传动装置具有以下特点：①重量轻；②无滑动；③无噪声；④即使轴间距离较大也能进行传动；⑤无润滑（无油润滑）状态也可以使用。因此，齿形带传动装置被广泛应用在医疗器械、办公设备以及自动机械等上。

(3) 链条传动装置

链条传动装置中使用的链条有滚子链、输送链以及无声链等类型，通常滚子链使用得最多。根据用途的不同可以划分为免润滑链、重载用链［图7.27（a)］、耐环境链、低噪声链以及侧向转弯链［图7.27（b)］等类型。

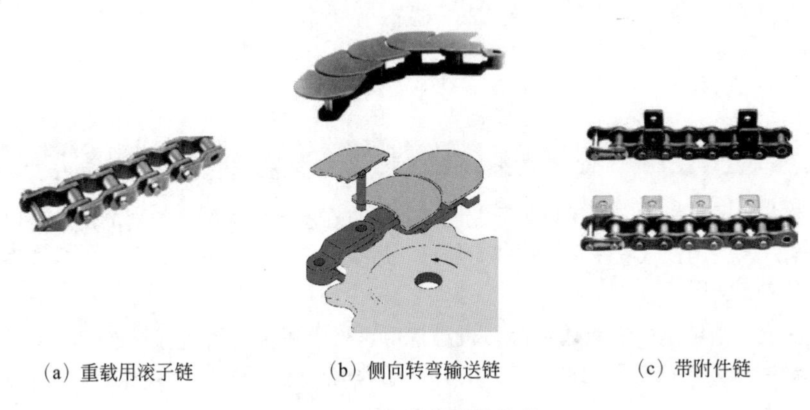

(a) 重载用滚子链　(b) 侧向转弯输送链　(c) 带附件链

图7.27　各种类型的链条

另外，链条也可以作为输送带使用。如今，在食品和化学药品的批量生产线中，耐腐蚀的不锈钢链条和塑料链条被用作输送链。

除此以外，还有带附件的链条［图7.27（c)］，其被应用在食品机械、办公设备、计算机相关设备以及精密机械等上。

利用链条来实现运动方向和动力传递变换的还有如图7.28所示的绕挂传动、悬挂传动、牵引传动、销齿传动等。

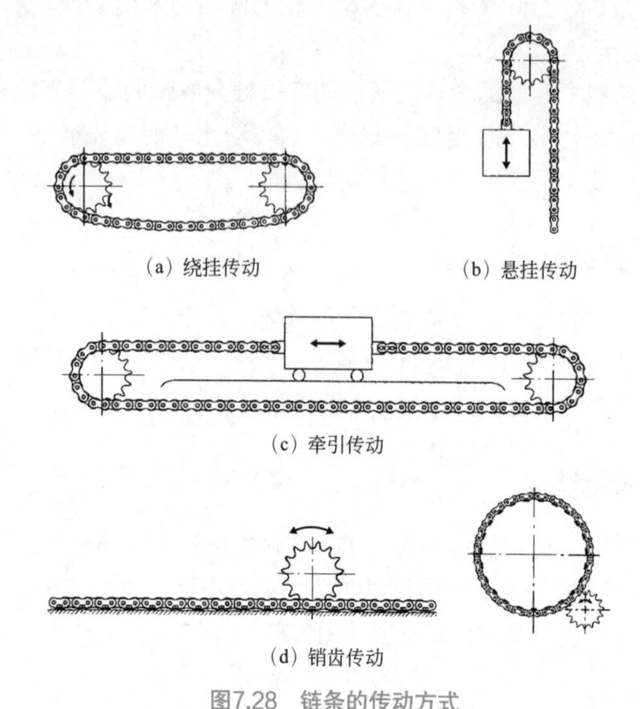

(a) 绕挂传动　(b) 悬挂传动

(c) 牵引传动

(d) 销齿传动

图7.28　链条的传动方式

专栏　链条的故事

链条的历史悠久，似乎自公元前以来就一直在使用。当时，主要的用途是用来防止外来敌人的入侵或者系定（拴住）船只。后来，链条开始作为提升货物或者移动货物的机构被使用。

链除了指链这一工具本身外，也经常用这一术语指连锁餐厅或连锁店等。连锁意味着相同资本控制下的商店或具有相同品牌的商店，我认为这是由连锁关系的形象所致。

另外，有一个单位也称为“链”，它是一种英制的长度单位。

1 链(chain)=66 英尺(ft)=22 码(yd)

测量链作为单位的测量工具，是由一定长度的杆以链环连接那样的方式制成的。

测量马拉松线路长度的官方方法之一是用50m长的绳索进行测量，尽管绳索不是链条，但却是通过用50m长的绳索（选自国际田径联合会关于长距离赛道和官方认可赛道的详细规定）像链节一样反复测量线路长度。

专栏 变位齿轮

如果齿轮上的齿数比较少，就会发生所谓的齿的干涉现象，这就意味着“齿顶碰上齿根，无法转动”。另外，如果使用齿条工具切削加工齿轮的话，就会发生被称为根切（过切齿根）的现象。

在标准直齿轮中，当齿数为z且压力角为α时，理论上发生这种现象的最小齿数可以用下式来表示。

$$z \geqslant \frac{2}{\sin^2 \alpha}$$

如果α=20°，则$z \geqslant 17.1$成立，实际上取齿数为14以上。

如果齿轮需要较少的齿数，可以通过变位这一方法来防止干涉或根切现象的发生。

将齿条工具由标准的位置远离齿轮中心进行切齿的操作方法称为正变位，反之，靠近齿轮中心的操作方法称为负变位。正变位会增加齿的厚度，而负变位会使齿变薄。但是无论采用哪种方法，齿高都不会变化。

另外，有时候会利用变位对两齿轮中心距离进行微调。

您如果对齿轮变位的细节感兴趣，可参考相关的机械设计或机械零件等方面的专业书籍。

习题

习题1　在下面句子的（　　）中，填入适当的短语完成句子。

（1）在定滑轮中，能够改变提升重物（　　），但（　　）不会改变。与此相对，动滑轮不会改变提升重物（　　），但能够降低提升的（　　）。

（2）通过增加动滑轮的数量，能够实现用（　　）提升重物。

习题2　当驱动链轮的齿数为32，从动链轮的齿数为76，两个链轮的轴间距离为300 mm，链条节距为9.525（第35号）时，求出链条的长度（链节数）。

习题3　当带轮低速转动时，设摩擦因数μ=0.3、带轮的包角θ=158°，求出带轮张紧边的张力T_1以及松弛边的张力T_2。在这里，设$T=T_1-T_2$=680N。

习题4　在平带传动装置中，当两带轮的轴间距离为1.2m、原动带轮的直径为220mm、从动带轮的直径为360mm时，求在平行开口式传动和交叉式传动两种情况下的带长和包角。

习题5　在V带传动中，设定原动带轮以驱动电机的转速N_1=1000r/min进行转动。另外，设定公称外径D_o=280 mm的从动带轮以转速N_2=600r/min进行转动。在这里，两带轮的轴间距离l=820mm，V带使用窄幅的3V带（见表7.5）。求出这种情况下V带的基准带长L_o和驱动小带轮的公称外径d_o。

表7.5　V带的基准带长（有效长度）

mm

带的公称序号	基准带长 3V
800	2032.0
850	2159.0
900	2286.0
950	2413.0
1000	2540.0
1060	2692.0
1120	2845.0

注：摘自日本标准JIS K 6368:1999。

习题解答

第1章

习题1

（1）滚动接触，滑动接触，滚动接触和滑动接触

（2）平面运动，球面运动，螺旋运动

（3）面接触运动副，线接触运动副，点接触运动副

（4）原动件（驱动件），从动件（随动件），连接件（连杆或中间件），固定件（机架）

习题2

（1）四杆机构

（2）杆件A为驱动杆（原动件），杆件B为连杆（中间件或连接件），杆件C为从动件（随动件），杆件D为固定件（机架）

习题3

曲柄进行回转运动，摆杆进行摇摆运动。

习题4

（1）机构是指由多个构件组合而成的能够进行预定的相对运动的构件系统。

（2）机器的基本定义如下。

· 机器由能够抵抗外力且保持自身形状不变的部件构成。

· 机器的每个部件都有相对固定的运动。

· 机器能够将外部供给的能量转化为有效的功。

在此，将机器的定义和机构的定义进行比较，唯一的共同点是“每个构件都能进行预定的相对运动”。

机构不考虑机器或仪器等的零件的实际形状、材料、质量以及传递的力等，只分析构成机构的构件的相对运动。

第2章

习题1 如题图2.1（a）所示，机构的运动副具有1个轴向移动的自由度以及1个绕轴转动的自由度，总共为2个自由度。

如题图2.1（b）所示，平面上的物体具有1个左右移动的自由度、1个前后移动的自由度以及1个在平面内绕任意一点转动的自由度，总共为3个自由度。

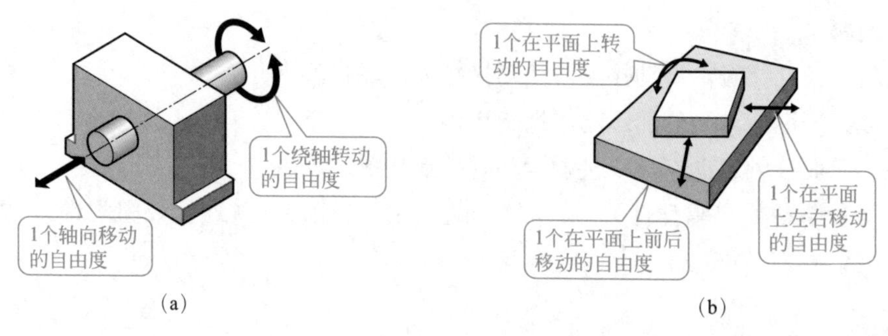

题图2.1

习题2

（1）平移运动，旋转运动

（2）旋转运动

习题3

（1）令x轴和y轴的交点为O，设滚动的圆盘中心点为C。圆盘每滚动1圈，中心点C只移动πd的距离。由于圆盘的角速度为10rad/s，所以每秒转动10/(2π) rad。为此，圆盘的中心点C每秒移动的距离为：

$$\pi d\frac{10}{2\pi} = 10r = 10\times 100\text{mm} = 1000\text{mm} = 1.0\text{m}$$

由此，可知中心点C的速度为1.0m/s。

另种解法：

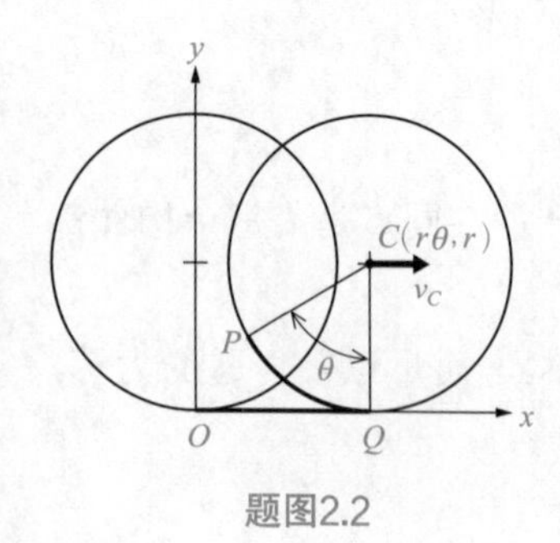

题图2.2

由题图2.2，可知线段OQ和弧长$\widehat{PQ}$相等，圆盘的中心点C的坐标为（$r\theta$，r）。如果求中心点C处的x轴和y轴方向的速度，有下式成立。

$$z_x = \frac{dx}{dt} = r\omega,\quad v_y = \frac{dy}{dt} = \frac{dr}{dt} = 0$$

由于r为常数，则只有x轴方向存在速度。因此，圆盘中心点C的速度为：

$$
\begin{aligned}
v_C &= r\omega = 100\text{mm}\times 10\text{rad}/\text{s}\\
&= 1000\text{mm}/\text{s} = 1.0\text{m}/\text{s}
\end{aligned}
$$

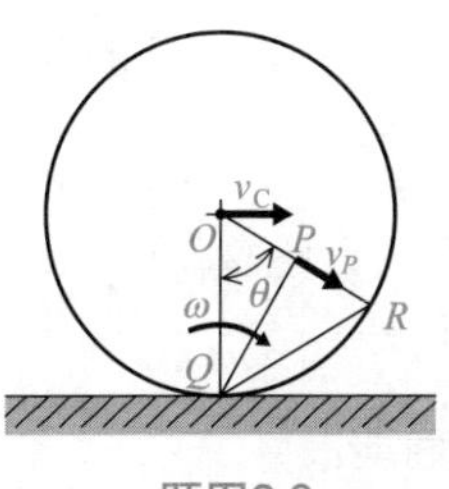

题图2.3

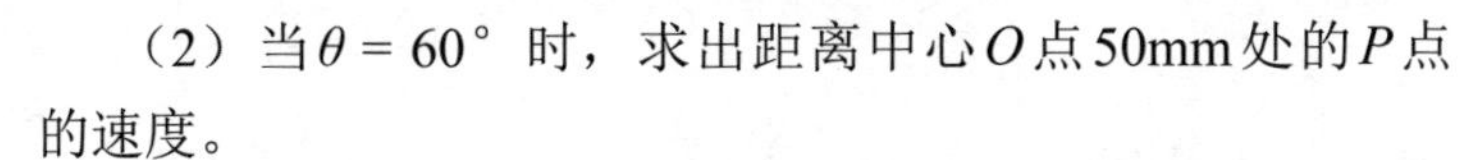

（2）当$\theta = 60°$ 时，求出距离中心O点50mm处的P点的速度。

在题图2.3中，Q点是圆盘的速度瞬心。如果OP的延长线和圆周的交点为R的话，则△OQR为等边三角形，有下列关系成立。

$$
PQ = \sqrt{3}OP = \sqrt{3}\times 50 \approx 86.60\text{mm}
$$

因此，点P的速度v_P为：

$$
\begin{aligned}
v_P &= PQ\omega = 86.60\text{mm}\times 10\text{rad}/\text{s}\\
&= 0.866\text{m}/\text{s}
\end{aligned}
$$

习题4

（1）在题图2.4中，通过A点并垂直地面的直线和通过B点并垂直斜面的直线相交，这一交点就是速度瞬心。

（2）首先，在△OAB中，根据正弦定理（见附录2）有：

$$
\begin{aligned}
\frac{OA}{\sin 75^\circ} &= \frac{OB}{\sin 60^\circ}\\
&= \frac{80}{\sin 45^\circ}\\
&\approx 113.137
\end{aligned}
$$

然后，求线段OA的长度。

$$
\begin{aligned}
OA &= 113.137\times \sin 75^\circ\\
&= 109.28\cdots \approx 109.3\text{cm}
\end{aligned}
$$

AB杆绕速度瞬心点O进行转动，已知杆的A端速度为v_A=20cm/s，如果设杆的角速度为ω的话，通过下式就能求出杆的角速度。

$$
\omega = \frac{v_A}{OA} = \frac{20}{109.28} = 0.18301\cdots \approx 0.1830\text{rad}/\text{s}
$$

（3）用正弦定理，求出线段OB的长度。

$$
OB = 113.137\times \sin 60^\circ = 97.9795\cdots \approx 97.98\text{cm}
$$

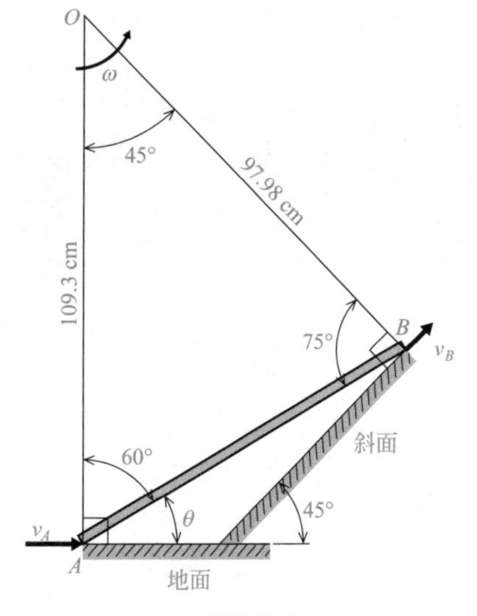

题图2.4

因此，杆的B端速度用下式给出。

$$v_B = OB\omega = 97.9795 \times 0.18301 = 17.931\cdots \approx 17.93\text{cm/s}$$

另种解法：

由于有$v_A : v_B = OA : OB$这一比例关系成立，因此采用如下的方法能求杆的B端速度。

$$v_B = \frac{OB}{OA} v_A = \frac{97.9795}{109.28} \times 20 = 17.931\cdots \approx 17.93\text{cm/s}$$

[解题过程中的主要注意事项]

在用数值方法求解问题时，求出的数值通常比有效数字多1～2位。在一般的机械工程问题中，保留三位有效数字就已足够充分。

在通过多个计算步骤才能得出结果的问题中，每一步骤的中间结果最好采用4～5位有效数字进行四舍五入后的数值。

当然，最好使用计算器的存储功能，用全部的数值进行计算。采用这种方法计算，即使有效位数的末位产生差异，也不会有错。

以后的习题解答也是同样的计算方法。

第3章

习题1 安装平行的曲柄机构，利用平行机构的错位，使机构顺利通过死点；安装飞轮，利用飞轮转动的惯性，使机构冲过死点位置。

习题2 机构要满足曲柄摇杆机构的条件，最短的曲柄A的长度和其他任意杆的长度之和要等于或者小于其余两杆的长度之和（格拉斯霍夫定理）。当设曲柄长度A=30mm、连杆长度B=100mm、摇杆长度C=60mm时，固定杆长度D的范围由式（3.7）可得：

① $A+B \leqslant C+D \Rightarrow 30+100 \leqslant 60+D$

② $A+C \leqslant B+D \Rightarrow 30+60 \leqslant 100+D$

③ $A+D \leqslant B+C \Rightarrow 30+D \leqslant 100+60$

求出使上述不等式成立的固定杆D的长度范围，有：

$$70 \leqslant D \leqslant 130$$

因此，固定杆的长度条件为70mm及以上、130mm及以下。

习题3 如题图3.1所示，求杆件B和杆件D的速度瞬心O_{BD}。依据三心定理，线段$O_{AD}O_{AB}$的延长线和线段$O_{CD}O_{BC}$的延长线的交点就是O_{BD}。

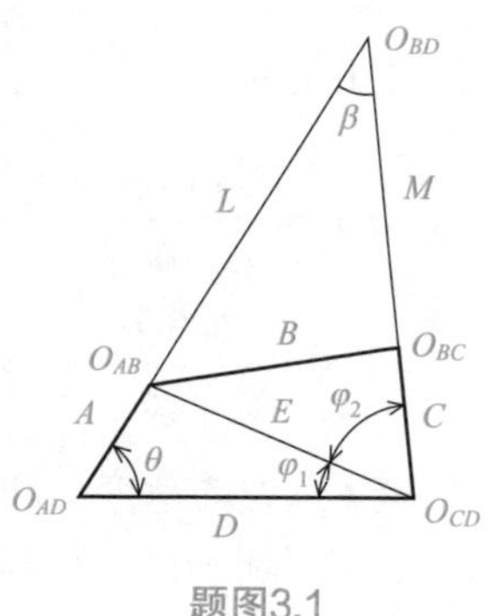

题图3.1

首先，由于点O_{AB}的速度v_A就是长度为30mm的杆件A以50 rad/s的速度转动，因此有：

$$\begin{aligned} v_A &= \text{半径} \times \text{角速度} \\ &= A\omega_A = 30 \times 50 = 1500\text{mm}/\text{s} \end{aligned}$$

其次，求题图3.1中L和M的长度。首先，在$\triangle O_{AD}O_{CD}O_{AB}$中，利用第二个余弦定理（附录2），有下式成立。

$$E = \sqrt{A^2 + D^2 - 2\text{AD}\cos\theta}$$

另外，在同一三角形中，由正弦定理有下式成立。

$$\frac{E}{\sin\theta} = \frac{A}{\sin\varphi_1}$$

将上式进行变形，有：

$$\sin\varphi_1 = \frac{A\sin\theta}{E} \Rightarrow \varphi_1 = \arcsin\left(\frac{A\sin\theta}{E}\right)$$

用上述推导出的计算式，能求出对角线的长度E和角度φ_1：

$$E=\sqrt{30^2+120^2-2\times30\times120\times\cos65^\circ}$$
$$=\sqrt{12257.1485}\approx110.71\text{mm}$$

$$\varphi_1=\arcsin\left(\frac{30\times\sin65^\circ}{110.71}\right)=\arcsin0.24559\approx0.24813\text{rad}\approx14.217^\circ$$

进而，关注$\triangle O_{AD}O_{CD}O_{BC}$，利用第二个余弦定理，有下式成立。

$$\varphi_2=\arccos\left(\frac{E^2+C^2-B^2}{2EC}\right)$$

$$\varphi_2=\arccos\left(\frac{110.71^2+60^2-100^2}{2\times110.71\times60}\right)=\arccos0.44084\approx1.11426\text{rad}=63.843^\circ$$

然后，在$\triangle O_{BD}O_{AD}O_{CD}$中，利用正弦定理，有下式成立。

$$\frac{D}{\sin\beta}=\frac{M+C}{\sin\theta}=\frac{L+A}{\sin(\varphi_1+\varphi_2)}$$

利用三角形的内角和计算式，有下式成立。

$$\beta=\pi-\theta-\varphi_1-\varphi_2$$

由此有：

$$L=\frac{D\sin(\varphi_1+\varphi_2)}{\sin\beta}-A=\frac{120\times\sin(14.217^\circ+63.843^\circ)}{\sin36.940^\circ}-30\approx165.35\text{mm}$$

$$M=\frac{D\sin\theta}{\sin\beta}-C=\frac{120\times\sin65^\circ}{\sin36.940^\circ}-60\approx120.97\text{mm}$$

点O_{AB}处的速度v_A和点O_{BC}处的速度v_C都与距离速度瞬心O_{BD}的长度成比例。因此，从L和M的长度能求出速度v_C。

$$v_C=\frac{M}{L}v_A=\frac{120.97}{165.35}\times1500=1097.399\cdots\approx1097\text{mm/s}=1.097\text{m/s}$$

习题4 在$\triangle O'_{BC}O_{CD}O_{AD}$和$\triangle O''_{BC}O_{CD}O_{AD}$中，设定$\angle O'_{BC}O_{CD}O_{AD}=\alpha$、$\angle O''_{BC}O_{CD}O_{AD}=\beta$。那么，$\alpha$-$\beta$就是所求的摇摆杆$C$的摇摆角度。

在这两个三角形中，利用第二余弦定理（附录2.1），求角度α和β。

首先，在$\triangle O'_{BC}O_{CD}O_{AD}$中，下式成立。

$$(B+A)^2=C^2+D^2-2CD\cos\alpha$$

$$\cos\alpha=\frac{C^2+D^2-(B+A)^2}{2CD}=\frac{60^2+120^2-(100+30)^2}{2\times60\times120}$$
$$=0.0763888\cdots\approx0.076384$$

由反三角函数（附录2），有：

$$\alpha = \arccos 0.07639 \approx 1.4943\text{rad} \approx 85.62^\circ$$

其次，在$\triangle O''_{BC}O_{CD}O_{AD}$中，下式成立。

$$(B-A)^2 = C^2 + D^2 - 2CD\cos\beta$$

$$\cos\beta = \frac{C^2 + D^2 - (B-A)^2}{2CD} = \frac{60^2 + 120^2 - (100-30)^2}{2\times 60\times 120} \approx 0.90972$$

$$\beta = \arccos 0.90972 \approx 0.4282\text{rad} \approx 24.53^\circ$$

因此，所求的摇杆C的摇摆角度为：

$$\alpha - \beta = 1.4943 - 0.42819 = 1.0661\text{rad} \approx 61.09^\circ$$

习题5 杆件A与杆件B处于一条直线时，有如题图3.2所示的两种情况。

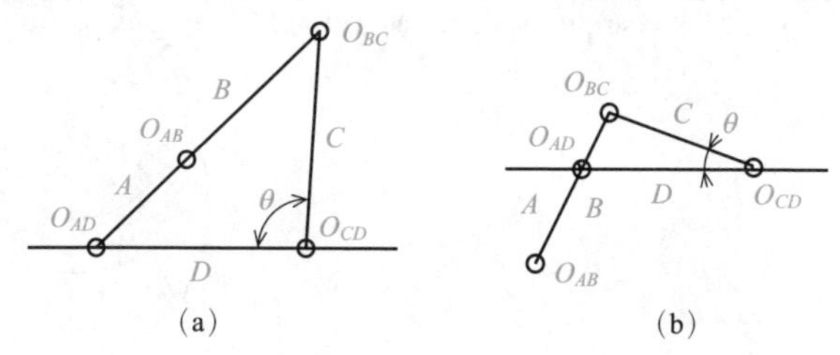

题图3.2

首先，在题图3.2（a）所示的情况下，通过对$\triangle O_{AD}O_{CD}O_{BC}$用余弦定理求角度，下式的关系成立。

$$\cos\theta = \frac{55^2 + 50^2 - (30+45)^2}{2\times 55\times 50} = -\frac{100}{5500} \approx -0.018182$$

$$\theta = \arccos(-0.018182) \approx 1.5890\text{rad} \approx 91.04^\circ$$

其次，如题图3.2（b）所示，当杆件A与杆件B重合时，如果对$\triangle O_{AD}O_{CD}O_{BC}$应用余弦定理的话，就有下式的关系成立。

$$\cos\theta = \frac{55^2 + 50^2 - (30-45)^2}{2\times 55\times 50} = \frac{5300}{5500} \approx 0.96364$$

$$\theta = \arccos 0.96364 \approx 0.2705\text{rad} = 15.50^\circ$$

第4章

习题1

（1）旋转凸轮，直线运动凸轮（移动凸轮）

（2）位移，速度，加速度，凸轮曲线

（3）位移曲线，基本曲线

习题2

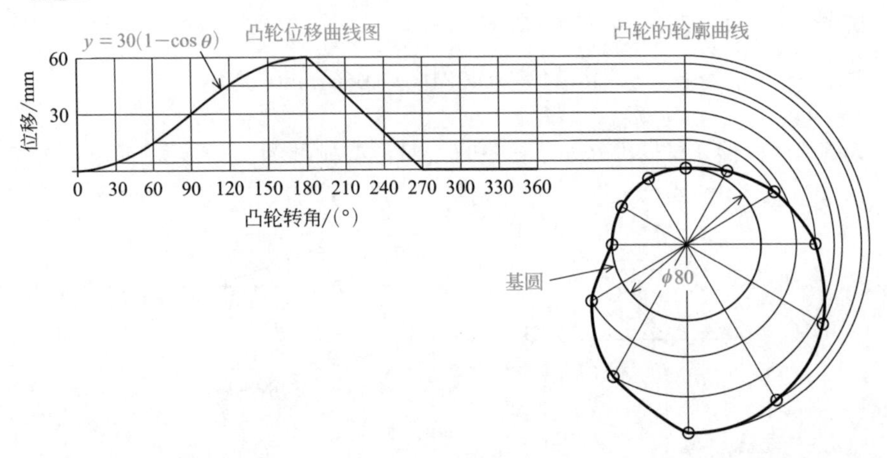

题图4.1

习题3 在各自给定的范围内推导位移计算式。计算时，角度的单位最好用弧度（rad）而非角度（°）表示。

在$0<\theta<2\pi/3$区间，由于是匀速运动，所以从动件的位移能用直线表示。由给定的条件有：

$$y=50\times\frac{3}{2\pi}\times\theta\frac{75}{\pi}\theta$$

其次，在$2\pi/3<\theta<\pi$区间，由于从动件的位移保持不变，所以有$y=50$。

然后，在$\pi<\theta<3\pi/2$区间，由于从动件以简谐振动$a\sin(\theta+b)$的方式下降50mm，为此在简谐振动方程式代入初始条件，确定常数a和b。

由条件$\theta=\pi$、$y=50$，有：

$$50=a\sin(\pi+b) \quad ①$$

由条件$\theta=3\pi/2$、$y=0$，有：

$$0=a\sin\left(\frac{3\pi}{2}+b\right) \quad ②$$

将条件代入方程式①，下式成立。

$$50 = a\sin(\pi + b) = a\sin\pi\cos b + a\cos\pi\sin b$$
$$-a\sin b = 50 \qquad ③$$

将条件代入方程式②，下式成立。

$$0 = a\sin\left(\frac{3\pi}{2} + b\right) = a\sin\frac{3\pi}{2}\cos b + a\cos\frac{3\pi}{2}\sin b$$
$$-a\cos b = 0 \qquad ④$$

由式④，由于$a \neq 0$，则$\cos b=0$，即得到$b=\pi/2$。其次，将$b=\pi/2$代入式③，得到$a=50$。因此，从动件的位移表达式为：

$$y = -50\sin\left(\theta + \frac{\pi}{2}\right)$$

最后，在$3\pi/2 < \theta < 2\pi$区间，从动件的位置保持不动，有$y=0$。

基于上述求得的计算式，求从动件的速度$dy/d\theta$和加速度$d^2y/d\theta^2$，将求得的结果进行归纳，具体表达式如题表4.1所示。

题表 4.1　从动件在各区间的位移、速度以及加速度

凸轮转角	位移	速度 $\dfrac{v}{\omega}$	加速度 $\dfrac{a}{\omega^2}$
$0<\theta<\dfrac{2\pi}{3}$	$y=50\times\dfrac{3}{2\pi}\times\theta=\dfrac{75}{\pi}\theta$	$\dfrac{dy}{d\theta}=\dfrac{75}{\pi}$	$\dfrac{d^2y}{d\theta^2}=0$
$\dfrac{2\pi}{3}<\theta<\pi$	$y=50$	$\dfrac{dy}{d\theta}=0$	$\dfrac{d^2y}{d\theta^2}=0$
$\pi<\theta<\dfrac{3\pi}{2}$	$y=-50\sin\left(\theta+\dfrac{\pi}{2}\right)$	$\dfrac{dy}{d\theta}=-50\cos\left(\theta+\dfrac{\pi}{2}\right)$	$\dfrac{d^2y}{d\theta^2}=50\sin\left(\theta+\dfrac{\pi}{2}\right)$
$\dfrac{3\pi}{2}<\theta<2\pi$	$y=0$	$\dfrac{dy}{d\theta}=0$	$\dfrac{d^2y}{d\theta^2}=0$

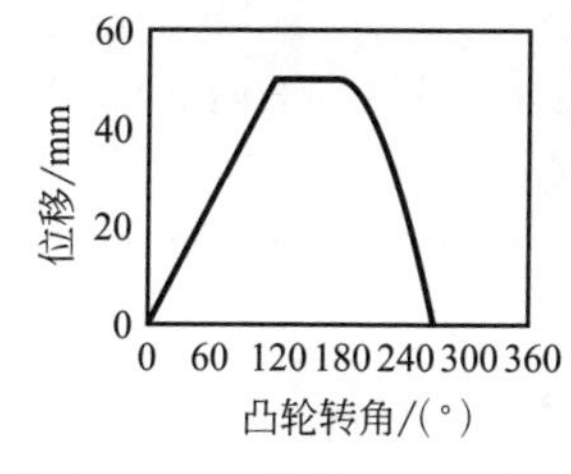

题图4.2　凸轮的位移曲线图

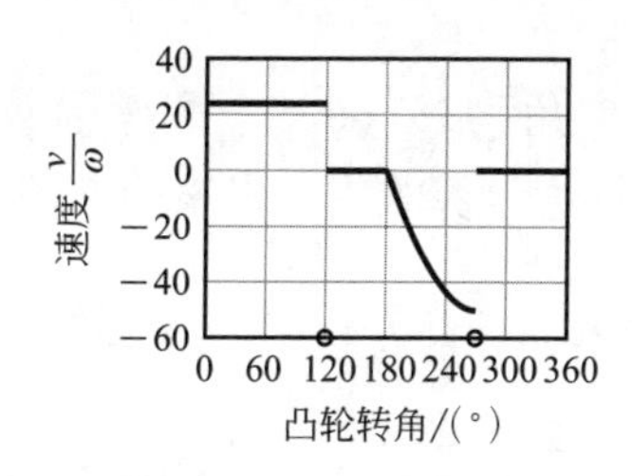

题图4.3　凸轮的速度曲线图

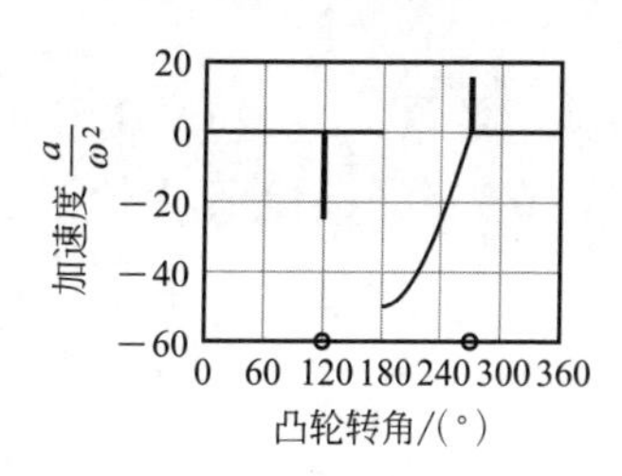

题图4.4　凸轮的加速度曲线图

第5章

习题1

（1）静摩擦，动摩擦

（2）滚动接触传动

习题2 设原动轮的直径为D_1，从动轮的直径为D_2，由题意有下式成立。

$$\begin{cases} i = \dfrac{D_2}{D_1} = 1.4 & ① \\ l = \dfrac{D_1 + D_2}{2} = 102 & ② \end{cases}$$

由式①和式②，得D_1=85mm，D_2=119mm。

习题3 如果设原动轮的直径为D_1，从动轮的直径为D_2的话，由题意有下式成立。

$$\begin{cases} i = \dfrac{D_2}{D_1} = \dfrac{N_1}{N_2} = \dfrac{800}{200} = 4 & ① \\ l = \dfrac{D_1 + D_2}{2} = 300 & ② \end{cases}$$

由式①和式②，得D_1=120mm，D_2=480mm。

习题4 最大摩擦力可以用“接触部分的摩擦因数×施加的压力”求出。因此，能够传递的最大摩擦力为：

最大摩擦力=0.2×400=80N

习题5 已知摩擦轮的槽角为2α=60°，摩擦因数为μ=0.35，将α= 30°和μ=0.35代入槽形摩擦轮的摩擦力计算式中，求表面摩擦因数μ'。

$$\mu' = \frac{\mu}{\sin\alpha + \mu\cos\alpha} = \frac{0.35}{\sin 30^\circ + 0.35 \times \cos 30^\circ}$$

$$= \frac{0.35}{0.5 + 0.35 \times 0.86603} \approx \frac{0.35}{0.80311} \approx 0.4358$$

$$\therefore \mu' = 0.4358$$

习题6

（1）外接圆筒形摩擦轮

两个摩擦轮在接触面没有滑动时，圆周速度由下式给出。

$$v = \frac{\pi D_1 N_1}{60} = \frac{\pi D_2 N_2}{60}$$

由此式，可得：

$$D_1 N_1 = D_2 N_2$$

另外，外接摩擦轮的中心距离用下式给出。

$$l = \frac{D_1 + D_2}{2}$$

将已知条件$l = 300\text{mm}$，$N_1 = 400\text{r/min}$以及$N_2 = 100\text{r/min}$代入上式，可得：

$$\begin{cases} 400D_1 = 100D_2 & ① \\ D_1 + D_2 = 2 \times 300 = 600 & ② \end{cases}$$

联立式①和式②，进行求解，能够得到D_1和D_2。

$$D_1 = 120\text{mm}, \quad D_2 = 480\text{mm}$$

（2）内接圆筒形摩擦轮

这种场合与外接圆摩擦轮相同，利用两轮圆周速度的关系，能得到下式。

$$400D_1 = 100D_2 \qquad ③$$

另外，由中心距离的计算式以及$D_1 < D_2$，能够得到下式。

$$D_2 - D_1 = 2 \times 300 = 600 \qquad ④$$

联立式①和式②，进行求解，能够得到D_1和D_2。

$$D_1 = 200\text{mm}, \quad D_2 = 800\text{mm}$$

第6章

习题1

（1）$D_1 = 3\times18 = 54\text{mm} \quad D_2 = 3\times45 = 135\text{mm}$

（2）$l = \dfrac{m\left(z_1 + z_2\right)}{2} = \dfrac{3\times(18+45)}{2} = 94.5\text{mm}$

或者 $l = \dfrac{D_1}{2} + \dfrac{D_2}{2} = \dfrac{54}{2} + \dfrac{135}{2} = 94.5\text{mm}$

（3）$p = \pi m = 3.1416\times3 = 9.4248 \approx 9.425\text{mm}$

（4）$i = \dfrac{z_2}{z_1} = \dfrac{135}{54} = 2.5$

（5）$D_{a1} = D_1 + 2m = 54 + 2\times3 = 60\text{mm}$

$D_{a2} = D_2 + 2m = 135 + 2\times3 = 141\text{mm}$

习题2　当直齿轮的模数为4，齿数为40时，分度圆直径由下式给出。

$D = mz = 4\times40 = 160\text{mm}$

其次，由于直齿轮的齿顶高等于模数，因此齿顶圆直径D_a为：

$D_a = D + 2m = 160 + 2\times4 = 168\text{mm}$

习题3　齿轮对的速度传动比i能用下式表示。

$$i = \frac{\omega_a}{\omega_b} = \frac{z_b}{z_a}$$

当各自的齿数分别为z_a=30、z_b=90时，代入齿数上式，得：

$$i = \frac{z_b}{z_a} = \frac{90}{30} = 3$$

在此，依据速度传动比的计算式，由于$\omega_a=3\omega_b$，可知$\omega_a>\omega_b$。为此，这一齿轮对为减速齿轮。

习题4　将欲求的直齿轮对的齿数分别设为z_1和z_2，将速度传动比i和两齿轮的齿数关系用如下的形式表示。

$$i = \frac{z_2}{z_1}$$

在这里，已知条件给出i=2.5，则有$i= z_2/ z_1$=2.5。因此，能得下式。

$$z_2 = 2.5z_1 \qquad ①$$

另外，啮合齿轮对的中心距离l为：

$$l=\frac{m\left(z_1+z_2\right)}{2}$$

在上式中，代入模数m=3mm、中心距离l=210mm，则有：

$$l=210=\frac{m\left(z_1+z_2\right)}{2}=\frac{3\left(z_1+z_2\right)}{2}$$

因此，可得：

$$z_1+z_2=140 \qquad ②$$

联立式①和式②求解，能够得到z_1和z_2。

$$z_1=40,\quad z_2=100$$

习题5 设定小齿轮的分度圆直径为D，模数为m，齿数为z。

当小齿轮转动1个齿距（πm）时，啮合的齿条也相应地移动1个齿距。由此可知，当小齿轮转动一圈（齿距×齿数）时，即齿条只移动πmz(mm)。

或者认为齿条只移动分度圆的圆周长度πD也可以。

因此，为使齿条移动250mm，设小齿轮转动的必要圈数为n的话，则n由下式计算。

$$250=n\pi mz$$

$$n=\frac{250}{\pi mz}=\frac{250}{3.1416\times1.5\times19}=2.79218\cdots\approx2.79$$

第7章

习题1

（1）力的方向，力的大小，力的方向，力

（2）较小的力

习题2 求用链节数表示轴间距离时的系数C。

$$C=\frac{\text{轴间距离}}{\text{链条的节距}}=\frac{300}{9.525}\approx 31.496$$

由于从动链轮上的齿数为z=76、原动链轮上的齿数为z=32，所以链条的节数L为：

$$L=\frac{z+z'}{2}+2C+\frac{(z-z')^2}{4\pi^2C}=\frac{76+32}{2}+2\times 31.50+\frac{(76-32)^2}{4\times 3.1416^2\times 31.50}$$
$$=54+62.992+1.557=118.549$$

小数（小数点以下）要舍去进位，因此链条节数为119。

习题3 将包角的角度单位转换为弧度单位。

$$\theta=158^{\circ}=\frac{158}{180}\times\pi\approx 2.7576\text{rad}$$

在这里，带传动的张紧边拉力T_1和松弛边拉力T_2之比，有：

$$\frac{T_1}{T_2}=\mathrm{e}^{\mu\theta}=\mathrm{e}^{0.3\times 2.7576}=2.2871$$

张紧边拉力T_1为：

$$T_1=\frac{\mathrm{e}^{\mu\theta}}{\mathrm{e}^{\mu\theta}-1}T=\frac{2.2871}{2.2871-1}\times 680\approx 1208\text{N}$$

松弛边拉力T_2为：

$$T_2=\frac{1}{\mathrm{e}^{\mu\theta}-1}T=\frac{1}{2.2871-1}\times 680\approx 528.3\text{N}$$

因此，张紧边的拉力T_1为1207N，松弛边的拉力T_2为527N。

习题4

（1）平行开口式传动的场合

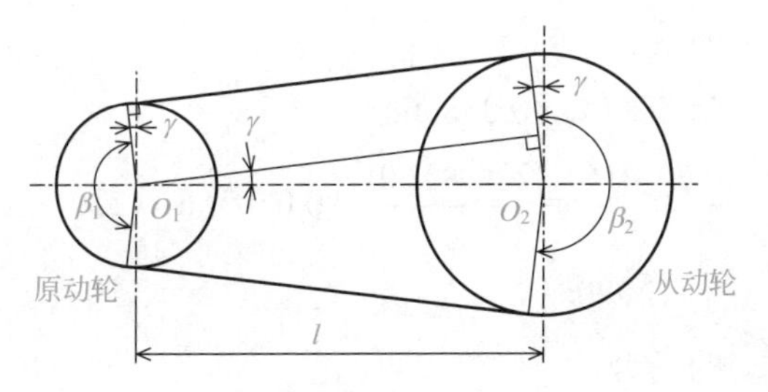

题图7.1　平行开口式带传动

在平带传动装置中，当认为倾斜角度γ非常小时，平行开口式传动的带长L_p能够用下式求得。

$$L_p = 2l + \frac{\pi\left(D_1 + D_2\right)}{2} + \frac{\left(D_2 - D_1\right)^2}{4l}$$

在上式中，代入D_1=220mm、D_2=360mm以及l=1.2m=1200mm，可得：

$$\begin{aligned} L_p &= 2\times1200 + \frac{3.1416\times(220+360)}{2} + \frac{(360-220)^2}{4\times1200} \\ &= 3315.14\cdots\text{mm} \end{aligned}$$

数值圆整之后，有：

$$L_p = 3315\text{mm}$$

另外，倾斜角度γ为：

$$\begin{aligned} \gamma &= \arcsin\left(\frac{D_2 - D_1}{2l}\right) \\ &= \arcsin\left(\frac{360-220}{2\times1200}\right) \\ &= \arcsin 0.058333\cdots \approx 0.058366\text{rad} \approx 3.3441^\circ \end{aligned}$$

带的包角由式$\beta_1 = \pi - 2\gamma$和$\beta_2 = \pi + 2\gamma$进行计算，有：

$$\begin{cases} \beta_1 = 180 - 2\times3.3441 = 173.312 \approx 173.3^\circ \\ \beta_2 = 180 + 2\times3.3441 = 186.688 \approx 186.7^\circ \end{cases}$$

当确认倾斜角度$\gamma \approx 0.058366\text{rad} \approx 3.3441^\circ$微小时，平行开口式悬挂的带长$L_p$的计算式如下。

$$L_p = 2l\cos\gamma + \frac{\pi\left(D_1 + D_2\right)}{2} - \gamma\left(D_1 - D_2\right)$$

将D_1=220mm、D_2=360mm、l=1.2m=1200mm以及$\gamma \approx 0.058366$rad代入上式，

得到的带长计算结果如下。

$$L_p = 2\times1200\cos0.058366 + \frac{3.1416\times(220+360)}{2} - 0.058366\times(220-360) \approx 3315\text{mm}$$

（2）交叉式传动的场合

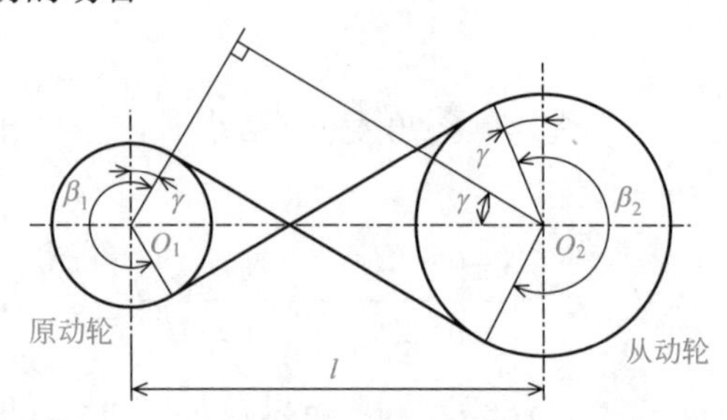

题图7.2　交叉式带传动

在平带传动装置中，当认为倾斜角度γ非常小时，交叉式传动的带长L_p能够用下式求得。

$$L_p = 2l + \frac{\pi\left(D_1+D_2\right)}{2} + \frac{\left(D_2+D_1\right)^2}{4l}$$

在上式中，代入D_1=220mm、D_2=360mm以及l=1.2m=1200mm，可得：

$$L_p = 2\times1200 + \frac{3.1416\times(220+360)}{2} + \frac{(360+220)^2}{4\times1200} = 3.381.14\cdots \approx 3381\text{mm}$$

另外，倾斜角度γ的计算结果为：

$$\gamma = \arcsin\left(\frac{D_2+D_1}{2l}\right) = \arcsin\left(\frac{360+220}{2\times1200}\right) = \arcsin0.241666\cdots \approx \arcsin0.241667 \approx 0.24408\text{rad} \approx 13.985^\circ$$

带的包角由式$\beta_1=\beta_2=\pi+2\gamma$进行计算，有：

$$\beta_1=\beta_2=180+2\times13.985=207.970\approx208.0^\circ$$

当不能将倾斜角度确认 $\gamma \approx 0.24408\text{rad} \approx 13.985^{\circ}$ 为微小时，交叉式传动的带长 L_p 的计算式如下。

$$L_p = 2l\cos\gamma + \frac{\pi\left(D_1 + D_2\right)}{2} + \gamma\left(D_1 + D_2\right)$$

将 D_1=220mm、D_2=360mm、l=1.2m=1200mm 以及 $\gamma \approx 0.24409$rad 代入上式，得到的带长计算结果如下。

$$L_p = 2\times1200\cos0.24408 + \frac{3.1416\times(220+360)}{2}$$

习题5 在V带传动中，速度传动比 i 能用下式表示。

$$i = \frac{N_1}{N_2} = \frac{D_o - 2k}{d_o - 2k}$$

首先，由已知的原动带轮的转速 N_1=1000r/min 和从动带轮的转速 N_2=600r/min，求速度传动比 i。

$$i = \frac{N_1}{N_2} = \frac{1000}{600} = 1.6666\cdots \approx 1.6667$$

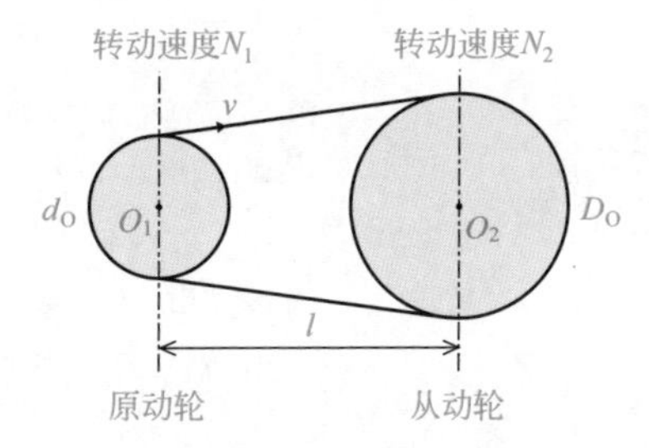

题图7.3　平行开口式带传动

其次，查表7.3，得知3V带的2k=1.2。由已知条件 D_o=280mm 和计算结果 i=1.6667，求小带轮的公称外径 d_o。

$$d_o = \frac{D_o - 2k}{i} + 2k = \frac{280 - 1.2}{1.6667} + 1.2 = 168.4766\cdots \approx 168$$

进而，有近似的带长计算式如下。

$$L_p' = 2l + \frac{\pi\left(D_o + d_o\right)}{2} + \frac{\left(D_o - d_o\right)^2}{4l}$$

由上式，求近似的带长 L_p'。

$$L_p' = 2\times820 + \frac{3.14\times(280+168)}{2} + \frac{(280-168)^2}{4\times820} = 2347.184\cdots \approx 2347$$

最后，在基准带长表中选择最接近计算结果的近似带长 $L_p' = 2347\text{mm}$ 的基准带长度 L_o。从基准带长表（表7.5）中，选择 L_o=2286mm。

基于求出的小带轮的公称外径 d_o=168mm、基准带长 L_o=2286mm 以及已知的从动带轮的公称外径 D_o=280mm，按照以下的步骤求出与此相应的轴间距离 l。

首先，由式 $B = L_o - \frac{\pi}{2}(D_o + d_o)$，求 B。

$$B = L_o - \frac{\pi}{2}(D_o + d_o) = 2286 - \frac{3.1416}{2}(280+168) = 1582.2816 \approx 1582$$

其次，由式 $l = \frac{B + \sqrt{B^2 - 2(D_o - d_o)^2}}{4}$，求轴间距离 l。

$$l = \frac{B + \sqrt{B^2 - 2(D_o - d_o)^2}}{4} = \frac{1582 + \sqrt{1582^2 - 2\times(280-168)^2}}{4} = 789.01\cdots \approx 789\text{mm}$$

附录

附录1　SI国际单位制

国际单位制（简称SI）的构成体系如附录图1所示。

SI单位是由基本单位、辅助单位以及按一贯性原则推导出的导出单位所组成的，在这些单位前加词头后，就成为以10的整数倍表示的新的单位（附录图1）。

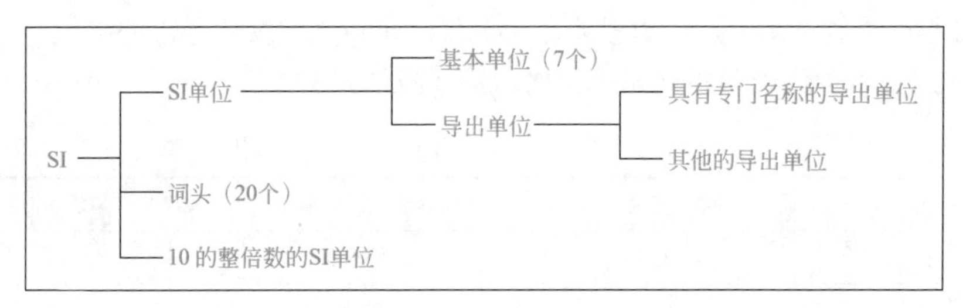

附录图1　SI单位的构成

（1）SI基本单位

SI的基本单位是国际单位制的基本标准单位，由7个被严格定义的基本单位构成，见附录表1，这7个基本单位在量纲上被认为是彼此独立的。

附录表1

量的名称	量的符号	基本单位	
		单位的名称	单位的符号
长度	L	米	m
质量	m	千克	kg
时间	i	秒	s
电流	l	安培	A
热力学温度	T	开尔文	K
物质的量	n	摩尔	mol
发光强度	lv	坎德拉	cd

（2）SI辅助单位（无量纲的导出单位）

自1998年修订的SI第七版以来，辅助单位已被归类为1维（无量纲）的导出单位，见附录表2。

附录表2

量的名称	基本单位		定义
	单位的名称	单位的符号	
平面角	弧度	rad	弧度是指两个半径所夹的圆周上的弧长等于半径时，弧长所对应的圆心角。
立体角	球面度	sr	球面角是指在球体表面上以球的半径为边长的正方形面积所对应的球心张角。

（3）SI导出单位

SI导出单位是由上述的SI基本单位或辅助单位按定义式导出的单位。

① 用基本单位表示SI导出单位的示例（附录表3）

附录表3

量的名称	量的符号	单位的名称	单位的符号
面积	A或S	平方米	m^2
体积	V	立方米	m^3
速度	v	米每秒	m/s
加速度	a	米每二次方秒	m/s^2
密度	ρ	千克每立方米	kg/m^3

② 用基辅助位表示SI导出单位的示例（附录表4）

附录表4

量的名称	量的符号	单位的名称	单位的符号
角速度	ω	弧度每秒	rad/s
角加速度	ε	弧度每二次方秒	rad/s^2

③ 具有专门名称的SI导出单位（附录表5）

附录表5

量的名称	单位的名称	单位的符号	单位的符号定义
平面角	弧度	rad	1rad=1m/m=1
立体角	球面度	sr	$1sr=1m^2/m^2=1$
频率	赫兹	Hz	$1Hz=1s^{-1}$

续表

量的名称	单位的名称	单位的符号	单位的符号定义
力	牛顿	N	1N=1kg · m/s^2
压力、应力	帕斯卡	Pa	1Pa=1N/m^2
能量、功、热量	焦耳	J	1J=1N · m
功率、辐射通量	瓦特	W	1W=1J/s
电荷（电荷量）	库伦	C	1C=1A · s
电位、电势差、电压、电动势	伏特	V	1V=1W/A
静电容量、电容	法拉	F	1F=1C/A
电阻	欧姆	Ω	1Ω=1V/A
电导	西门子	S	1S=1A/V
磁通（磁通量）	韦伯	Wb	1Wb=1V · s
磁感应强度	特斯拉	T	1T=1Wb/m^2
电感	亨（亨利）	H	1H=1Wb/A
摄氏温度	摄氏度	℃	t℃ =（t+273.1）K
光通量	流明	lm	1lm=1cd · sr
光照度	勒克斯	lx	1lx=1lm/ m^2
放射性活度	贝克	Bq	1Bq=1s^{-1}
比释动能、吸收剂量	戈瑞	Gy	1Gy=1J/kg
剂量当量	希	Sv	1Sv=1J/kg

④ 用专门名称表示SI导出单位的示例（附录表6）

附录表6

量的名称	量的符号	单位的名称	单位的符号
黏度	$\eta \cdot \mu$	帕斯卡秒	Pa · s
力矩	M	牛顿米	N · m
表面张力	σ	牛顿每米	N/m
热通量密度、辐照度	E	瓦特每平方米	W/m^2
热容、熵	S	焦耳每开尔文	J/K
比热容、比熵	C	焦耳每千克开尔文	J/（kg · K）
热导率	λ	瓦特每米开尔文	W/（m · K）
介电常数	ε	法拉第每米	F/m
磁导率	μ	亨利每米	H/m

⑤ SI词头（附录表7）

SI词头表示SI单位的十进倍数或分数，国际单位制的词头（SI）有20个。

附录表 7

科学计数法	中文词头	符号词头	英文
10^{24}	尧（它）	Y	Yotta
10^{21}	泽（它）	Z	Zetta
10^{18}	艾（可萨）	E	Exa
10^{15}	拍（它）	P	Peta
10^{12}	太（拉）	T	Tera
10^{9}	吉（咖）	G	Gega
10^{6}	兆	M	Maga
10^{3}	千	k	kilo
10^{1}	百	h	Hector
10^{2}	十	da	Deka
10^{-1}	分	d	Deci
10^{-2}	厘	c	Centi
10^{-3}	毫	m	Milli
10^{-6}	微	μ	Micro
10^{-9}	纳（诺）	n	Nano
10^{-12}	皮（可）	p	Pico
10^{-15}	飞（母托）	f	Femto
10^{-18}	阿（诺）	a	Anno
10^{-21}	仄（普托）	z	Zepto
10^{-24}	幺（科托）	y	Yocto

附录2 三角形的边和角的关系、三角函数、指数函数

（1）三角形的边和角的关系

如附录图2所示，在△ABC中，如果设三个角分别为A、B、C，所对应的边长分别为a、b、c，外接圆的半径为R，则有以下的关系成立。

① 边长和角度的关系

边长的关系 $|c-b|<a<b+c \quad (a>0,\quad b>0,\quad c>0)$

角度的关系 $A+B+C=180^\circ \quad (0^\circ<A,\quad B,\quad C<180^\circ)$

② 正弦定理

$$\frac{a}{\sin A}=\frac{b}{\sin B}=\frac{c}{\sin C}=2R$$
$$a:b:c=\sin A:\sin B:\sin C$$

③ 第一余弦定理

$$a = b\cos C + c\cos B$$
$$b = c\cos A + a\cos C$$
$$c = a\cos B + b\cos A$$

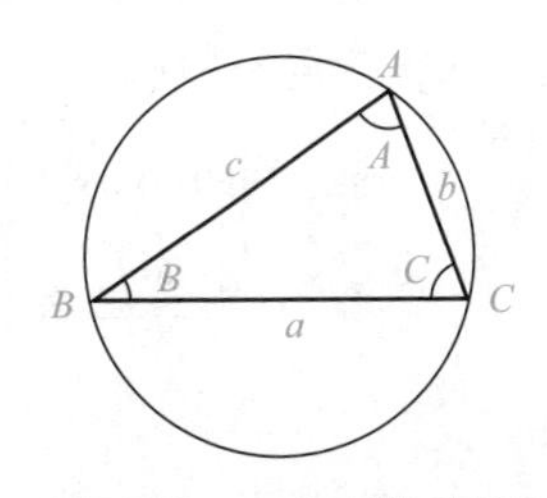

附录图2　三角形的边长和角度的关系

④ 第二余弦定理

$$a^2 = b^2 + c^2 - 2bc\cos A$$
$$b^2 = c^2 + a^2 - 2ca\cos B$$
$$c^2 = a^2 + b^2 - 2ab\cos C$$

（2）三角函数

① 三角函数数的定义

三角函数是以任意角度（角度具有方向，而且能不受限制地旋转360°）为自变量而定义的周期函数。三角函数的定义见附录图3。

附录图3　三角函数的定义

$\sin\theta = \dfrac{y}{r}$　：以θ为自变量的正弦函数

$\sin\theta = \sin(\theta + 2n\pi)$　：周期为2π的周期函数

$\cos\theta = \dfrac{x}{r}$　：以θ为自变量的余弦函数

$\cos\theta = \cos(\theta + 2n\pi)$　：周期为2π的周期函数

$\tan\theta = \dfrac{y}{x}$　：以θ为自变量的正切函数

$\tan\theta = \tan(\theta + n\pi)$　：周期为π的周期函数（在$\theta = \dfrac{\pi}{2} + n\pi$时，函数间断无定义）

在这里，式中的n是整数。

② 三角函数的相互关系

在三角函数中，对于任意的角度θ下述的相互关系成立。

$$\sin^2\theta + \cos^2\theta = 1$$
$$\tan\theta = \frac{\sin\theta}{\cos\theta},\quad 1 + \tan^2\theta = \frac{1}{\cos^2\theta}$$

③ 两角和（或差）定理

在三角函数中，对于任意的角度θ以下公式表达的两角和定理成立。

$$\sin(\alpha \pm \beta) = \sin\alpha\cos\beta \pm \cos\alpha\sin\beta$$
$$\cos(\alpha \pm \beta) = \cos\alpha\cos\beta \mp \sin\alpha\sin\beta$$
$$\tan(\alpha \pm \beta) = \frac{\tan\alpha \pm \tan\beta}{1 \mp \tan\alpha\tan\beta}$$

④ 三角函数的相加（辅助角公式）

· $a\sin\theta + b\cos\theta = \sqrt{a^2+b^2}\sin(\theta+\alpha)$

式中的α角满足条件

$$\cos\alpha = \frac{a}{\sqrt{a^2+b^2}},\quad \sin\alpha = \frac{b}{\sqrt{a^2+b^2}}$$

· $a\sin\theta + b\cos\theta = \sqrt{a^2+b^2}\cos(\theta+\beta)$

式中的β角满足条件

$$\sin\beta = \frac{a}{\sqrt{a^2+b^2}},\quad \cos\beta = \frac{b}{\sqrt{a^2+b^2}}$$

⑤ 反三角函数（附录图4）

· 反正弦函数是将函数y转变成$x=\sin^{-1}y$这样的函数，用$\arcsin x$表示。

$$x = \sin y \Leftrightarrow y = \sin^{-1}x = \arcsin x \quad \left(-1 \leqslant x \leqslant 1, -\frac{\pi}{2} \leqslant y \leqslant \frac{\pi}{2}\right)$$

· 反余弦函数是将函数y转变成$x=\cos^{-1}y$这样的函数，用$\arccos x$表示。

$$x = \cos y \quad \Leftrightarrow \quad y = \cos^{-1}x = \arccos x \quad (-1 \leqslant x \leqslant 1,\quad 0 \leqslant y \leqslant \pi)$$

· 反正切函数是将函数y转变成$x=\tan^{-1}y$这样的函数，用$\arctan x$表示。

$$x = \tan y \Leftrightarrow y = \tan^{-1}x = \arctan x \quad \left(-\infty < x < \infty, -\frac{\pi}{2} < y < \frac{\pi}{2}\right)$$

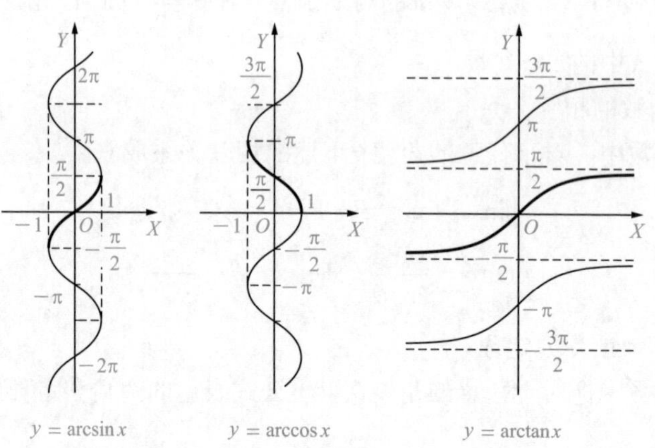

附录图4 反三角函数

（3）指数函数和对数函数

① 指数函数（附录图5）

一般地，将$y=a^x$函数（a为常数，且有$a>0$，$a\neq 1$）称为“以a为底，x为变量的指数函数”。在式中，当$a>1$时，指数方程单调递增；当$0<a<1$时，指数方程单调递减。

另外，当a为自然对数的底数e时，该指数函数为e^x。在这里，e被称为欧拉数，有e= 2.718 281 828 459 045，并有下列公式成立。

$$e^x e^y = e^{x+y},\quad \frac{e^x}{e^y} = e^{x-y},\quad e^0 = 1$$

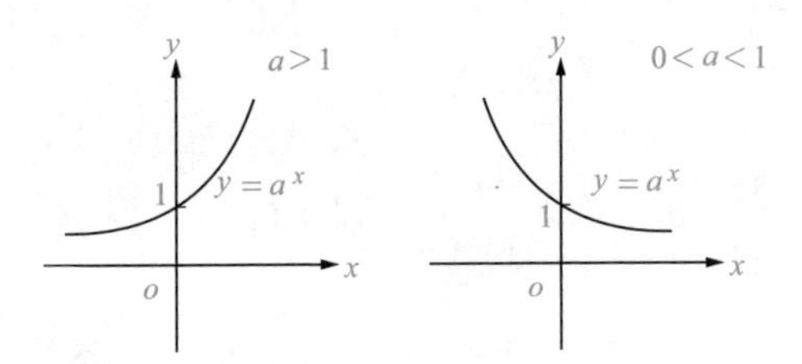

附录图5　指数函数

② 对数函数（附录图6）

对数函数是指数函数的逆函数。

$$a^x = y \quad \Leftrightarrow \quad x = \log_a y \quad (a > 0, a \neq 1) \tag{1}$$

在上式中，a被称为底。以e为底的对数（$\log_e x$）称为自然对数，以10为底的对数（$\log_{10} x$）称为常用对数。

在自然对数的场合，省略$\log_e$中的e，用log表示或用符号ln（自然对数的缩写）表示。另请注意，在掌上电脑的显示屏上，“log”表示常用对数，“ln”表示自然对数。

对数函数在高中教科书中的定义如下。

当$a>0$，$a\neq 1$，$x>0$时，下式成立。

$$x = a^y \Leftrightarrow y = \log_a x \tag{2}$$

在式（2）中，a为底数，x是y的以a为底的真数。

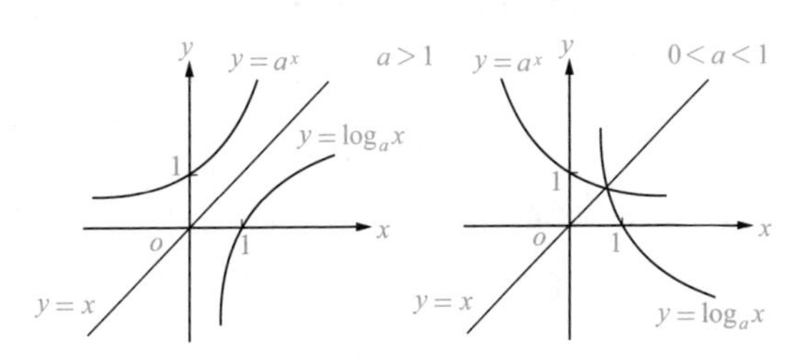

附录图6　对数函数

由式（1）和式（2），可知$y=\log_a x$是$y=a^x$的逆函数。

③ 对数的基本性质

当$a>0$，$a\neq 1$，$M>0$，$N>0$时，并设p为实数，下列公式成立。

$$\log_a a=1, \log_a 1=0$$

$$\log_a MN=\log_a M+\log_a N$$

$$\log_a \frac{M}{N}=\log_a M-\log_a N$$

$$\log_a M^p=p\log_a M$$

$$\log_a \sqrt[n]{M^m}=\frac{m}{n}\log_a M$$

$$\log_a M=\frac{\log_b M}{\log_b a} \quad (b>0,\quad b\neq 1)$$

附录3　矢量（向量）

（1）矢量的表示

矢量是具有大小和方向的量。这种量可以用连接起点和终点的有向线段表示（也有的场合将$\vec{a}$表示为$\boldsymbol{a}$），见附录图7。

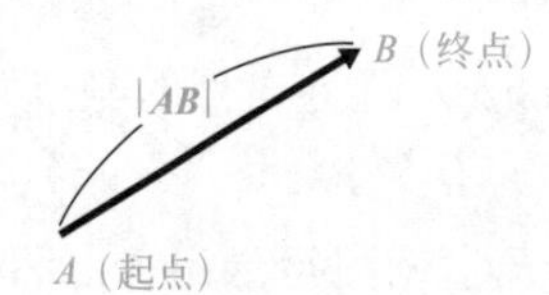

用$\boldsymbol{AB}$表示有向线段AB表示的矢量，A称为$\boldsymbol{AB}$的起点，B称为$\boldsymbol{AB}$的终点。$\boldsymbol{AB}$的大小用$|\boldsymbol{AB}|$表示。

附录图7　矢量的表示

（2）矢量的加法运算法则

① 交换律：

$$\boldsymbol{a}+\boldsymbol{b}=\boldsymbol{b}+\boldsymbol{a}$$

② 结合律：

$$(\boldsymbol{a}+\boldsymbol{b})+\boldsymbol{c}=\boldsymbol{a}+(\boldsymbol{b}+\boldsymbol{c})$$

③ 相反向量：

$$\boldsymbol{a}+(-\boldsymbol{a})=\boldsymbol{0}$$

$\boldsymbol{0}$称为零矢量，指矢量的大小为0。

（3）矢量与实数的运算法则

① 分配律

$$(p+q)\boldsymbol{a}=p\boldsymbol{a}+q\boldsymbol{a} \quad (p,q\text{为实数}) \qquad \text{为实数}$$

$$p(\boldsymbol{a}+\boldsymbol{b})=p\boldsymbol{a}+q\boldsymbol{b}$$

② 结合律

$$(pq)\boldsymbol{a}=p(q\boldsymbol{a})$$

（4）矢量的平行条件

当$\boldsymbol{a}\neq 0$，$\boldsymbol{b}\neq 0$时，如果$\boldsymbol{a}$和$\boldsymbol{b}$平行（$\boldsymbol{a}//\boldsymbol{b}$）的话，则存在实数$k$，使得$\boldsymbol{b}=k\boldsymbol{a}$。

附录图8　平面坐标上的矢量

（5）矢量的分解

当平面上存在两矢量$\boldsymbol{a}$和$\boldsymbol{b}$，有$\boldsymbol{a}\neq 0$，$\boldsymbol{b}\neq 0$，且不存在$\boldsymbol{a}//\boldsymbol{b}$时，平面上的任意矢量$\boldsymbol{p}$能用下式唯一地表示。

$$\boldsymbol{p}=m\boldsymbol{a}+n\boldsymbol{b}\quad(m,n\text{为实数})$$

（6）矢量的坐标表示

① 平面坐标的矢量

单位向量是指模等于1的矢量。

在平面坐标中，方向与x轴和y轴的正方向相同的单位矢量称为基本矢量，分别用$\boldsymbol{e}_1$和$\boldsymbol{e}_2$表示。平面上坐标的任意矢量$\boldsymbol{a}$如果用基本矢量表示的话，具体的表达式如下。

$$\boldsymbol{a}=a_1\boldsymbol{e}_1+a_2\boldsymbol{e}_2 \tag{3}$$

a_1和a_2只是由矢量$\boldsymbol{a}$确定的实数，a_1是$\boldsymbol{a}$在x轴方向的分量，a_2是$\boldsymbol{a}$在y轴方向的分量。将式（3）中的矢量$\boldsymbol{a}$表示为$\boldsymbol{a}=(a_1,\ a_2)$，称为$\boldsymbol{a}$的分量表示。

此时，矢量$\boldsymbol{a}=\boldsymbol{OA}$的终点$A$的坐标为（$a_1$，$a_2$）。另外，$\boldsymbol{a}$的大小是$|\boldsymbol{a}|=|\boldsymbol{OA}|=OA=(a_1^2+a_2^2)^{\frac{1}{2}}$。式中，$|\ |$是绝对值的符号。

当用基本向量$\boldsymbol{e}_1$和$\boldsymbol{e}_2$表示分量时，表达式如下所示。

$$\boldsymbol{e}_1=(1,0),\quad \boldsymbol{e}_2=(0,1)$$

② 空间坐标的矢量

在空间坐标中，方向与x轴、y轴以及z轴的正方向相同的单位矢量称为基本矢量，分别用$\boldsymbol{e}_1$、$\boldsymbol{e}_2$以及$\boldsymbol{e}_3$表示。如果用基本矢量表示空间矢量的话，空间的任意矢量$\boldsymbol{a}$就能用下式表示。

$$\boldsymbol{a}=a_1\boldsymbol{e}_1+a_2\boldsymbol{e}_2+a_3\boldsymbol{e}_3 \tag{4}$$

a_1、a_2以及a_3是被矢量$\boldsymbol{a}$唯一确定的实数，$a_1\boldsymbol{e}_1$是$\boldsymbol{a}$的x轴方向的分量，$a_2\boldsymbol{e}_2$是$\boldsymbol{a}$的y轴方向的分量，$a_3\boldsymbol{e}_3$是$\boldsymbol{a}$的z轴方向的分量。

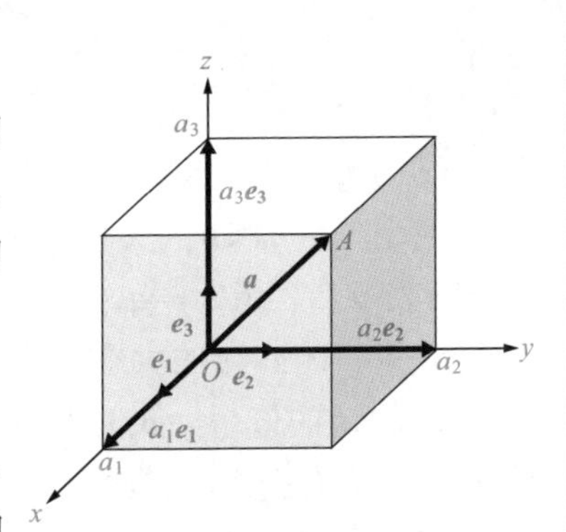

附录图9　空间坐标的矢量

将式（4）中的矢量$\boldsymbol{a}$表示成$\boldsymbol{a}=(a_1，a_2，a_3)$，称其为矢量$\boldsymbol{a}$的分量表示。

在这种场合，矢量$\boldsymbol{a}=\boldsymbol{OA}$的终点$A$的坐标为（$a_1$，$a_2$，$a_3$）。另外，$\boldsymbol{a}$的大小是$|\boldsymbol{a}| = |\boldsymbol{OA}| = OA = (a_1^2 + a_2^2 + a_3^2)^{\frac{1}{2}}$。

当用基本向量$\boldsymbol{e}_1$、$\boldsymbol{e}_2$以及$\boldsymbol{e}_3$表示分量时，表达式如下所示。

$$\boldsymbol{e}_1 = (1,0,0),\quad \boldsymbol{e}_2 = (0,1,0),\quad \boldsymbol{e}_3 = (0,0,1)$$

（7）矢量的内积和外积

①内积（数量积）的定义（附录图10）

当两个矢量$\boldsymbol{a}$和$\boldsymbol{b}$之间的夹角为θ时，$|\boldsymbol{a}|\,|\boldsymbol{b}|\cos\theta$称为$\boldsymbol{a}$和$\boldsymbol{b}$的内积（或数量积），用$\boldsymbol{a}\cdot\boldsymbol{b}$表示。

$$\boldsymbol{a}\cdot\boldsymbol{b} = |\boldsymbol{a}||\boldsymbol{b}|\cos\theta$$

当$\boldsymbol{a}=0$或$\boldsymbol{b}=0$时，定义$\boldsymbol{a}\cdot\boldsymbol{b}=0$。于是，有以下的关系式成立。

a. 交换律

$$\boldsymbol{a}\cdot\boldsymbol{b} = \boldsymbol{b}\cdot\boldsymbol{a}$$

b. 分配律

$$(\boldsymbol{a}+\boldsymbol{b})\cdot\boldsymbol{c} = \boldsymbol{a}\cdot\boldsymbol{c} + \boldsymbol{b}\cdot\boldsymbol{c}$$

c. 结合律

$$(p\boldsymbol{a})\cdot\boldsymbol{b} = p(\boldsymbol{a}\cdot\boldsymbol{b})\quad (p\text{ 是实数})$$

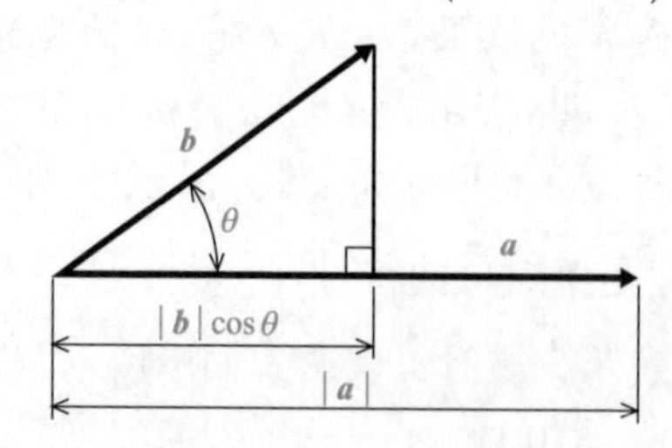

$|\boldsymbol{a}|\,|\boldsymbol{b}|\cos\theta$=（$\boldsymbol{a}$的大小）·（$\boldsymbol{b}$正交投影到$\boldsymbol{a}$上的矢量大小）

附录图10　内积的定义

② 外积（矢量积）的定义（附录图11）

两个矢量$\boldsymbol{a}$和$\boldsymbol{b}$的矢量积（或外积）是一个矢量，用具有以下大小和方向的矢量$\boldsymbol{c}$表示，表示为$\boldsymbol{c}=\boldsymbol{a}\times\boldsymbol{b}$。

矢量积$\boldsymbol{c}=\boldsymbol{a}\times\boldsymbol{b}$的大小等于具有边长为a和b的平行四边形的面积。这就是说，矢量$\boldsymbol{c}=\boldsymbol{a}\times\boldsymbol{b}$的值是$|\boldsymbol{a}||\boldsymbol{b}|\sin\theta$，$\boldsymbol{c}=\boldsymbol{a}\times\boldsymbol{b}$的方向分别垂直于矢量$\boldsymbol{a}$和$\boldsymbol{b}$，且按$\boldsymbol{a}$、$\boldsymbol{b}$及$\boldsymbol{c}$的次序构成右手系。

当$\boldsymbol{a}$和$\boldsymbol{b}$平行时，或者$\boldsymbol{a}$或$\boldsymbol{b}$的其中一个为零矢量时，则有$\boldsymbol{a}\times\boldsymbol{b}=0$。于是，

以下的关系表达式成立。

a. 交换律　　　　　　　　交换律不成立

$$\boldsymbol{a}\times\boldsymbol{b}=-\boldsymbol{b}\times\boldsymbol{a} \quad \text{(交换律不成立)}$$

b. 两矢量平行时

$$\boldsymbol{a}\times\boldsymbol{b}=0$$

c. 结合律

$$(m\boldsymbol{a})\times\boldsymbol{b}=\boldsymbol{a}\times(m\boldsymbol{b})=m(\boldsymbol{a}\times\boldsymbol{b}) \quad (m\text{ 是实数})$$

d. 分配律

$$\boldsymbol{a}\times(\boldsymbol{b}+\boldsymbol{c})=\boldsymbol{a}\times\boldsymbol{b}+\boldsymbol{a}\times\boldsymbol{c}$$
$$(\boldsymbol{a}+\boldsymbol{b})\times\boldsymbol{c}=\boldsymbol{a}\times\boldsymbol{c}+\boldsymbol{b}\times\boldsymbol{c}$$

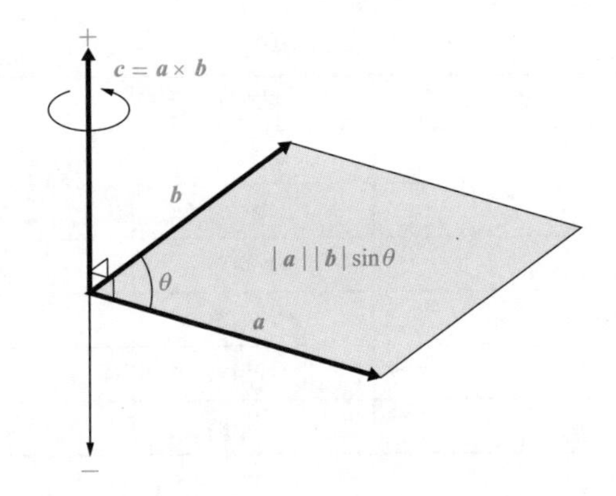

附录图11　外积的定义

附录4　摩擦因数

（1）静摩擦因数（附录表8）

附录表8

摩擦件	摩擦面	摩擦因数	摩擦件	摩擦面	摩擦因数
木	金属	0.2～0.6	木	木	0.2～0.5
石	金属	0.3～0.4	橡胶	橡胶	0.5
皮革	金属	0.4～0.6	尼龙	尼龙	0.15～0.25
木	石	0.4	聚四氟乙烯	聚四氟乙烯	0.04
木	冰	0.3～0.5	滑雪板	雪	0.08

注：选自日本机械学会编：机械工学手册，丸善出版，2014。

（2）动摩擦因数（附录表9）

附录表9

摩擦件	摩擦面	摩擦因数	摩擦件	摩擦面	摩擦因数
硬钢	硬钢	0.3～0.4	铜	铜	1.4
软钢	软钢	0.35～0.4	镍	镍	0.7
铅、镍、锌	软钢	0.4	玻璃	玻璃	0.7
白合金、轴承合金、磷青铜	软钢	0.30～0.35	滑雪板	雪	0.06
碳	软钢	0.21			

注：选自日本机械学会编：机械工学手册，丸善出版，2014。

（3）滚动摩擦因数（附录表10）

附录表10

摩擦体	滚动面	摩擦因数
钢	钢	0.02～0.04
钢	木	0.15～0.25
充气轮胎	良好道路	0.05～0.055
充气轮胎	泥泞道路	0.1～0.15
实心橡胶轮胎	良好道路	0.1
实心橡胶轮胎	泥泞道路	0.22～0.28

附录5　凸轮曲线

（1）凸轮速度曲线的不连续点的处理方法

例如，某一凸轮机构回转角度θ在$\beta<\theta<\lambda$的范围内，接触件的位移曲线如附录图12所示被分割成三个区间。

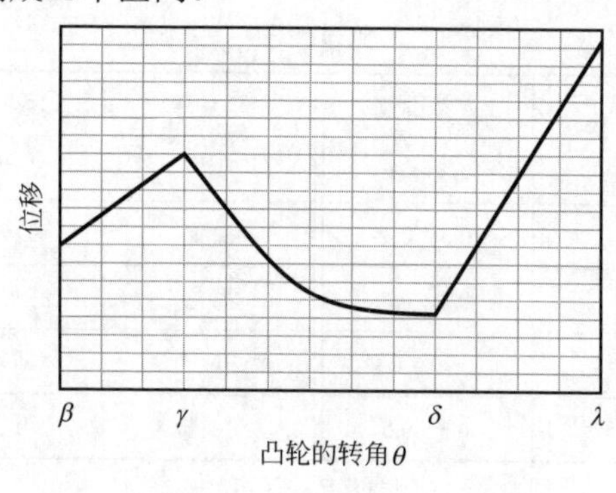

附录图12　凸轮的位移曲线图

基于这一位移曲线求凸轮的接触件速度时，如附录图13所示，用数学式表示成下式。

$$\begin{cases} \beta < \theta < \gamma \Rightarrow v = C_1(C_1\text{为一定值}) \\ \gamma < \theta < \delta \Rightarrow v = f(\theta) \\ \delta < \theta < \lambda \Rightarrow v = C_2(C_2\text{为一定值}) \end{cases}$$

在此，需要提示的是：即使速度是用离散的数值而不是用数学公式给出的，下面的解释也是相同的。

如附录图12所示，速度曲线在位移曲线的非光滑点（$\theta = \gamma$和$\theta = \delta$）处是不连续的，这点称为不连续点。如附录图13所示，当用数值表示该点的值（速度）时，将使用两者的平均值（例如，当$\theta = \gamma$时，这点的值取点B和点C之和的平均数）。

在光滑连续的区间都能获得导数（速度是位移的导数，加速度是速度的导数），但导数无法在不连续点或不光滑的点处获得。

因此，如附录图13所示，在$\theta = \gamma$附近的曲线是如同B-C之类的不连续，因此我们考虑用S-T那样的斜线（斜率是常数）进行连接。类似地，即使在$\theta = \delta$附近，也考虑用X-Y那样的斜线。这种倾斜线实际上是用抛物线取代位移曲线的虚线部分（不光滑的），缓和凸轮的轮廓曲线。

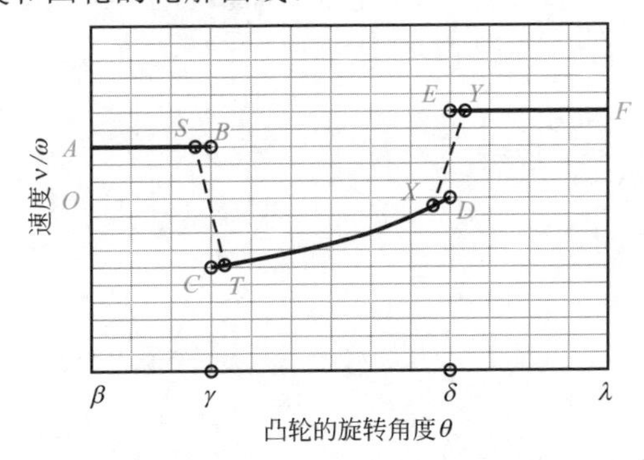

附录图13　速度曲线图

如果这样分析的话，A-S-T-X-Y-F就是分段平滑的连续曲线，在每一个区间都能用速度方程式表示。通过这种方法，如果能进一步减小附录图13中的每个不连续点的区间，则能推断出附录图14所示的加速度趋于极限，成为附录图15所示的加速度。

综上所述和分析可知，当速度曲线图中出现不连续点时，由于速度会发生突然变化，因此可以预测加速度将会异常增大。

因此，如果加速度突然增大的话，在凸轮的接触件上就会产生惯性力(惯性力=质量×加速度)，较大的惯性作用在接触件上，这就导致接触件不能追随给定的凸轮运动的现象发生。

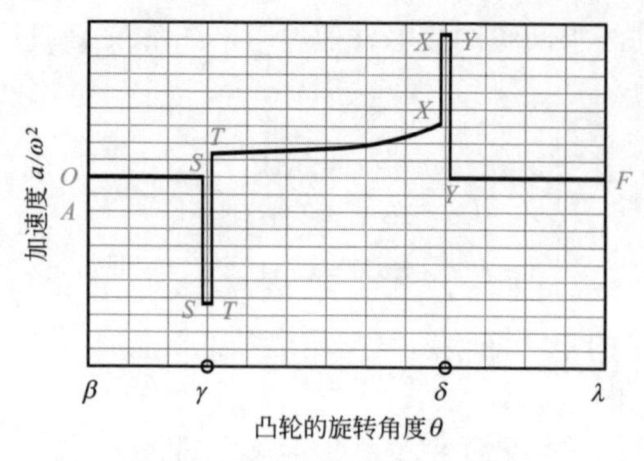

附录图14 加速度曲线图（1）

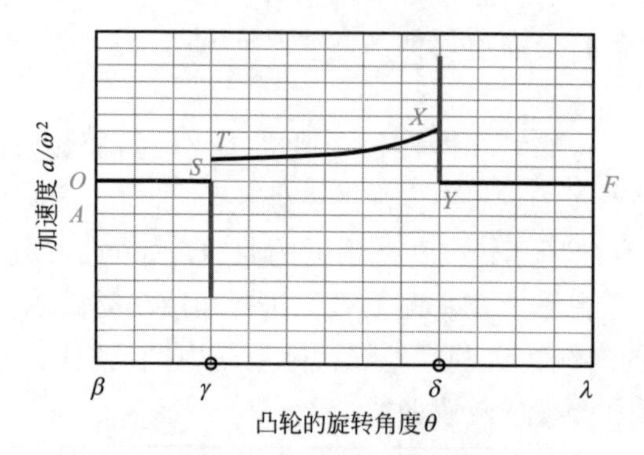

附录图15 加速度曲线图（2）

文献

引用文献

[1]　スガッネ工業株式会社　資料

[2]　全国自動車整備専門学校協会編「シャシ構造１」，山海堂，1993

[3]　アライエンジニアリングホームページ（http://www.kumagaya.or.jp/~tarai/）

[4]　株式会社オオッカハイテック　技術資料

[5]　株式会社ツバキエマソン　カムクラッチカタログ

[6]　株式会社ツバキエマソン　無段変速機カタログ

[7]　ジヤトコ株式会社　資料

[8]　ジヤトコ株式会社　ホームページ（http://www.jatco.or.jp/）

[9]　小原歯車工業株式会社　総合カタログ

[10]　住野和男「やさしい機械図面の見方・描き方」，オーム社

[11]　もの作りのための機械設計工学
（http://www.nmri.go.jp/old pages/eng/khirata/design/ch06/ch06_02.html）

[12]　株式会社椿本チエイン　タイミングベルト伝動カタログ

[13]　株式会社椿本チエイン　ドライブチェーン伝動カタログ

[14]　株式会社椿本チエイン　トップチェーン伝動カタログ

[15]　株式会社椿本チエイン　アタッチメント付小型コンベヤチェーン伝動カタログ

参考文献

[1]　桜井恵三「基礎機構学」槇書店

[2]　高行男「機構学入門」山海堂

[3]　井垣久，中山英明，川島成平，安富雅典「機構学」朝倉書店

[4]　森田鈞「機構学」サイエンス社

[5]　藤田勝久「機械運動学」森北出版

[6]　佃勉「精解 機構学の基礎」現代工学社

[7]　萩原芳彦「よくわかる 機構学」オーム社

[8]　稲田重男，森田鈞「大学課程 機構学」オーム社

[9]　木村南「動画で学ぶ機構学入門 上巻」日刊工業新聞社

[10]　日本カム工業会技術委員会編「設計者のためのカム機構図例集」日刊工業新聞社

[11] 機械学ポケットブック編集委員会「図解版 機械学ポケットブック」オーム社
[12] 住野和男「やさしい機械図面の見方・描き方」オーム社
[13] 門田和雄，長谷川大和「絵ときでわかる 機械力学」オーム社
[14] 全国自動車整備専門学校協会編「シャシ構造 1」山海堂
[15] 細川武志「蒸気機関車メカニズム図鑑」グランプリ出版
[16] 太田博「工学基礎 機構学 増補版」共立出版
[17] 日本機械学会編「機械工学 SI マニュアル 改訂 2 版」日本機械学会
[18] 日本機規格協会編「JIS Z 8203 国際単位系（SI）及びその使い方」日本機規格協会
[19] 石田健二郎，松田孝「わかる機構学」日新出版
[20] 守屋富次郎，鷲津久一郎「力学概論」培風館
[21] 江沢洋「よくわかる力学」東京図書
[22] 一松信 他「基礎数学 B」学校図書
[23] 矢野健太郎監修・春日正文「モノグラフ 24 公式集 4 改訂」科学新興社
[24] 日本機械学会編「機械工学 SI マニュアル改訂 第 2 版」日本機械学会，1989
[25] 鈴木健司・森田寿郎「基礎から学ぶ機構学」，オーム社，2010
[26] 岩本太郎「機構学」，森北出版，2012
[27] 森田鈞「機構学」，実教出版，1974
[28] 日本機械学会編「機械工学のための力学」，日本機械学会，2014
[29] 日本機械学会編「機構学　機械の仕組みと運動」，日本機械学会，2007
[30] 日本工業標準調査会（JISC）ホームページ (http://www.jisc.go.jp/)